アルゴリズムパズル

プログラマのための数学パズル入門

Anany Levitin　著
Maria Levitin

黒川 洋　訳
松崎 公紀

オライリー・ジャパン

本書で使用するシステム名、製品名は、それぞれ各社の商標、または登録商標です。
なお、本文中では™、®、©マークは省略しています。

ALGORITHMIC PUZZLES

Anany Levitin
and
Maria Levitin

Copyright © 2011 by Oxford University Press.
Algorithmic Puzzles, First Edition was originally published in English in 2011. This translation is
published by arrangement with Oxford University Press.
Japanese-language edition copyright © 2014 by O'Reilly Japan, Inc. All rights reserved.

本書は、株式会社オライリー・ジャパンがOxford University Pressの許諾に基づき翻訳したものです。
日本語版についての権利は、株式会社オライリー・ジャパンが保有します。

日本語版の内容について、株式会社オライリー・ジャパンは最大限の努力をもって正確を期していま
すが、本書の内容に基づく運用結果について責任を負いかねますので、ご了承ください。

Maxへ、愛を込めて。

質問形式の序文

この本は何について書かれているのですか？

　この本はアルゴリズム的なパズルを集めた本です。アルゴリズム的なパズルというのは、問題を解くためのはっきり定義された手順を（明示的あるいは暗黙に）扱うパズルです。本書は、そのようなパズルを集めたちょっと珍しい本になります。中には数学や計算機科学の世界で有名になった古典的なものもありますし、大会社の採用試験で出題されたような新しいものもあります。

　本書の主な目的は 2 つあります。

- パズルに興味のある幅広い読者を楽しませること。
- プログラミングを使わずに高度なアルゴリズム的思考を身に付けてもらうこと。そのために、厳選したアルゴリズム設計戦略と分析テクニックをお教えします。

　アルゴリズムは計算機科学の土台をなすものですし、それなくしては正しいプログラミングができません。しかし、アルゴリズムとプログラミングが同じものであると考えるのは早計です。アルゴリズム的なパズルの中には、コンピュータが登場する 1 千年も前から存在するものもあるのです。もちろん、近年のコンピュータの急速な普及によって、人文・社会科学や自然科学のみならず芸術やエンターテイメントの分野においても、アルゴリズム的な問題を解くことが重要になったことは事実です。そして、アルゴリズム的なパズルを解くことは、アルゴリズム的思考を鍛えるための、最も生産的で楽しい方法なのです。

この本は誰向けに書かれているのですか？

　本書に興味を持つと想定している読者は以下の 3 つのタイプです。

- パズル好きの人。

- 教師や学生など、アルゴリズム的思考法の学習に興味がある人。
- 採用試験でパズルを出題する会社の面接を受けようとしている人、あるいは出題者側の人。

　パズル好きの方に伝えたいことは、次のことです。さまざまなテーマやタイプを扱う他のパズル集と同様に、このパズル集も楽しむことができるでしょう。昔から知られているパズルも少し含まれていますが、ほとんど見たことのない問題だと思います。コンピュータの予備知識やそれに対する興味も必要ありません。パズル好きの方は解説に書かれているアルゴリズム設計戦略や分析テクニックについては読み飛ばしていただいて構いません。

　アルゴリズム的思考は近年、計算機科学の教育現場でバズワードとなったきらいがありますが、それももっともかもしれません。コンピュータが遍在する今日の状況を考えれば、アルゴリズム的思考がほとんどすべての学生にとって重要になっているからです。このアルゴリズム的思考を身に付けるのにパズルが理想的な教材であるのには2つの理由があります。まず、パズルは楽しく、人は決まりきった演習を行うよりも問題を解く方が熱中するものです。また、アルゴリズム的パズルを解くには、学生はプログラミングをするときよりも抽象的に考える必要があるからです。計算機科学の学生であっても、アルゴリズム的問題を解く際に、一般的な設計や分析戦略ではなく、彼らの知っているプログラミング言語の視点で考えてしまう傾向にあります。パズルを使うことで、この重大な過ちを防ぐことができるのです。

　本書のパズルは独学に使用することができます。チュートリアルも読むことで、これらのパズルは主要なアルゴリズムの概念を理解するのに（少なくとも私たちから見て）良い導入となるはずです。また、本書は大学や高校で計算機の講義を教える際の、演習としても使えるでしょう。本書はまたパズルを基礎にした問題解決の講義にも使用できるかもしれません。

　採用試験に備えている人には、本書は2つの面で助けになるかもしれません。1つ目は、出題されそうなパズルが解付きで載っているということです。2つ目は、本書がアルゴリズム設計戦略と分析テクニックのチュートリアルを提供していることです。実際のところ面接官は、解答そのものよりもどのように解答にたどり着くかを知るためにパズルを出題します。一般的な設計戦略と分析テクニックを適用する能力があるところを見せれば、面接官に良い印象を与えられるでしょう。

この本にはどんなパズルが載っているの？

　アルゴリズム的パズルは、何年にもわたって考案されてきた、たくさんの数学パズルのごく一部でしかありません。本書に載せるパズルを選ぶにあたって、私たちは以下の基準に従って選びました。

　1つ目は、そのパズルがアルゴリズムの設計や分析における何らかの一般的な原理を反映していることです。

　2つ目は、主観的なものですが、美しさとエレガンスさです。

　3つ目は、難度がばらけることです。パズルの難度を正確に決定することは難しいものです。時として、中学校の生徒が簡単に解いてしまう問題に数学科の教授が苦戦することもあります。とはいえ、読者がパズルの難しさを判断できるように、私たちは本書のパズルを初級、中級、上級の3つの難度に分けました。それぞれの難度の中では登場順に難しくなるようにパズルを並べました。初級に含まれるパズルでは中学校程度の数学知識しか必要としません。中級、上級難度のパズルの中には、数学的帰納法を使っているものもありますが、本書のパズルを解くには高校数学の知識があれば十分です。また、2進数や単純な漸化式については2つ目のチュートリアルで簡単に説明してあります。いくつかのパズル、特に上級に含まれるパズルは本当に難しいかもしれません。しかし、高度な数学が必要なせいで難しいわけではなく、読者がそのような高度な数学に習熟している必要もありません。

　4つ目に、いくつかのパズルは、その歴史的な重要性から入れざるを得ないと判断しました。最後に、引っ掛けや言葉遊びなどを含まない、問題文と解が明快なパズルを選びました。

　ここで、1つ重要な点を補足しておきたいと思います。本書の多くのパズルは全数探索やバックトラックを使って解くことができます（これらのアルゴリズム戦略については、最初のチュートリアルで説明します）。明示的にそう述べられている場合を除いて、読者がパズルを解くのにこれらを使用することを期待**していません**。したがって、数独や覆面算のような、全数探索やバックトラック、特定のデータに依存した思いつきを必要とする問題は含めませんでした。また、知恵の輪やルービックキューブなどの簡単には記述できない物理的な実体を題材にしたパズルも含めないことにしました。

ヒント、解およびコメント

　本書には、どのパズルについてもヒント、解およびコメントを付けています。他のパズルの本はめったにヒントを載せていませんが、私たちはこのヒントが有用なものだと考えています。ヒントによって、読者が独力で解できる可能性を残しながら、ほんの少し正しい方向に後押しすることができます。すべてのヒントは 3 章にまとめられています。

　すべてのパズルに解が付いています。一般に、短い答えが冒頭に書いてあります。これは読者に独力で問題を解く最後のチャンスを与えるためです。もしこの時点で読者の答えと食い違っていたら、そこで続きを読むのをやめてもう一度問題を解き直すことができます。

　アルゴリズムは自然言語で記述されており、特定の書式や疑似コードなどは用いていません。重要なのは些末な細部よりも概念そのものにあるのです。もちろん、解をより形式化することは役に立つ練習ですので、興味のある方はやってみてください。

　コメントは、パズルとその解の背景にどのような一般的なアルゴリズムの考え方があるかを説明しています。似ている他のパズルについての言及もここでされます。

　多くのパズルの本はパズルの出典を明記していません。パズルの作者を見つけ出そうとすることは冗談の作者を見つけ出すのと同じ、とよく言われています。この言い回しには、さまざまな真実が含まれているのですが、本書では、分かっている範囲でそのパズルが最初に現れた出典を明記することにしました。ただし、パズルの起源をたどるためにそれ以上の調査はしませんでした。それについては、他の本に譲りたいと思います。

2 つのチュートリアルはどういうものですか？

　本書には、アルゴリズム設計とアルゴリズム分析テクニックについて、例題付きの 2 つのチュートリアルがあります。これらのチュートリアルで扱う内容について知らなくても本書のパズルを解くことは可能ですが、チュートリアルを読むことで、よりパズルを解きやすくなり、（重要なことですが）読者の役に立つことは間違いありません。また、チュートリアルで解説した専門用語が、解とコメントおよびいくつかのヒントで使われます。

　チュートリアルは、幅広い読者が理解できるように非常に基礎的なレベルから書かれています。計算機科学の学位を持っているような読者にとっては、例題を除くと目

新しいことは何もないかもしれませんが、そのような読者にとっても、アルゴリズム設計と分析についての基本的概念を再確認するのに役に立つかもしれません。

なぜ2つの索引があるのですか？

　本書では、通常の索引に加えて、それぞれのパズルがどの設計戦略あるいは分析タイプに基づいているか示す索引を付けています。これは、特定の戦略やテクニックに基づいているパズルを探すときに役に立つでしょうし、問題を解く際のヒントにもなるでしょう。

　本書が読者にとって楽しく、かつ役に立つものになることを祈っています。また、多くのパズルの背後に、私たち人間の知恵の美しさへの賛美と、その素晴らしい成果を感じとっていただければ幸いです。

Anany Levitin
Maria Levitin
May 2011
algorithmicpuzzles.book@gmail.com

謝辞

　本書をレビューしていただいた Tim Chartier（デイビッドソン大学）、Stephen Lucas（ジェームズ・マディソン大学）、Laura Taalman（ジェームズ・マディソン大学）に深い感謝を捧げたいと思います。本書の考え方に対する熱心な支持と内容に関する貴重な意見は本当に助けになりました。

　また、ジョージ・ワシントン大学の Simon Berkovich に、パズルの主題について議論を交わせたことや原稿の一部を読んでもらったことについて感謝したいと思います。

　オクスフォード大学出版会のすべての人、ならびに本書の製作に関わっていただいた方々に謝意を表したいと思います。特に担当編集者の Phyllis Cohen は本書を良くするためにたゆまない努力をしてくれました。また編集アシスタントの Hallie Stebbins、原著の装丁の Natalya Balnova、マーケティング担当の Michelle Kelly にも感謝しています。最後になりましたが、本書の製作を監修していただいた Jennifer Kowing と Kiran Kumar、さらに編集実務を担当していただいた Richard Camp に感謝しております。

パズル一覧

チュートリアルのパズル

以下は本書の 2 つのチュートリアルに含まれるパズルの一覧です。パズルは本書に登場する順番に従って並んでいます。ページ番号はパズルの場所を表します。また、解はパズルの問題文の直後に記載されています。

魔方陣（Magic Square） 2
n クイーン問題（The n-Queens Problem） 4
有名人の問題（Celebrity Problem） 7
数当てゲーム（Number Guessing）（別名 **20 の扉**（Twenty Questions）） 8
トロミノ・パズル（Tromino Puzzle） 9
アナグラム発見（Anagram Detection） 10
封筒に入った現金（Cash Envelopes） 11
2 人の嫉妬深い夫（Two Jealous Husbands） 12
グァリーニのパズル（Guarini's Puzzle） 14
最適なパイの切り分け（Optimal Pie Cutting） 15
互いに攻撃しないキング（Non-Attacking Kings） 16
真夜中の橋渡り（Bridge Crossing at Night） 17
レモネード売り場の設置場所（Lemonade Stand Placement） 18
正への変化（Positive Changes） 20
最短経路の数え上げ（Shortest Path Counting） 22
チェスの発明（Chess Invention） 25
正方形の増大（Square Build-Up） 27
ハノイの塔（Tower of Hanoi） 28
不完全なチェス盤のドミノ敷き詰め（Domino Tiling of Deficient Chessboards） 31
ケーニヒスベルクの橋の問題（The Königsberg Bridges Problem） 32
板チョコレートの分割（Breaking a Chocolate Bar） 34
トウモロコシ畑の鶏（Chickens in the Corn） 34

本編のパズル

以下は本編の 150 のパズルです。ページ番号はそれぞれパズルの問題のページ、ヒントのページ、解のページを表しています。

初級パズル

1. 狼と山羊とキャベツ（A Wolf, a Goat, and a Cabbage）　37, 87, 97
2. 手袋選び（Glove Selection）　37, 87, 98
3. 長方形の分割（Rectangle Dissection）　37, 87, 99
4. 兵士の輸送（Ferrying Soldiers）　37, 87, 100
5. 行と列の入れ替え（Row and Column Exchanges）　38, 87, 100
6. 指数え（Predicting a Finger Count）　38, 87, 101
7. 真夜中の橋渡り（Bridge Crossing at Night）　38, 87, 102
8. ジグソーパズルの組み立て（Jigsaw Puzzle Assembly）　39, 87, 103
9. 暗算（Mental Arithmetic）　39, 87, 104
10. **8** 枚の硬貨に含まれる **1** 枚の偽造硬貨（A Fake Among Eight Coins）　39, 87, 105
11. 偽造硬貨の山（A Stack of Fake Coins）　39, 87, 106
12. 注文付きのタイルの敷き詰め（Questionable Tiling）　40, 87, 106
13. 通行止めの経路（Blocked Paths）　40, 87, 107
14. チェス盤の再構成（Chessboard Reassembly）　40, 87, 108
15. トロミノによる敷き詰め（Tromino Tilings）　41, 87, 109
16. パンケーキの作り方（Making Pancakes）　41, 88, 110
17. キングの到達範囲（A King's Reach）　42, 88, 110
18. 角から角への旅（A Corner-to-Corner Journey）　42, 88, 112
19. ページの番号付け（Page Numbering）　42, 88, 112
20. 山下りの最大和（Maximum Sum Descent）　42, 88, 113
21. 正方形の分割（Square Dissection）　43, 88, 114
22. チームの並べ方（Team Ordering）　43, 88, 115
23. ポーランド国旗の問題（Polish National Flag Problem）　43, 88, 116
24. チェス盤の塗り分け（Chessboard Colorings）　43, 88, 116
25. 最高の時代（The Best Time to Be Alive）　44, 88, 118

26. 何番目かを求めよ（Find the Rank） 45, 88, 118
27. 世界周遊ゲーム（The Icosian Game） 45, 88, 119
28. 一筆書き（Figure Tracing） 45, 88, 119
29. 魔方陣再び（Magic Square Revisited） 45, 88, 122
30. 棒の切断（Cutting a Stick） 46, 88, 124
31. 3つの山のトリック（The Three Pile Trick） 46, 88, 125
32. シングル・エリミネーション方式のトーナメント（Single-Elimination Tournament） 47, 88, 126
33. 魔方陣と疑似魔方陣（Magic and Pseudo-Magic） 47, 88, 126
34. 星の上の硬貨（Coins on a Star） 47, 89, 127
35. 3つの水入れ（Three Jugs） 47, 89, 129
36. 限られた多様性（Limited Diversity） 48, 89, 131
37. $2n$ 枚の硬貨の問題（$2n$-Counters Problem） 48, 89, 132
38. テトロミノによる敷き詰め（Tetromino Tiling） 48, 89, 133
39. 盤面上の一筆書き（Board Walks） 49, 89, 135
40. 交互に並ぶ4つのナイト（Four Alternating Knights） 49, 89, 136
41. 電灯の輪（The Circle of Lights） 50, 89, 137
42. もう1つの狼と山羊とキャベツのパズル（The Other Wolf-Goat-Cabbage Puzzle） 50, 89, 138
43. 数の配置（Number Placement） 50, 89, 139
44. より軽いか？より重いか？（Lighter or Heavier?） 51, 89, 139
45. ナイトの最短経路（A Knight's Shortest Path） 51, 89, 140
46. 3色配置（Tricolor Arrangement） 51, 89, 140
47. 展示計画（Exhibition Planning） 51, 89, 141
48. マックナゲット数（McNugget Numbers） 52, 89, 142
49. 宣教師と人食い人種（Missionaries and Cannibals） 52, 89, 143
50. 最後の球（Last Ball） 52, 89, 145

中級パズル

51. 存在しない数字（Missing Number） 53, 90, 145
52. 三角形の数え上げ（Counting Triangles） 53, 90, 146
53. バネ秤を使った偽造硬貨の検出（Fake-Coin Detection with a Spring Scale） 53, 90, 147
54. 長方形の切断（Cutting a Rectangular Board） 54, 90, 148
55. 走行距離計パズル（Odometer Puzzle） 54, 90, 148
56. 新兵の整列（Lining Up Recruits） 54, 90, 149
57. フィボナッチのウサギ問題（Fibonacci's Rabbits Problem） 54, 90, 150
58. ソートして、もう1回ソート（Sorting Once, Sorting Twice） 54, 90, 151
59. 2色の帽子（Hats of Two Colors） 55, 90, 152
60. 硬貨の三角形から正方形を作る（Squaring a Coin Triangle） 55, 90, 153
61. 対角線上のチェッカー（Checkers on a Diagonal） 55, 90, 155
62. 硬貨拾い（Picking Up Coins） 56, 90, 157
63. プラスとマイナス（Pluses and Minuses） 56, 90, 157
64. 八角形の作成（Creating Octagons） 56, 90, 159
65. ビット列の推測（Code Guessing） 56, 90, 160
66. 残る数字（Remaining Number） 57, 91, 161
67. ならし平均（Averaging Down） 57, 91, 162
68. 各桁の数字の和（Digit Sum） 57, 91, 162
69. 扇の上のチップ（Chips on Sectors） 57, 91, 163
70. ジャンプにより2枚組を作れI（Jumping into Pairs I） 57, 91, 164
71. マスの印付けI（Marking Cells I） 58, 91, 165
72. マスの印付けII（Marking Cells II） 58, 91, 166
73. 農夫とニワトリ（Rooster Chase） 59, 91, 167
74. 用地選定（Site Selection） 59, 91, 169
75. ガソリンスタンドの調査（Gas Station Inspections） 60, 91, 171
76. 効率良く動くルーク（Efficient Rook） 60, 91, 172
77. パターンを探せ（Searching for a Pattern） 60, 91, 173
78. 直線トロミノによる敷き詰め（Straight Tromino Tiling） 60, 91, 174
79. ロッカーのドア（Locker Doors） 60, 91, 176
80. プリンスの巡回（The Prince's Tour） 61, 91, 176

パズル一覧

81. 有名人の問題再び（Celebrity Problem Revisited） 61, 91, 177
82. 表向きにせよ（Heads Up） 61, 91, 178
83. 制約付きハノイの塔（Restricted Tower of Hanoi） 61, 92, 179
84. パンケーキのソート（Pancake Sorting） 62, 92, 182
85. 噂の拡散 I（Rumor Spreading I） 62, 92, 184
86. 噂の拡散 II（Rumor Spreading II） 62, 92, 185
87. 伏せてあるコップ（Upside-Down Glasses） 63, 92, 186
88. ヒキガエルとカエル（Toads and Frogs） 63, 92, 187
89. 駒の交換（Counter Exchange） 64, 92, 189
90. 座席の再配置（Seating Rearrangements） 64, 92, 190
91. 水平および垂直なドミノ（Horizontal and Vertical Dominoes） 64, 92, 191
92. 台形による敷き詰め（Trapezoid Tiling） 65, 92, 192
93. 戦艦への命中（Hitting a Battleship） 65, 92, 195
94. ソート済み表における探索（Searching a Sorted Table） 65, 92, 196
95. 最大と最小の重さ（Max-Min Weights） 65, 92, 197
96. 階段形領域の敷き詰め（Tiling a Staircase Region） 66, 92, 198
97. 上部交換ゲーム（The Game of Topswops） 66, 92, 201
98. 回文数え上げ（Palindrome Counting） 67, 92, 201
99. ソートされた列の反転（Reversal of Sort） 67, 92, 203
100. ナイトの到達範囲（A Knight's Reach） 67, 92, 204
101. 床のペンキ塗り（Room Painting） 67, 93, 205
102. 猿とココナツ（The Monkey and the Coconuts） 68, 93, 206
103. 向こう側への跳躍（Jumping to the Other Side） 69, 93, 208
104. 山の分割（Pile Splitting） 69, 93, 209
105. **MU** パズル（The MU Puzzle） 69, 93, 211
106. 電球の点灯（Turning on a Light Bulb） 70, 93, 211
107. キツネとウサギ（The Fox and the Hare） 70, 93, 213
108. 最長経路（The Longest Route） 70, 93, 214
109. ダブル n ドミノ（Double-n Dominoes） 71, 93, 215
110. カメレオン（The Chameleons） 71, 93, 216

上級パズル

111. 硬貨の三角形の倒立（Inverting a Coin Triangle） 72, 93, 217
112. ドミノの敷き詰め再び（Domino Tiling Revisited） 72, 93, 220
113. 硬貨の除去（Coin Removal） 72, 93, 221
114. 格子点の通過（Crossing Dots） 73, 93, 222
115. バシェのおもり（Bachet's Weights） 74, 93, 223
116. 不戦勝の数え上げ（Bye Counting） 74, 93, 225
117. **1**次元ペグソリティア（One-Dimensional Solitaire） 74, 93, 227
118. **6**つのナイト（Six Knights） 74, 94, 228
119. 着色トロミノによる敷き詰め（Colored Tromino Tiling） 75, 94, 230
120. 硬貨の再分配機械（Penny Distribution Machine） 75, 94, 232
121. 超強力卵の試験（Super-Egg Testing） 76, 94, 233
122. 議会和平工作（Parliament Pacification） 76, 94, 234
123. オランダ国旗の問題（Dutch National Flag Problem） 76, 94, 235
124. 鎖の切断（Chain Cutting） 76, 94, 237
125. **7**回で**5**つの物体をソートする（Sorting 5 in 7） 77, 94, 239
126. ケーキの公平な分割（Dividing a Cake Fairly） 77, 94, 240
127. ナイトの巡回（The Knight's Tour） 77, 94, 241
128. セキュリティスイッチ（Security Switches） 77, 94, 243
129. 家扶のパズル（Reve's Puzzle） 77, 94, 244
130. 毒入りのワイン（Poisoned Wine） 78, 94, 246
131. テイトによる硬貨パズル（Tait's Counter Puzzle） 78, 95, 247
132. ペグソリティアの軍隊（The Solitaire Army） 78, 95, 249
133. ライフゲーム（The Game of Life） 79, 95, 252
134. 点の塗り分け（Point Coloring） 79, 95, 253
135. 異なる組合せ（Different Pairings） 80, 95, 254
136. スパイの捕獲（Catching a Spy） 80, 95, 255
137. ジャンプにより**2**枚組を作れ **II**（Jumping into Pairs II） 80, 95, 257
138. キャンディの共有（Candy Sharing） 81, 95, 259
139. アーサー王の円卓（King Arthur's Round Table） 81, 95, 260
140. n クイーン問題再び（The n-Queens Problem Revisited） 81, 95, 261
141. ヨセフス問題（The Josephus Problem） 81, 95, 263

142. **12枚の硬貨**（Twelve Coins） 81, 95, 265
143. **感染したチェス盤**（Infected Chessboard） 82, 95, 266
144. **正方形の破壊**（Killing Squares） 82, 95, 267
145. **15パズル**（The Fifteen Puzzle） 82, 96, 269
146. **動く獲物を撃て**（Hitting a Moving Target） 83, 96, 272
147. **数の書かれた帽子**（Hats with Numbers） 83, 96, 272
148. **自由への1硬貨**（One Coin for Freedom） 83, 96, 274
149. **広がる小石**（Pebble Spreading） 84, 96, 277
150. **ブルガリアン・ソリティア**（Bulgarian Solitaire） 84, 96, 280

墓碑銘パズル：誰が言ったでしょう？

以下の文章それぞれの著者を選んでください。

「人はハンマーを持つとすべての問題がくぎに見える。現代における一番のハンマーはアルゴリズムだ。」

「問題を解くというのは、たとえば水泳のような実用的な技術だ。どんな実用的な技術も真似と練習によって習得される。」

「講義が退屈にならないようにする最上の方法は、遊び、ユーモア、美しさ、驚きの詰まった気晴らしを随所に入れることだ。」

「大いなる喜びをもたらすのは、知識そのものではなくそれを学ぶ過程だ。所有それ自体ではなくそこにたどりつく行為だ。」

「それなりに適切な、もしくは必要なものを省いてしまったとしても、怒らないでほしい。欠点がなくてあらゆることに先見の明がある人などいないのだから。」

ウィリアム・パウンドストーン
『ビル・ゲイツの面接試験 — 富士山をどう動かしますか？』の著者。

ポリア・ジョージ（1887–1985）
著名なハンガリーの数学者。問題解決の古典である『いかにして問題をとくか』の著者。

マーティン・ガードナー（1914–2010）
アメリカの作家。「サイエンティフィック・アメリカン」で連載されていた「数学ゲーム」や数々の数学パズルの本で有名。

カール・フリードリヒ・ガウス（1777–1855）
ドイツの偉大な数学者。

レオナルド・ダ・ピサ（1170–1250）
愛称のフィボナッチの方でよく知られているイタリアの数学者。数学史上最も重要な数学書の1つである「算盤の書」（Liber Abaci）の著者。

目次

質問形式の序文	vii
謝辞	xiii
パズル一覧	xv
チュートリアルのパズル	xv
本編のパズル	xvi
墓碑銘パズル	xxii
第 1 章　チュートリアル	1
一般的なアルゴリズム設計戦略	1
分析テクニック	24
第 2 章　パズル	37
初級パズル	37
中級パズル	53
上級パズル	72
第 3 章　ヒント	87
第 4 章　解	97
参考文献	283
索引（設計戦略と分析テクニック）	291
索引（人名と用語）	300

第 1 章
チュートリアル

一般的なアルゴリズム設計戦略

　このチュートリアルの目的は、アルゴリズムを設計するためのいくつかの一般的な戦略を簡単に紹介することです。これらの戦略がすべてのパズルに適用できるとは限りませんが、一緒に使うことで非常に強力なツールになります。当然ながら、計算機科学の多くの問題にも使うことができます。つまり、これらの戦略をどのようにパズルに適用するかを学ぶことは、とりもなおさず、この重要な計算機科学分野への導入となるのです。

　さて、主なアルゴリズム設計戦略を紹介する前に、アルゴリズム的なパズルについて大事なことを述べる必要があります。まず、どのアルゴリズム的パズルにも入力が必要です。そして、入力によってパズルの**インスタンス**（instance）が定まります。このインスタンスは特殊インスタンス（たとえば、天秤を使って 8 つの硬貨から 1 つの偽造硬貨を見つける、など）あるいは一般インスタンス（n 枚の硬貨から 1 つの偽造硬貨を見つける）のどちらかになります。特殊インスタンスを扱う場合は、その 1 つのインスタンスの解法を求めれば十分ですが、その他のインスタンスの場合にも同じ解法が使えるとは限りませんし、そもそもそれ以外のインスタンスには解がない場合もあります。あるいは、パズルの問題において数字がどんな値であれ特に関係ないこともあります。この場合は、一般インスタンスを解くことはやりすぎどころか、むしろその方が簡単ということもありえます。しかし、パズルが特殊インスタンスであれ、一般的な形で表されているものであれ、小さいインスタンスをいくつか解いてみることは、だいたいにおいて良いやり方です。解答者が誤った方向に誘導されてしまうこともまれにはありますが、手始めにいくつかのインスタンスを解くことで有用な知見を得られることが多いのです。

全数探索

　理論的には、多くのパズルは**全数探索**（exhaustive search）で解くことができます。これは解が見つかるまで可能性のある候補をしらみつぶしに調べる戦略です。全数探索を適用するときには、創意工夫はほとんど必要ありません。したがって、この戦略を取る場合は、人ではなくコンピュータにやらせることが一般的です。全数探索の限界は、その非効率性にあります。一般に、解候補の数は問題の大きさに対して指数関数的に増えていきますので、この戦略は人間はもちろんコンピュータにとっても困難なものとなります。たとえば、大きさ3の**魔方陣**を作るパズルを考えてみましょう。

> **魔方陣（Magic Square）**
> 　3×3の表を1から9の9つの数字で埋めよ。ただし、各行、各列、対角線上のマスの和は等しくなければならない（図1.1）。

図1.1　1から9までの数字を埋めて魔方陣を完成させるための3×3の表

　この表の埋め方は何通りあるでしょうか？1から始めて9まで、数字を1つずつ埋めていくとしましょう。1の埋め方は全部で9通りあります。次に2の埋め方は8通りあります。最後の9を埋められるのは残った唯一の空白のマスだけですので1通りです。したがって、3×3の表に9つの数字を埋める場合の数は $9! = 9 \cdot 8 \cdots \cdot 1 = 362{,}880$ 通りになります（ここで、1から n までの乗算を表すために一般的な表記 $n!$ を使いました。読み方は n の**階乗**です）。つまり、全数探索でこの問題を解くためには362,880通りすべての数字の配置を生成して、それぞれについて行、列、対角線の総和が等しくなっているか調べることになります。これは明らかに手で行える量の計算ではありませんね。

実際、行、列、対角線の総和が 15 であり、5 が中央のマスに配置されなければならない（本書の**魔方陣再び**（No.29）を参照してください）ということを最初に証明すれば、このパズルを解くのはさして難しいことではなくなります。あるいは、任意の大きさ $n \geq 3$ の魔方陣を作るアルゴリズム（特に n が奇数のときは非常に効率的な方法があります [Pic02]）を使うこともできます。もちろん、これらのアルゴリズムは全数探索に基づいたものではありません。n が 5 程度の大きさであっても、全数探索が考えなければならない解候補の数はコンピュータにとってすら法外に大きくなります。実際、$(5^2)! \simeq 1.5 \cdot 10^{25}$ になりますが、これはコンピュータが 1 秒間に 10 兆回の命令を実行したとしても 49,000 年ほどもかかります。

バックトラック

全数探索を適用する場合、大きく 2 つの困難があります。1 つ目はすべてのあり得る解候補を生成する仕組みです。問題の中には、それらがある規則に従った集合を成すことがあります。たとえば、3×3 の表に 1 から 9 の整数を配置する候補は、これらの数字の**順列**（permutations）で求められます（前節の魔方陣の例を参照してください）。この順列を求めるアルゴリズムはいくつか知られています。しかし、解候補がこのような規則的な集合を成さない場合には、たくさんの問題が出てきます。2 つ目の困難は、より根本的な問題ですが、生成して計算しなければならない解候補の数にあります。一般に、この集合は問題の大きさに対して指数関数的に大きくなります。つまり、全数探索が実用的なケースは非常に少ないということです。

バックトラック（backtracking）は、この全数探索の総当たりのアプローチを大きく改善したものです。これによって、不要な候補を生成しないようにしながら解候補を効率的に生成することができます。この戦略の核となる考え方は、問題の部分ごとに解を生成して、その部分解について以下の評価を行う、というものです。まず、問題の制約に違反せずにさらに解を発展させることができるかどうか調べます。これは問題の次の部分に対して有効な最初の選択肢を取ることで行います。もし、有効な選択肢がないなら、残りの部分に対しても選択肢を考える必要はありません。その場合は、最後の有力な部分解まで戻り、次の選択肢を検討します。

一般的に、バックトラックを行うときには、誤った選択肢を何度も取り消すことになります。この取り消し回数が少ないほど、アルゴリズムが解を見つけるまでの時間は短くなります。最悪の場合、バックトラックは全数探索と同数の解候補を生成することになりますが、これは滅多にありません。

バックトラックは、各選択肢に対する決定を表す木を構築する過程として捉えるこ

とができます。計算機科学者は、たとえば家系図や組織図のような階層構造を表す用語として**木**（tree）を用います。木を図示するときは通常最上位に**根**（root）（親を持たない唯一のノード）を、最下部もしくはその近くに**葉**（leaves）（子供のいないノード）を配置します。しかしながら、これは、ただのデザイン上の慣習です。バックトラック・アルゴリズムでは、このような木は**状態空間木**（state-space tree）と呼ばれます。状態空間木の根ノードは解を構築する初期状態に対応します。ここで、根ノードを木の第 0 レベルとします。このとき、根ノードの子供（木の第 1 レベルにあるノード）は解の最初の部分に対する選択肢に相当します（たとえば、魔方陣の 1 が位置するマスです）。その子供（第 2 レベルのノード）は 2 番目の部分の解に相当します。葉ノードは 2 種類あり得ます。1 つは**見込みのないノード**（nonpromising nodes）あるいは**行き止まり**（dead ends）と呼ばれるノードで、これは解にたどり着かない部分解に対応します。あるノードが見込みがないということが分かったら、バックトラック・アルゴリズムはそのノードの処理を終えます（木を**剪定する**（pruned）と言います）。そのノードの親へ後戻りする、すなわち、その候補解の最後の部分についての決定を取り消して、新しい選択肢を考えます。もう 1 種類の葉ノードは解です。解が 1 つで良いなら、アルゴリズムはここで終了します。もし他の解をさらに探索する必要があるなら、アルゴリズムはその葉ノードの親に後戻りして探索を続けます。

以下の例は、バックトラックの問題への適用方法を示すときによく使われる例です。

n クイーン問題（The n-Queens Problem）

n 個のクイーンを $n \times n$ マスのチェス盤に置いて、どの 2 つのクイーンも互いに攻撃しないようにせよ。すなわち、どの 2 つのクイーンも同じ行、列あるいは斜め線上にないようにせよ。

$n = 1$ の場合、この問題の解は自明です。また、$n = 2$ もしくは $n = 3$ の場合は解がありません。そこで、4 クイーン問題をバックトラックで解きましょう。4 つのクイーンは別々の列に置かれなければならないので、1 つ目のクイーンを 1 列目、2 つ目のクイーンを 2 列目、という具合に置くと決めれば、やることは図 1.2 のように、それぞれのクイーンの行を決めることになります。

駒が置かれていないチェス盤から始めましょう。まずクイーン 1 を最初の配置可能な場所、つまり第 1 行第 1 列のマスに置きます。続いて、クイーン 2 を置きます。第 1 行第 2 列と第 2 行第 2 列には置けないので、次の配置可能な場所は第 3 行第 2 列、つまり (3, 2) になります。しかし、ここは行き止まりであることが分かります。というのも、クイーン 3 を配置できる場所が 3 列目のどこにもないからです。そこで、ア

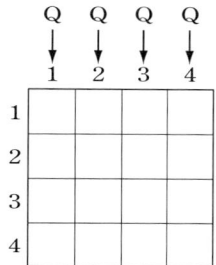

図 1.2　4 クイーン問題のチェス盤

ルゴリズムは後戻りして、クイーン 2 を次の配置可能な場所 (4, 2) に置きます。そうすればクイーン 3 を (2, 3) に置くことができますが、これも行き止まりです。そこでアルゴリズムは、はるばるクイーン 1 の配置まで後戻りして (2, 1) を選びます。クイーン 2 は (4, 2) に、クイーン 3 は (1, 3) に、クイーン 4 は (3, 4) に置かれます。これが解となります。この探索の状態空間木は図 1.3 のようになります。

　さらに他の解が必要なら（4 クイーン問題の解はあと 1 つしかありません）、アルゴリズムは探索を終了したノードから探索を再開するだけです。あるいは、チェス盤の対称性を用いてもう 1 つの解を求めることもできます。

　全数探索に比べてバックトラックはどれくらい効率的なのでしょうか？ 4×4 の盤上の異なるマスに 4 つのクイーンを配置する場合の数は、

$$\frac{16!}{4!(16-4)!} = \frac{16 \cdot 15 \cdot 14 \cdot 13}{4 \cdot 3 \cdot 2} = 1820$$

となります（異なる n 個の集合から順序に関係なく k 個のものを選ぶ場合の数は、数学用語では n 個から k 個のものを選ぶ**組合せ**（combinations）と言い、$\binom{n}{k}$ あるいは $C(n, k)$ と表記します。この値は $\frac{n!}{k!(n-k)!}$ になります）。クイーンをそれぞれ異なる列に配置することを考えた場合は、組合せの数は全部で $4^4 = 256$ になります。さらに、クイーンは別の行に置かれなければならないという制約を加えると、場合の数は $4! = 24$ まで減ります。この程度なら全数探索でも探索可能ですが、問題の大きさが大きくなるとそうもいきません。たとえば、通常の 8×8 のチェス盤の場合は、その解候補の数は $8! = 40320$ になってしまいます。

　8 クイーン問題の解が 92 通りあると聞いたら興味を惹かれるでしょうか。そのうち実質的に異なる解は 12 通りで残りの 80 通りはそれらの回転や反転で得られるも

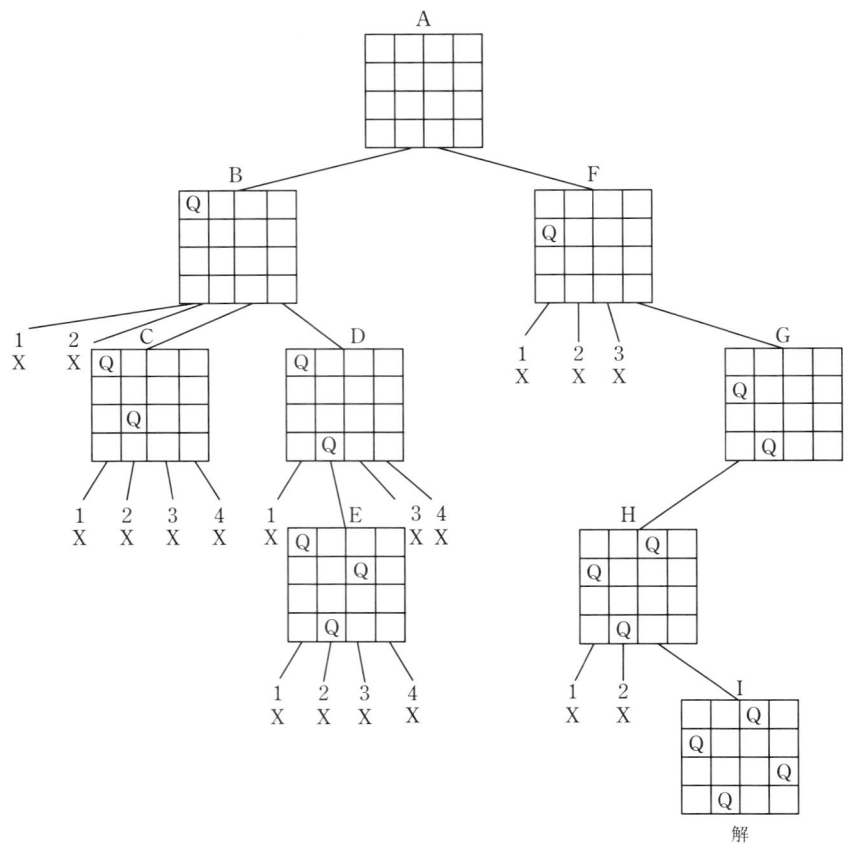

図 1.3 バックトラックにより 4 クイーン問題の解を探す状態空間木。X は示された行にクイーンを置けなかったことを表す。ノードの上に書かれたアルファベットはノードが生成された順番を表す。

のです。一般の n クイーン問題については、大きさが $n \geq 4$ なら解を持つことが分かっていますが、その解の数を導く簡単な公式は見つかっていません。ただ n が大きくなるに従い、その解の数も急速に大きくなることは分かっています。たとえば、$n = 10$ の場合は解の数は 724 で、実質的に異なる解は 92 通りですが、$n = 12$ になるとそれぞれ 14,200 通りと 1,787 通りになります。

本書のパズルの多くはバックトラックで解けますが、そのいずれについても、読者がきっと見つけるであろうより効率的な解法があります。たとえば、n **クイーン問題再び**（No.140）という問題では、n クイーン問題に対するより速いアルゴリズムを見つける必要があります。

縮小統治法

縮小統治法（decrease-and-conquer）戦略は、オリジナルの問題の解と、それより大きさを小さくしたインスタンスの解との関係を見つけることを基本にしています。もしそのような関係が見つかったならば、そこから自然に**再帰アルゴリズム**（recursive algorithm）が導かれます。すなわち、直接解けるまで順次問題の大きさを小さくしていけばよいのです[*1]。例を挙げましょう。

> **有名人の問題（Celebrity Problem）**
> n 人のグループの中に有名人が 1 人いる。その有名人はグループ内に誰も知人がいないが、他のすべての人はその人を知っている。ここで「あなたはこの人を知っていますか？」という質問だけで、その人を見つける方法を示せ。

問題を単純にするために、n 人のグループの中に有名人が必ず 1 人いることが分かっているとします。その場合、次の 1 次縮小統治法アルゴリズムが使えます。$n = 1$ なら、当たり前ですが、定義からその人が有名人になります。$n > 1$ のときは、グループから 2 人を選びます。この 2 人を A、B としましょう。そこで、A に B を知っているか尋ねます。A が B を知っていたら、A を有名人候補から外します。もし A が B を知らなかったら、B を候補から外します。あとは $n − 1$ 人のグループに対して同様の方法を使うことで再帰的に問題を解けます。

簡単な演習として、本書の**兵士の輸送**パズル（No.4）を解いてみるのも良いかもしれません。

一般に、縮小統治法で問題を小さくするときに大きさが $n − 1$ になる必要はありません。たいていの場合は **1 次縮小**（decrease-by-one）になりますが、一度の繰り返しでもっと大きさを減らせる場合もあるのです。もし大きさを定数倍、たとえば半分、で小さくできるなら、アルゴリズムは非常に速いものとなります。有名な例として、

[*1] 原注：**再帰**（recursion）は計算機科学における重要な考え方の 1 つです。もし初めて聞く考え方なのでしたらウィキペディアの「再帰」という項目とその関連項目を参照することをおすすめします。

次のよく知られたゲームがあります。

> **数当てゲーム（Number Guessing）**（別名 **20 の扉**（Twenty Questions））
> 1 から n までの整数を、「はい」か「いいえ」のいずれかで答えられる質問を使って当てよ。

　この問題を解く最も効率的なアルゴリズムは、正解を含む数字の集合の大きさを繰り返しごとに半分にするような質問をするものです。たとえば、最初の質問は「正解は $\lceil n/2 \rceil$ より大きいか？」というものになります。ここで、$\lceil n/2 \rceil$ は $n/2$ に最も近い整数への切り上げを表す表記です[*2]。答えが「いいえ」なら、正解は 1 と $\lceil n/2 \rceil$ の間にあります。「はい」なら $\lceil n/2 \rceil + 1$ と n の間にあります。どちらにせよ、大きさ n の問題を同じ問題の半分の大きさのインスタンスにすることができます。インスタンスの大きさが 1 になるまでこれを繰り返せば正解が分かります。

　このアルゴリズムは問題の大きさ（正解を含む数字の範囲）を繰り返しごとに半分にするので驚くほど高速なアルゴリズムと言えます。$n = 1{,}000{,}000$ であっても、せいぜい 20 回の質問で解くことができるのです！もし大きさを小さくする割合がもっと大きければ、たとえば 1/3 にできるなら、アルゴリズムはもっと速くなります。

　本書の **8 枚の硬貨に含まれる 1 枚の偽造硬貨**（No.10）は縮小統治法の**定数倍縮小**（decrease-by-constant-factor）の 1 例で、ここで挙げた戦略の良い演習となるでしょう。

　ここで、ボトムアップに問題を解いていくことが、大きい大きさのインスタンスと小さい大きさのインスタンスの間の関係を見つける上でヒントになることがあるということを指摘しておきましょう。つまり、パズルを解くときに一番小さい大きさのインスタンスを解いてみて、次に大きい問題を解いてみるのです。この方法を**インクリメンタル・アプローチ**（incremental approach）と呼ぶことがあります。たとえば、**長方形の分割パズル**（No.3）の最初の解法を見てみてください。

分割統治法

　分割統治法（divide-and-conquer）戦略は、問題をより小さい（たいていは同じ、あるいは似たタイプで、理想的には同じ大きさの）部分問題に分割して、それぞれを解

[*2] 原注：$\lceil x \rceil$ は実数 x の**天井関数**（ceiling）と呼ばれ、x 以上の最小の整数を表します。たとえば $\lceil 2.3 \rceil = 3$ となりますし、$\lceil 2 \rceil = 2$ となります。$\lfloor x \rfloor$ は実数 x の**床関数**（floor）と呼ばれ、x 以下の最大の整数を表します。たとえば、$\lfloor 2.3 \rfloor = 2$ となりますし、$\lfloor 2 \rfloor = 2$ となります。

き、必要なら、それらの解を組み合わせて元の問題の解を得る、というものです。この戦略は計算機科学の重要な問題を解く、多くの効率的なアルゴリズムの基礎になっています。意外にも、分割統治法アルゴリズムで解くことができるパズルはそんなに多くはありませんが、ここでは、この戦略を使って解くことができる、よく知られた例を見てみましょう。

> **トロミノ・パズル（Tromino Puzzle）**
> $2^n \times 2^n$ マスのうち1マスだけ欠けた盤がある。この盤を直角トロミノ（3マスからなるL字形のタイル）で覆え。トロミノは欠けたマス以外のすべての盤上のマスを重複なしに覆う必要がある。

この問題は、トロミノを真ん中に配置して大きさ n の問題を4つの大きさ $n-1$ の問題に分割する、という再帰的な分割統治法アルゴリズムを使うことで解くことができます（図1.4）。盤全体が、1つの欠けたマスを有する 2×2 領域に分割されて、それぞれにトロミノが1つ置かれたところでアルゴリズムは終了します。

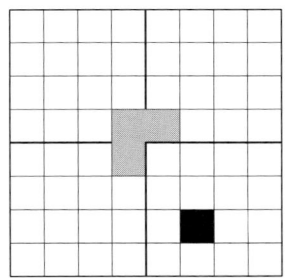

図1.4　分割統治法アルゴリズムを使って、1マスを欠いた $2^n \times 2^n$ の盤をトロミノで敷き詰めるときの最初のステップ

読者の方々は、図1.4の 8×8 の盤面を最後まで敷き詰めてみてください。すぐにできるでしょうが、良い練習になるはずです。

たいていの分割統治法アルゴリズムが再帰的に部分問題を解くことをできるのは、上記の例のように、部分問題が元の問題と同じで、ただし大きさだけが小さくなったインスタンスになっているからです。しかし、常にこの条件を満たす必要はありません。チェス盤を使う問題の中には、分割して得られた盤が、元の盤の大きさのみを小さくしただけのものになるとは限らないものもあります。そういった例として、**2n**

枚の硬貨の問題（No.37）および**直線トロミノによる敷き詰め**（No.78）があります。

　分割統治法についてもう 1 つ注意しておきたいことがあります。さきほど説明した縮小統治法が、分割統治法の特殊な場合であると考える人もいますが、それらは異なる設計戦略であると考える方が良いでしょう。決定的な違いは繰り返しの各ステップで解かなければならない部分問題の数にあります。分割統治法では複数の部分問題になりますが、縮小統治法では 1 つの部分問題になるだけです。

変換統治法

　変換統治法（transform-and-conquer）は変換という考えを取り入れた、よく知られたアプローチです。この変換統治法で問題を解く際には 2 つの段階があります。1 番目の変換段階では、問題はどうにかして扱いやすい問題に修正あるいは変換されます。そして、2 番目の統治段階でそれが解かれます。アルゴリズム的問題解決の世界では、この戦略には 3 種類あります。1 つ目は**インスタンスの単純化**（instance simplification）と呼ばれ、与えられたインスタンスを同じ問題の、ただしいくつか便利な特性を持つ別のインスタンスに変換するものです。2 つ目は、**表象変換**（representation change）と呼ばれるもので、問題の入力を異なる表現にすることで、既存の効率的なアルゴリズムで扱える形にするものです。3 つ目は、**問題の帰着**（problem reduction）と呼ばれるもので、与えられた問題のインスタンスを異なる問題のインスタンスに変換してしまうものです。

　最初の例として、ジョン・ベントリーの『*Programming Pearls* 』（邦題『珠玉のプログラミング』）[Ben00, pp.15–16] に載っているパズル風の問題を解いてみましょう。

> **アナグラム発見（Anagram Detection）**
> 　アナグラムとは、同じ文字からなる別の単語のことである。たとえば " eat "、" ate "、" tea " はすべて互いにアナグラムである。大量の英単語が記載されているファイルからすべてのアナグラムの集合を見つけよ。

　この問題を解く効率的なアルゴリズムは 2 つの段階からなります。最初に、それぞれの単語に自身の文字をソートしたものを「署名（signature）」として割り振ります（表象変換）。そして、その署名のアルファベット順に単語を並べ替えます（データの並べ替えはインスタンスの単純化の特殊な場合と言えます）。そうすればアナグラムは互いに隣り合うことが保証されます。

　練習として**数の配置**パズル（No.43）を解いてみるのも良いでしょう。この問題も

同じ考え方を使って解けます。

もう1つの役に立つ表象変換として、問題の入力を2進数あるいは3進数の表現にする方法があります。この重要な話について知らない方もいるかもしれないので、少し説明しましょう。ここ800年間にわたって世界中で使われてきた10進法では、10の累乗の組合せで整数を表記します。たとえば $1069 = 1 \cdot 10^3 + 0 \cdot 10^2 + 6 \cdot 10^1 + 9 \cdot 10^0$ となります。2進法と3進法では、それぞれ2の累乗と3の累乗の組合せで整数が表記されます。たとえば $1069_{10} = 10000101101_2$ となります。なぜなら $1069 = 1 \cdot 2^{10} + 0 \cdot 2^9 + 0 \cdot 2^8 + 0 \cdot 2^7 + 0 \cdot 2^6 + 1 \cdot 2^5 + 0 \cdot 2^4 + 1 \cdot 2^3 + 1 \cdot 2^2 + 0 \cdot 2^1 + 1 \cdot 2^0$ となるからです。また、$1069_{10} = 1110121_3$ となります。$1069 = 1 \cdot 3^6 + 1 \cdot 3^5 + 1 \cdot 3^4 + 0 \cdot 3^3 + 1 \cdot 3^2 + 2 \cdot 3^1 + 1 \cdot 3^0$ となるからです。10進数では数値が10種類の数字（0から9）の並びで表されるのに対し、2進数では2値（0と1）の並びで表され、3進数では3値（0、1、2）の並びで表されます。どの10進数の整数値も、2進数あるいは3進法では必ず1つの表現を持っています。その表現は、2あるいは3で割っていくことで得られます。2進数は特に重要です。というのも、計算機の実装では2進数が最も便利であることが分かっているからです。

2進法を利用するパズルの例として、ウィリアム・パウンドストーンの著書 [Pou03, p.84] から1つ取りましょう。

> **封筒に入った現金（Cash Envelopes）**
> 1ドル紙幣が1,000枚あり、それを10枚の封筒に振り分ける。適当な封筒を組み合わせて1ドルから1,000ドルまですべてを表せるようにするには、どのように振り分ければよいか？当然、おつりが出るのは許されない。

最初の9枚の封筒に、それぞれ $1, 2, 2^2, \ldots, 2^8$ 枚の1ドル紙幣を入れ、$1000 - (1 + 2 + \cdots + 2^8) = 489$ 枚の1ドル紙幣を10番目の封筒に入れます。489より小さい値 A については、2の累乗の組合せで $b_8 \cdot 2^8 + b_7 \cdot 2^7 + \cdots + b_0 \cdot 1$ のように表すことができます。ここで、係数 $b_8, b_7, \ldots, b_0$ は0もしくは1です（これらの係数は A の2進法での表現を構成します。9桁の2進数で表すことができる最大の数は $2^8 + 2^7 + \cdots + 1 = 2^9 - 1 = 511$ となります）。489から1000までの数値については、$489 + A'$ で表すことができます。ここで、$0 \leq A' \leq 511$ です。したがって、10番目の封筒と最初の9つの封筒の組合せで表すことができます。ここで、最初の9つの封筒の組合せは A' の2進数表現から得られます。A の値によってはこのパズルの解が一意に定まらないこともあります。

練習として、2つのバージョンの**バシェのおもり**パズル（No.115）を解いてみると

良いでしょう。それぞれ 2 進法と 3 進法を使う問題です。

　最後に、多くの問題はグラフの問題に帰着させられます。**グラフ**（graph）は簡単に言えば、そのいくつかが線でつながれた平面上の有限個の点の集合です。点と線はそれぞれグラフの**頂点**（vertices）および**辺**（edges）と呼ばれます。辺は方向を持たないかもしれませんし、ある頂点から頂点への方向を持つかもしれません。前者の場合、グラフは**無向グラフ**（undirected graph）と呼ばれます。後者の場合、**有向グラフ**（directed graph もしくは digraph）と呼ばれます。パズルやゲームに適用する場合、一般には頂点は問題が取り得る状態を表し、辺はその状態間の遷移を表します。頂点のうち 1 つが初期状態を表し、別の 1 つが問題の目的を表します（ただし、目的は複数あるかもしれません）。このようなグラフは**状態空間グラフ**（state-space graph）と呼ばれます。これを使うと、問題は初期状態を表す頂点から目的を表す頂点までの経路を見つける問題に帰着されます。

　この例として、昔からあるよく知られたパズルを考えてみましょう[*3]。

2 人の嫉妬深い夫（Two Jealous Husbands）
　2 組の夫婦が川を渡らなければならない。舟はあるが一度に 2 人までしか乗れないものとする。さらにややこしいことに、どちらの夫もたいへん嫉妬深いので、自分がいないときに自分の妻と相手の夫が一緒にいることを好まない。この条件の下で川を渡ることはできるか？

　このパズルの状態空間グラフは図 1.5 のようになります。ここで、H_i と W_i はそれぞれ夫婦 i ($i = 1, 2$) の夫と妻を表します。2 つの縦棒 || は川を表し、舟の位置は灰色の楕円で表されています。この位置により次の渡河の向きが決まります（単純化のために、添字が入れ替わっているだけの渡河はグラフに含めていません。たとえば、二番目の夫婦 H_2W_2 の替わりに最初の夫婦 H_1W_1 が渡河する遷移は含めていません）。初期状態と最終状態に対応する頂点は太線で囲んでいます。

　初期状態の頂点から最終状態の頂点までの経路は 4 つあります。どれも 5 辺分の

[*3] 原注：このパズルの夫婦が 3 組になっている古典版は、中世の高名な哲学者ヨークのアルクィン（735-804）が著した、ラテン語で書かれた最古の数学パズル集『*Propositiones ad Acuendos Juvenes*』（若者の心を鋭くするための諸命題）[Had92] に収められています。もっとも、今日から見ると上記に書いたよりも多少きつい言葉が使われていますが。

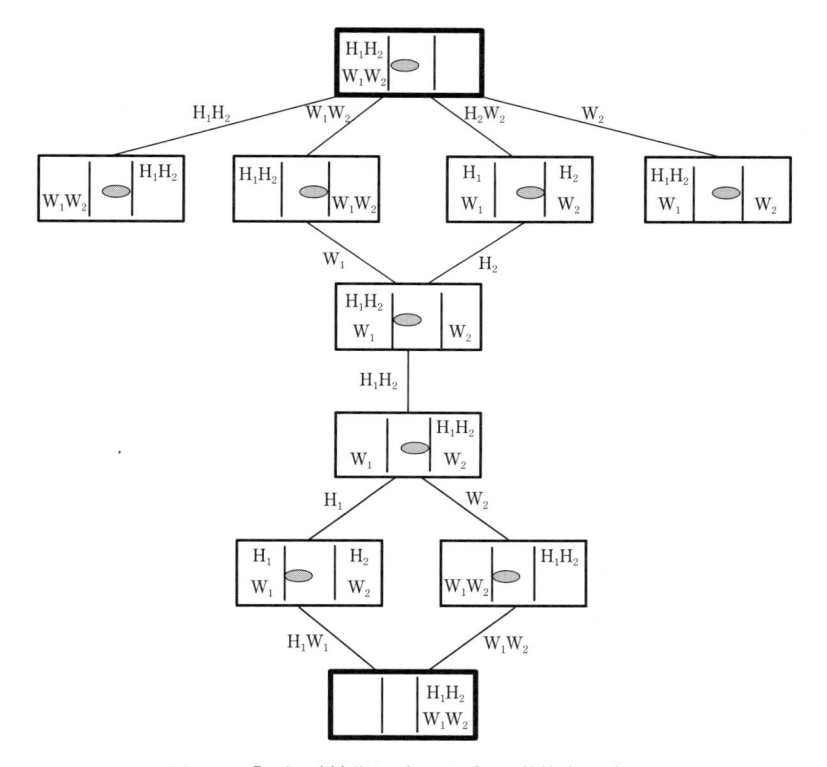

図 1.5 「2 人の嫉妬深い夫」パズルの状態空間グラフ

長さです。それらの経路を辺の並びで表すと次のようになります。

$$
\begin{array}{ccccc}
W_1W_2 & W_1 & H_1H_2 & H_1 & H_1W_1 \\
W_1W_2 & W_1 & H_1H_2 & W_2 & W_1W_2 \\
H_2W_2 & H_2 & H_1H_2 & H_1 & H_1W_1 \\
H_2W_2 & H_2 & H_1H_2 & W_2 & W_1W_2
\end{array}
$$

したがって、この問題には（明らかに対称的な入れ替えを除いて）4 つの最適解があり、それぞれ 5 回の渡河であることが分かります。

宣教師と人食い人種パズル（No.49）もこの種類のアルゴリズムの練習になるでしょう。

グラフ表現を使ってパズルを解くときに気を付けなければならないことが2つあります。1つ目は、より高度なパズルにおいて状態空間グラフを作ろうとすると、それ自体がアルゴリズム的パズルになり得るということです。実際、状態と遷移が非常に多いためにグラフの作成が不可能かもしれません。たとえば、ルービック・キューブの状態を表すグラフは10^{19}個以上の頂点を持つことになります。2番目は、理論的にはグラフの頂点を表す点は平面上のどこに置いてもよいとはいえ、作図上の点の置き方によってパズルに対する重要な気付きが得られることもあるということです。たとえば、次のパズルを考えてみましょう。これはよくパオロ・グァリーニ（Paolo Guarini、1512年）の作と紹介されていますが、実際は840年頃のアラブのチェスの写本に書かれていたものです。

グァリーニのパズル（Guarini's Puzzle）

3×3のチェス盤に4つのナイトが置かれている。2つの白のナイトは下側のそれぞれの角に、黒のナイトは上側の2つの角にいるとする（図1.6）。このとき、最少手数でこのナイトの位置を入れ替えよ。つまり白が上側の角に、黒が下側の角に来ればよい。

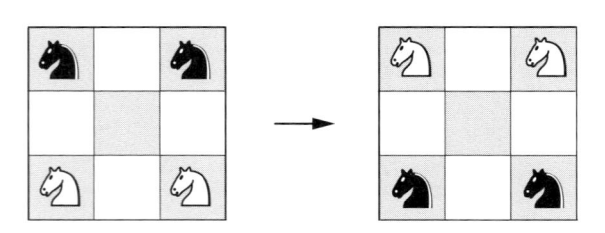

図1.6 「グァリーニのパズル」

盤のそれぞれのマス（話を簡単にするために図1.7aのように各マスに連番を振りましょう）をグラフの各頂点に対応させて、頂点が表すマス間でナイトが移動できることを辺で表すのは全く自然なことです。盤上のマスの位置をそのままグラフの各頂点の位置にすると図1.7bのようなグラフが得られます（中央のマス5はどのナイトも到達できないので省略してあります）。図1.7bは問題を解くのにたいして役に立たないように見えます。しかし、頂点をマス1のナイトが到達できる順に円周上に並べると、より理解の手助けになる図が得られます（図1.7c）[*4]。図1.7cを見れば、ナイ

[*4] 原注：デュードニー [Dud58, p.230] はこのような変換を**ボタンと紐の手法**（buttons and strings

トを移動させてもナイトの時計回りあるいは反時計回りの相対的な順番は保存されることが分かります。したがって、このパズルを最少手数で解く方法は 2 通りしかありません。それらは、ナイトたちが最初にそれぞれの対角線上の反対側の角に来るまで、時計回りまたは反時計回りに移動させるというものです。時計回りに進むにしろ反時計回りに進むにしろ、最終的に 16 手かかります。

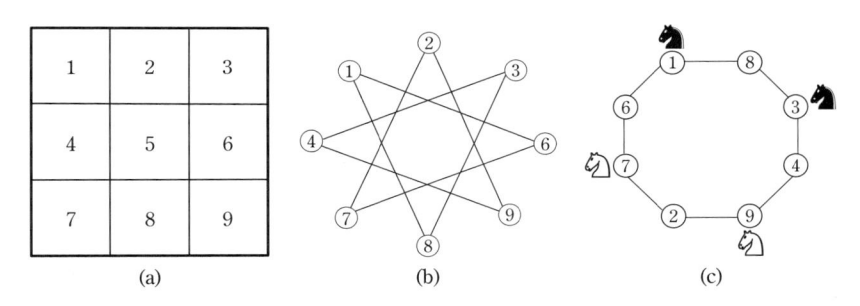

図 1.7 (a)「グァリーニのパズル」におけるチェス盤の各マスへの番号付け。(b) パズルのグラフの直截的な表現。(c) パズルのグラフのより優れた表現。

このグラフをほどく手法の練習として**星の上の硬貨**パズル（No.34）をおすすめしておきます。

グラフ以外にも、方程式を解くことや関数の最大値、最小値を見つける数学的な問題に帰着させられるパズルもあります。そのようなパズルの例を 1 つ挙げておきましょう。

> **最適なパイの切り分け（Optimal Pie Cutting）**
> n 個の直線で長方形のパイを切ったとすると最大何片に切り分けることができるか。ただし、直線はパイのいずれかの辺に平行、つまり垂直か水平でないといけないとする。

パイを h 本の水平線と v 本の垂直線で切ったとすると、得られるパイは $(h+1)(v+1)$ 個になります。切る回数の和 $h+v$ は n に等しいので、問題は次の値を最大化する問題に帰着できます。

---

method）と呼んでいます。グラフの頂点と辺をボタンと紐に見立てれば、「ボタン」2、8、4、6 を反対側に移動させれば、紐を「ほどく」ことができるからです。

$$(h+1)(v+1) = hv + (h+v) + 1 = hv + n + 1 = h(n-h) + n + 1$$

ただし、h は 0 から n までの整数です。$h(n-h)$ は h の二次式なので、最大になるのは、n が偶数なら $h = n/2$ のとき、奇数なら $h = n/2$ を切り下げた値（$\lfloor n/2 \rfloor$）もしくは切り上げた値（$\lceil n/2 \rceil$）のときになります。したがって、n が偶数なら解は $h = v = n/2$ となり、奇数なら解は 2 つあり（互いに対称とも考えられますが）、$h = \lfloor n/2 \rfloor, v = \lceil n/2 \rceil$ と $h = \lceil n/2 \rceil, v = \lfloor n/2 \rfloor$ になります。

貪欲アプローチ

貪欲アプローチ（greedy approach）は最適化問題の解法の 1 つで、部分解を順次拡大していって最終的な解を得る方法です。各ステップにおいて（これが戦略上の要ですが）問題の制約に沿っていて、かつその場で最大の効果が得られる選択をします。このような各ステップで選択可能なもののうち一番良いものを常に選択するという「貪欲な（greedy）」手法の背景には、局所的に最適な選択をしていけば、問題全体の最適解にたどり着けるだろうという予測があります。この単純な考え方のアプローチはうまくいくこともありますし、うまくいかないこともあります。

貪欲法で解くことができるパズルだからといって、すぐに貪欲法の恩恵が得られるわけではありません。よくできたパズルは、たいてい「技巧的（tricky）」で、そのように単純に解くことはできません。とはいえ、貪欲法で解くことのできるパズルもあります。たいてい、そのようなパズルでは、貪欲法に基づいたアルゴリズムを設計することはそれほど難しくはありません。むしろ、それによって本当に最適解が得られていることを証明する方が大変なことが多いです。次のパズルを例に見てみましょう。

> **互いに攻撃しないキング（Non-Attacking Kings）**
> 8 × 8 のチェス盤にキングを可能な限りたくさん置け。ただし、どの 2 つのキングも（縦、横、斜め方向に）隣接しないこと。

さきほど述べた貪欲法戦略の説明に従えば、まず最初の 1 列目には、互いに隣り合わない最大の数のキング（4 つ）を置くことになります。次に、どのマスも 1 列目に置かれたキングに隣接している 2 列目は飛ばして、3 列目に 4 つのキングを置くことができます。これを続けていって、最終的に合計して 16 個のキングを置くことになります（図 1.8a）。

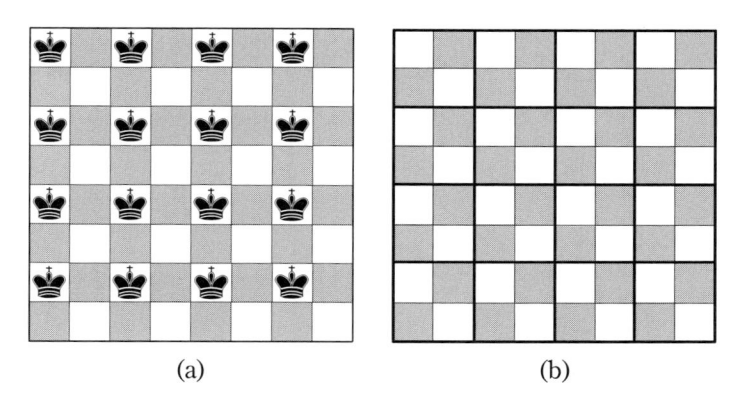

図 1.8 (a) 互いに攻撃しないような 16 個のキングの配置。(b) チェス盤をこのように分割すると、16 個より多くのキングを置けないことが分かる。

16 個より多くのキングを置くのが不可能であることを証明するために、図 1.8b のようにチェス盤を 2×2 マスの正方形を縦横 4 つずつ合計 16 個の正方形で分割します。明らかに、この正方形の中にはキングは 1 つしか配置できません。このことから、このチェス盤上に置ける互いに隣接しないキングの最大数は 16 であることが分かります。

2 番目の例として、マイクロソフトの採用面接で使われているとされてから特に有名になったパズルを取り上げます。

> **真夜中の橋渡り（Bridge Crossing at Night）**
> 4 人のグループが 1 つの懐中電灯を持って壊れそうな橋を夜に渡ろうとしている。橋は一度に最大 2 人まで渡ることができ、渡るときは（1 人であれ 2 人であれ）懐中電灯を持っていなければならない。懐中電灯は必ず持って行くか、持って戻るかのどちらかでしか移動しないものとする。つまり、投げたりすることはできないとする。A さんは橋を渡るのに 1 分、B さんは橋を渡るのに 2 分、C さんは 3 分、D さんは 10 分かかる。また、2 人で歩くときは必ず遅い人のペースに合わせて歩くとする。橋を渡る最も速い手順を見つけよ。

貪欲法に従えば図 1.9 に示すように、最初に最も足が速い 2 人、つまり A さんと B さんを渡らせることになります（これには 2 分かかります）。そして、2 人のうち足

の速いAさんに懐中電灯を持って戻ってきてもらいます（さらに1分）。それから、最も足が速い2人、AさんとCさんを向こう側に渡らせ（5分）、再びAさんが懐中電灯を持って帰ります（1分）。最後に、残った2人が橋を一緒に渡っておしまいです（10分）。かかった時間の合計は $(2+1)+(5+1)+10=19$ 分ですが、実はこれは最速の手順ではありません（本編のパズルNo.7として後で解くことになるでしょう）。

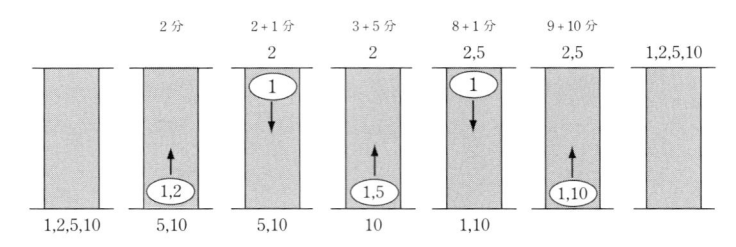

図1.9 「真夜中の橋渡り」の貪欲法による解

先ほどの**星の上の硬貨**パズル（No.34）を、グラフをほどく方法を使わずに貪欲法で解くのも良い練習になるでしょう。

逐次改善法

貪欲法が解を部分ごとに組み上げていくのに対して、逐次改善法は、簡単な解の近似から始めて、それに対していくつかの手順を繰り返し適用することで解を改善していく方法です。このようなアルゴリズムの正しさを確認するには、アルゴリズムが有限回のステップで終了することと最終的に得られる近似解が本当に問題の答えになっていることを保証する必要があります。次のパズルは、マーティン・ガードナー（Martin Gardner）の著名な本『*aha! Insight*』（邦題『aha!insight ひらめき思考』）[Gar78, pp.131–132] に載っているパズルの差別的でないバージョンです。

レモネード売り場の設置場所（Lemonade Stand Placement）

5人の友人（アレックス、ブレンダ、キャシー、ダン、アール）が一緒にレモネード売り場を開こうとしている。彼らはそれぞれ図1.10aの地図上のA、B、C、D、Eの場所に住んでいる。レモネード売り場から彼らの家への距離[*5]を最短にするにはどこの交差点にレモネード売り場を設置すればよいか？距離は彼らの家からのブロック数（縦および横方向）の和で測るとする。

(a)

(b)

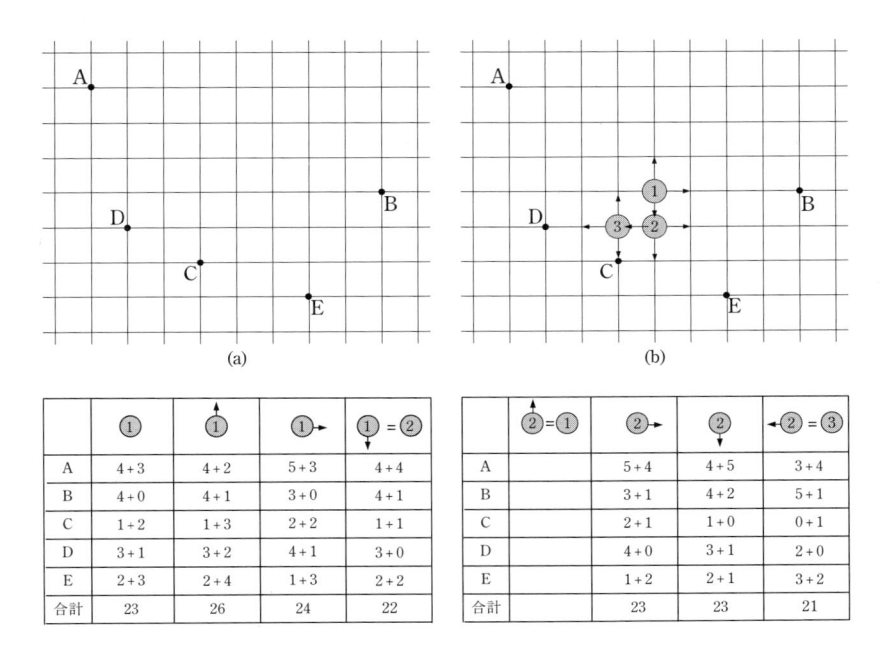

	①	① →	① ↓	① = ②
A	4+3	4+2	5+3	4+4
B	4+0	4+1	3+0	4+1
C	1+2	1+3	2+2	1+1
D	3+1	3+2	4+1	3+0
E	2+3	2+4	1+3	2+2
合計	23	26	24	22

	② = ①	② →	② ↓	② = ③
A		5+4	4+5	3+4
B		3+1	4+2	5+1
C		2+1	1+0	0+1
D		4+0	3+1	2+0
E		1+2	2+1	3+1
合計		23	23	21

	③	③ → = ②	③ ↓	← ③
A	3+3		3+5	2+4
B	5+0		5+2	6+1
C	0+2		0+0	1+1
D	2+1		2+1	1+0
E	3+3		3+1	4+2
合計	22		22	22

(c)

図 1.10 (a)「レモネード売り場の設置場所」パズル。(b) アルゴリズムのステップ (c) アルゴリズムによって計算された距離。

最初に、彼らは1番の交差点にレモネード売り場を設置しました（図1.10b）。ここは水平方向に見て一番左の地点Aと一番右の地点Bの真ん中で、垂直方向に見ても一番上の地点Aと一番下の地点Eの真ん中になっています。しかし、誰かがこの場所が最善の場所ではないことに気付きます。そこで、彼らは逐次改善法アルゴリズムを使うことにしました。最初の候補から始めて、1ブロック離れた場所を検討してみるのです。つまり、上方向（北）、右方向（東）、下方向（南）、左方向（西）に1ブロック離れた地点を検討します。もし、より家に近い場所が見つかったら、先ほどの解候補を新しい候補で置き換えて、同じ操作を繰り返します。4つのどの交差点も現在の候補を上回らないのなら、現在の場所が最適であると判断してアルゴリズムを終了します。このアルゴリズムを適用した結果を図1.10bに示します。得られた距離は図1.10cに示しています。

最終的に得られる図1.10bの3番の場所は確かに良さそうに見えますが、このアルゴリズム自身はその場所が**大域**（global）最適であることを保証しません。言い換えると、その場所が1ブロック離れた4つの交差点のどれよりも優れていることは分かりますが、その他すべての交差点よりも優れていることをどうしたら保証できるだろうか、ということです。とはいえ、この若い起業家たちを心配させるのはやめましょう。実際、この場所は全体においても最適な場所です。読者の皆さんはパズル**用地選定**（No.74）を解くことで確認することができるでしょう。これは、今回例に出したパズルをより一般化したものです。

逐次改善法を使って解くことのできるパズルの例をもう1つお見せしましょう。

正への変化（Positive Changes）

各マスに実数が書き込まれている $m \times n$ の表がある。1行ずつあるいは1列ずつ数値すべての正負を反転させる操作を繰り返すことで、各行および各列の和を非負にすることができるか？

まず思い付くのは、繰り返しのたびに和が非負になるライン（行または列）の数を増やしていくアルゴリズムでしょう。しかしながら、和が負の行（列）の符号を変えると、他の列（行）の和が負になってしまうことがあります！この困難に打ち勝つうまい方法は、表すべての数値の和に目を向けることです。表全体の和は、すべての行あるいはすべての列の和ですから、任意の和が負のラインの符号を変えると表全体の和は明らかに増えます。したがって、単純に和が負のラインを繰り返し探せばよいのです。そのようなラインが見つかったら、そのライン上の数値の符号を反転させます。そして、そのようなラインがないのならば、すなわち解にたどり着いたことにな

りますからアルゴリズムを止めます。

これで終わりでしょうか？いえ、実際には、アルゴリズムが終了することなく無限に続くことがないことを示さなければなりません。このアルゴリズムの操作によって生成される表の状態の数は有限です（各 mn 個の要素は 2 つの状態しか取り得ません）。したがって、表全体の和についても取り得る値は有限個になります。アルゴリズムは常に表全体の和を増やしますので、有限回数の操作の後に止まることが保証されます。

上記の 2 例において、次の特性を持っている値を見つけて利用しました。

- その値は望む方向にしか変化しない（最初の問題では減少する方向に、2 番目の問題では増加する方向に）。
- 有限個の値しか取り得ない。これによって有限回の繰り返しで終了することが保証されます。
- 最終的な値に達したら、問題の解が得られます。

そのような値は**単一変数項**（monovariant）と呼ばれます。適切な単一変数項を見つけるのは、一筋縄ではいかない問題です。単一変数項を扱うパズルが数学パズルの一分野になっているのは、このためです。たとえば、上に挙げた 2 番目の問題は 1961 年に開催された第 1 回全露数学オリンピック（All-Russian Mathematical Olympiad）で使用されました [Win04, p.77]。しかし、だからといって、逐次改善法と単一変数項をただの数学のおもちゃとみなすのは間違いでしょう。計算機科学における重要なアルゴリズムの中には**シンプレックス法**（simplex method）のように、このアプローチを基礎にしたものもあるからです。興味のある読者は、本書の上級パズルのセクションで単一変数項を含むパズルに出会うでしょう。

動的計画法

計算機科学者の間では**動的計画法**（dynamic programming）は重なりのある部分問題を使って問題を解く手法の 1 つと解釈されています。部分問題を何度も解く代わりに、それぞれの部分問題を 1 度だけ解いて結果を表に保存します。そして、その表をもとに元の問題の解を得るのです。動的計画法は 1950 年代に、優れたアメリカの数学者リチャード・ベルマンによって多段決定過程を最適化する一般的な方法の 1 つとして発明されました。この手法を使って最適化問題を解くには、その問題がいわゆる最適部分構造を持たなければなりません。最適部分構造を持っていれば、部分問題の解から効率的に元の問題の最適解が求まるのです。

例として、最短経路の数を数える問題を考えてみましょう。

最短経路の数え上げ（Shortest Path Counting）
　ある都市の交差点 A から交差点 B への最短経路の数を数えよ。この都市の道は図 1.11a のように碁盤の目状になっているとする。

　交差点 A から水平方向の道（通り）i ($1 \leq i \leq 4$) と垂直方向の道（筋）j ($1 \leq j \leq 5$) の交差点へ行く最短経路の数を $P[i, j]$ とします。どの最短経路も右方向に向かう水平部分と下方向に向かう垂直部分から成ります。したがって、A から通り i と筋 j の交差点へ向かう最短経路の数は、A から通り $i-1$ と筋 j の交差点へ行く最短経路の数（先ほどの表記にしたがえば $P[i-1, j]$）と A から通り i と筋 $j-1$ の交差点へ行く最短経路の数（$P[i, j-1]$）の合計になります。

$$P[i, j] = P[i-1, j] + P[i, j-1] \quad (1 < i \leq 4 \text{ かつ } 1 < j \leq 5)$$

ただし、

$$P[1, j] = 1 \quad (1 \leq j \leq 5), \quad P[i, 1] = 1 \quad (1 \leq i \leq 4)$$

となります。これらの式を使って、通り 1 から始めてそれぞれの通りを 1 つ 1 つ左から右へ計算していくか、あるいは筋 1 から始めてそれぞれの筋を 1 つ 1 つ上から下へ計算していくことで、最終的に $P[i, j]$ の値が求まります。

　この問題は、単純な組合せ論を使って解くこともできます。どの最短経路も 4 つの垂直部分と 3 つの水平部分から成っています。7 つの候補のうちどの 3 つを垂直部分に選ぶかで異なる最短経路となります。したがって、最短経路の数は相異なる 7 つのものから 3 つを選ぶ場合の数に等しいことになります。すなわち、$C(7, 3) = 7!/(3!4!) = 35$ となります。[*6] この単純な例では、組合せ論を使った方が動的計画法よりも簡単に解が得られましたが、より複雑な街路の場合はそうはいきません。**通行止めの経路**パズル（No.13）で、そのような問題を解くことになります。

　動的計画法をそのまま適用できないときもありますが、**山下りの最大和**（No.20）と**硬貨拾い**（No.62）は、この戦略を単純に適用できる良い例になるでしょう。

[*6] 原注：基礎的な組合せ論に明るい方は、交差点 A から始めて、南西から北東へ走る斜め線に沿って $P[i, j]$ の値を計算していくことができることもご存知でしょう。これらの値は**パスカルの三角形**（Pascal's Triangle）と呼ばれる有名な組合せ論の図形に登場します（例、[Ros07, 5.4 節]）。

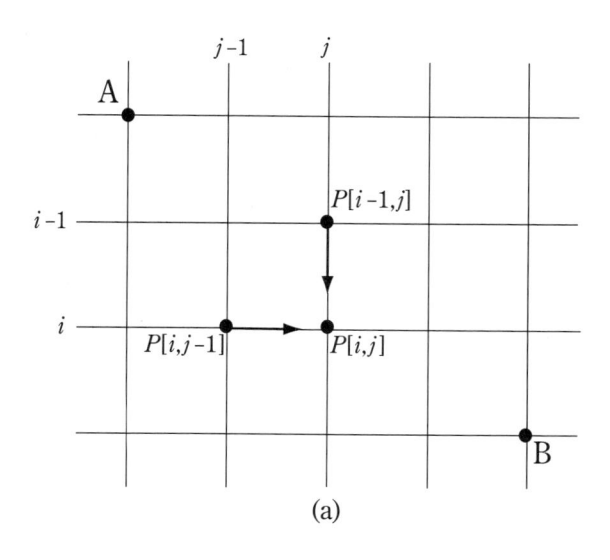

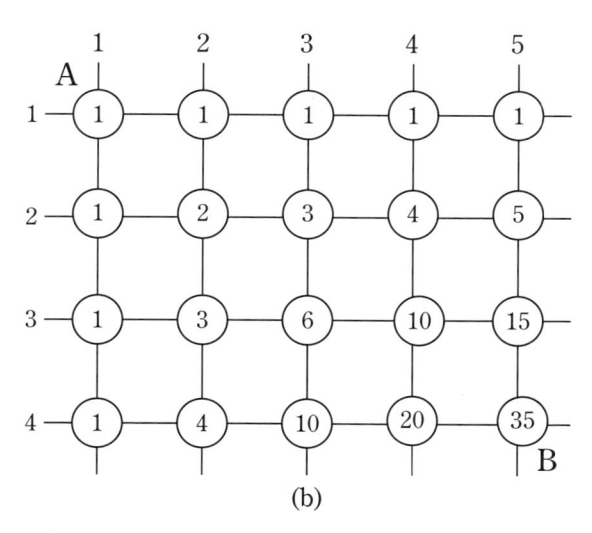

図 1.11 (a) 交差点 (i, j) への最短経路の数を数え上げていく動的計画法の実行例。
(b) 交差点 A からそれぞれの交差点へ行く最短経路の数。

分析テクニック

　本書のほとんどのパズルが扱うのはアルゴリズムの設計ですが、中にはアルゴリズムの分析を必要とするものもあります。この短いチュートリアルの目標は、アルゴリズム分析の標準的なテクニックをいくつかのパズルを通して紹介することです。ただし、紹介程度にとどめていますので、より詳細な議論について興味のある場合は[Lev06]や[Kle05]、[Cor09]を参照してください（この順番に難しくなっています）。

　アルゴリズムの分析は一般にアルゴリズムの時間効率を調べる作業です。これは、アルゴリズムの基本的なステップを行う回数で見積もれます。ほぼすべてのアルゴリズム的問題において、問題の大きさが大きくなるにつれてステップ数は増えますが、アルゴリズムの分析の目的は**どのくらいの割合で**そのステップ数が増えていくかを明らかにすることにあります。ステップ数を数えるには、当然ながら数学的な考えを必要とします。そこで、驚くほど役に立つ、重要な数学の公式を紹介するところから始めましょう。

総和公式とアルゴリズムの効率

　カール・フリードリヒ・ガウス（1777–1855）について、次のような真偽の怪しい有名な話があります。ガウスが10歳のとき、先生が1から100までの和を計算するように言いました。

$$1 + 2 + \cdots + 99 + 100$$

先生は、生徒たちがその計算にしばらく時間をとられるものと予想していました。その中にたまたま数学の天才が紛れ込んでいることなど知るよしもなかったのです。言い伝えによると、ガウスは数分で計算を終えたといいます。彼は100個の数字をそれぞれ和が101になる50個の組にしたのです。

$$(1 + 100) + (2 + 99) + \cdots + (50 + 51) = 101 \cdot 50 = 5050$$

これを一般化すると、1からnまでの整数の和は次式で与えられます。

$$1 + 2 + \cdots + (n - 1) + n = \frac{(n + 1)n}{2} \tag{1}$$

練習として、**暗算**パズル（No.9）を解いてみましょう。このパズルでは上の式とその応用を使います。

公式 (1) はアルゴリズムの分析ではほぼ必須のものです。この式から他にも有用な式が得られます。たとえば、正の整数のうち最初の n 個の偶数の和は以下のように求められます。

$$2 + 4 + \cdots + 2n = 2(1 + 2 + \cdots + n) = n(n + 1)$$

あるいは、最初の n 個の奇数の和は次のようになります。

$$\begin{aligned}
&1 + 3 + \cdots + (2n - 1) \\
&= (1 + 2 + 3 + 4 + \cdots + (2n - 1) + 2n) - (2 + 4 + \cdots + 2n) \\
&= \frac{2n(2n + 1)}{2} - n(n + 1) = n^2
\end{aligned}$$

もう 1 つの、非常に重要な公式は 2 の累乗の和を求めるものです。この式は最初のチュートリアルですでに使いました。

$$1 + 2 + 2^2 + \cdots + 2^n = 2^{n+1} - 1 \tag{2}$$

さて、準備はできました。アルゴリズムの分析を扱う最初の例題を解いてみましょう。

チェスの発明（Chess Invention）

チェスは数世紀前にインド北部でシャーシーという賢者が発明したものと推定されている。彼が自分の発明を王様に見せたところ、王様はたいそう気に入って、彼の望みのままの褒美をとらせる、と言った。それに対して、彼は次のように答えたという。「チェス盤の最初のマスに小麦を 1 粒置いて、次のマスには 2 粒置きます。3 番目のマスは 4 粒、4 番目のマスは 8 粒という具合です。このように 64 マスすべてに小麦を置いて、そのすべてを褒美として頂きたい。」これは、発明者として相応しい代価と言えるだろうか？

式 (2) を使えば、シャーシーが要求した小麦の粒の数は次のようになります。

$$1 + 2 + \cdots + 2^{63} = 2^{64} - 1$$

1粒を数えるのに1秒かかるとして、すべての粒を数えるのに必要な時間は5,850億年になります。これは地球の推定年齢のおよそ100倍以上になります。**指数増加**（exponential growth）の凄まじさをよく示している例でしょう。非常に小さな問題は別にして、問題の大きさに対して指数関数的な時間がかかるアルゴリズムは、明らかに実用的ではないことが分かります。

もしシャーシーの要求が1マスごとに粒の数を2倍にする、ではなく、2粒ずつ加えていく、というものだったら、どうなるでしょうか？粒全体の数は次のようになります。

$$1 + 3 + \cdots + (2 \cdot 64 - 1) = 64^2$$

先ほどと同じように1粒数えるのに1秒かかるとして、1時間14分もあれば彼の遠慮深い褒美は数え終わる計算になります。**二次**（quadratic）の増加率なら、アルゴリズムの実行時間としてはるかに受け入れやすいことが分かります。

より速いアルゴリズムは**線形**（linear）のものです。そのようなアルゴリズムを実行するのにかかる時間は、問題の大きさに比例します。さらに効率的なのは**対数的**（logarithmic）なアルゴリズムです。そのようなアルゴリズムはたいてい定数倍縮小戦略に従ったもので（アルゴリズムの設計戦略についてのチュートリアルを参照してください）、問題の大きさを再帰的に、たとえば、半分にできるようなアルゴリズムです。このようなアルゴリズムを利用すると、指数増加を今度は味方にすることができます。解かなければならない問題の大きさを素早く小さくできるからです。最初のチュートリアルで触れた**数当て**（Number Guessing）ゲームのアルゴリズムは、まさにこの種のアルゴリズムです。

非再帰アルゴリズムの分析

非再帰アルゴリズム（nonrecursive algorithm）というのは、再帰的ではないアルゴリズムのことです、といっても驚かないですよね？すなわち、このアルゴリズムは、問題が十分に小さくなって解が自明になるまで自分自身を適用し続ける、という振る舞いをしないということです。非再帰アルゴリズムは、そのアルゴリズムの主要ステップが実行される総回数を使って分析されるのが一般的です。その場合、その合計回数を表す単純な式、あるいはその増加率を近似する式を得ることが目標になります。例として、次のパズルを考えてみましょう [Gar99, p.88]。

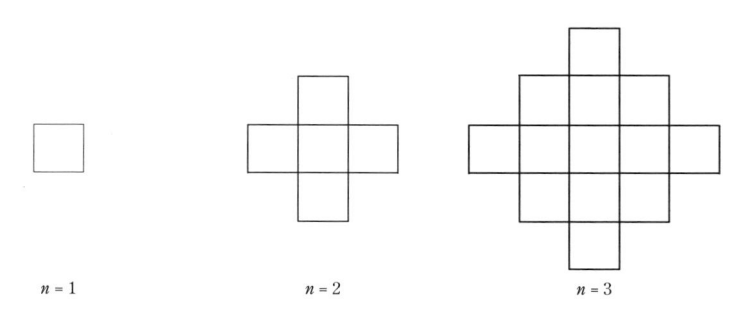

図1.12 「正方形の増大」アルゴリズムの最初の数回の結果

> **正方形の増大（Square Build-Up）**
> 1つの正方形から始めて、その外周に正方形を足していくアルゴリズムがあるとする。n 回の繰り返しを行った後に正方形は何個になっているか？最初の数回の結果を図1.12に示す。

このアルゴリズムの主要ステップは正方形を1つ足すことです。したがって、このアルゴリズムの主要ステップの回数を数えることは、正方形の総数を数えることと等価になります。n 回の繰り返しの後、真ん中の一番長い行には $2n-1$ 個の正方形が含まれます。その上と下の行に含まれる正方形の数は、1から $2n-3$ までの奇数の数列になります。最初の $n-1$ 個の奇数の和は $(n-1)^2$ ですから、正方形の総数は以下になります。

$$2(1 + 3 + \cdots + (2n-3)) + (2n-1)$$
$$= 2(n-1)^2 + (2n-1) = 2n^2 - 2n + 1$$

あるいは、i 回目に増える正方形の数は $4(i-1)$ である（$1 < i \leq n$）ということに気付けば、n 回の繰り返しの後の正方形の総数は次のように計算できることが分かるでしょう。

$$1 + 4\cdot 1 + 4\cdot 2 + \cdots + 4(n-1) = 1 + 4(1 + 2 + \cdots + (n-1))$$
$$= 1 + 4(n-1)n/2 = 2n^2 - 2n + 1$$

さて、もちろん標準的な手法を使うことは悪いことではないのですが、対象にしている問題の特性を利用しようとするのはいつだって良い考えです。たとえば、出来る図形の斜め方向に着目することで正方形の総数を簡単に数えることができます。n 回の繰り返し後の図形では n 個の正方形からなる斜め列と $n-1$ 個の正方形からなる斜め列が交互に並んでいて、それぞれ前者は n 列、後者は $n-1$ 列あります。したがって、正方形の総数は $n^2 + (n-1)^2 = 2n^2 - 2n + 1$ になります。

もう1つ例として、**三角形の数え上げ**パズル（No.52）を解いてみましょう。

再帰アルゴリズムの分析

再帰アルゴリズムの解析における標準的な手法を見るために、古典パズルの1つである**ハノイの塔**を考えてみましょう。

> **ハノイの塔（Tower of Hanoi）**
> このパズルを一般形で表すと、次のようになる。n 枚の異なる大きさの円盤と3本の杭がある。初期状態では、最初の杭にすべての円盤が積み重なっていて、大きいものが下、小さいものが上になるように大きさ順になっている。円盤の移動を繰り返して、すべての円盤を別の杭に移せ。ただし、円盤は1枚ずつしか移動させられないし、自身より小さい円盤の上には移動させられないものとする。

この問題には、図 1.13 に示したような再帰を使ったエレガントな解法があります。（杭 2 は補助として使って）杭 1 から杭 3 に n 枚（$n > 1$）の円盤を移すためには、まず $n-1$ 枚の円盤を杭 1 から杭 2 に移します（このとき杭 3 は補助として使われます）。それから、一番大きい円盤を杭 3 に移して、最後に $n-1$ 枚の円盤を杭 2 から杭 3 に移します（杭 1 は補助として使います）。$n = 1$ の場合は、もちろん、1 枚の円盤を杭 1 から杭 3 に直接移せばおしまいです。

このアルゴリズムにおいて、ある杭から別の杭に円盤を 1 枚移動させることが基本ステップになることは明らかでしょう。ここで、このアルゴリズムが n 枚の円盤のハノイの塔を解くときに円盤を移動させた回数を $M(n)$ としましょう。アルゴリズムの定義から $M(n)$ について以下の式が得られます。

$$M(n) = M(n-1) + 1 + M(n-1) \quad (n > 1 \text{ のとき})$$

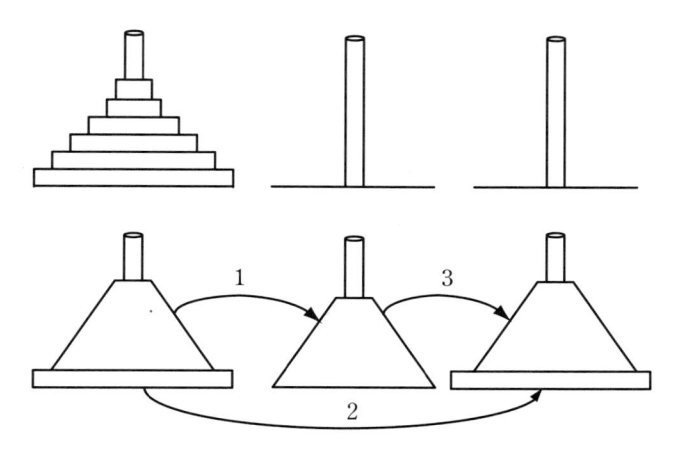

図1.13 「ハノイの塔」パズルの再帰的解法

この式は次のように単純化できます。

$$M(n) = 2M(n-1) + 1 \quad （n > 1 \text{のとき}）$$

このような式は**漸化式**（recurrence relations）と呼ばれます。というのも、この式によって、数列の第 n 項とそれ以前の項との関係が定まるからです。今回の例の場合では、第 n 項 $M(n)$ は1つ前の項 $M(n-1)$ を2倍して1足したものに等しい、という関係が定まります。注意して欲しいのは、初項については何も言っていないので、数列それ自体はこれだけでは定まらないということです。円盤が1枚のときにアルゴリズムが円盤を動かす回数は1回だけですから、先ほどの漸化式に加えて $M(1) = 1$ という条件が加わります。これは**初期条件**（initial condition）と呼ばれます。まとめると、ハノイの塔パズルを解く再帰アルゴリズムが円盤を動かす回数は次のような漸化式と初期条件で表されます。

$$M(n) = 2M(n-1) + 1 \quad （n > 1 \text{のとき}）$$
$$M(1) = 1$$

このチュートリアルの冒頭で述べた参考書籍には、このような漸化式を解く一般的な方法が載っていますが、ここでは帰納的アプローチを使ってみましょう。最初のいくつかについて $M(n)$ の値を計算してみて、一般項を予想します。そして、それがす

べての正の整数 n について成立することを証明します。

n	$M(n)$
1	1
2	3
3	7
4	15

　$M(n)$ の最初のいくつかの値から、一般項は $M(n) = 2^n - 1$ ではないかという予想が立てられます。明らかに、$M(1) = 2^1 - 1 = 1$ です。すべての $n > 1$ についてこの式が成り立つことを証明する最も簡単な方法は、この一般項を先ほどの式に代入して、すべての n に対して成り立つ恒等式が得られるか確認することです。そして、実際にそうなります。

$$M(n) = 2^n - 1 \text{ かつ } 2M(n-1) + 1 = 2(2^{n-1} - 1) + 1 = 2^n - 1$$

　したがって、このアルゴリズムは指数的であることが分かりました。それほど大きくない n についても、想像できないほど長い時間がかかるでしょう。これは、このアルゴリズムが良くないということではありません。実際、この問題の解法としては、このアルゴリズムが最も効率的であることを証明するのはそれほど難しいことではないのです。計算が困難なのは、この問題自身の難しさに由来しているのです。もしかすると、このことは良かったのかもしれません。フランスの数学者エドゥアール・リュカによって 1880 年代に発明されたハノイの塔のオリジナル版では、修道士たちが 64 枚の円盤を神秘のブラフマーの塔から移動させ終わったとき、世界は終焉を迎えることになっているからです。修道士たちが食事も睡眠も取らず死にもしないとして、1 枚の円盤を移すのに 1 分かかるとすると、世界が滅亡するのは約 $3 \cdot 10^{13}$ 年後になります。これは宇宙の推定年齢の 1,000 倍の長さに相当します。

　練習として、**制限付きハノイの塔**パズル（No.83）の最少手数についての漸化式を解いてみましょう。このようなハノイの塔の変形バージョンはたくさん存在します。

$$M(n) = 3M(n-1) + 2 \quad (n > 1),$$
$$M(1) = 2$$

不変条件

このチュートリアルを終えるにあたって、不変条件の考え方について簡単に考えてみましょう。ここでの**不変条件**（invariant）とは、問題を解くどのアルゴリズムにおいても維持される性質のことです。パズル的な問いを扱うときは、不変条件はその問題が解を持っていないことを示すために使われることがよくあります。パズルの初期状態では不変条件が成り立つにも関わらず、最終的に求められる状態で不変条件が成り立たないならば、その問題は解を持たないことが示せるからです。いくつか例を見てみましょう。

> **不完全なチェス盤のドミノ敷き詰め（Domino Tiling of Deficient Chessboards）**
>
> (a) 8×8 のチェス盤から角を 1 つ欠いたもの（図 1.14a）をドミノで敷き詰めることは可能か？
> (b) 8×8 のチェス盤から対角する角を 2 つ欠いたもの（図 1.14b）をドミノで敷き詰めることは可能か？

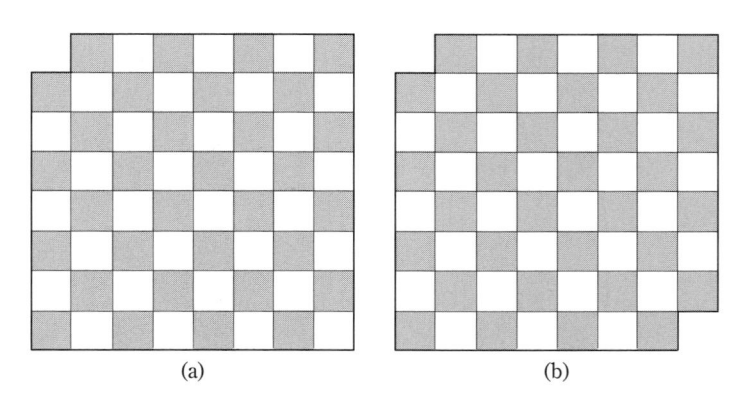

図 1.14 (a) 角を 1 つ欠いたチェス盤。(b) 対角の角を 2 つ欠いたチェス盤。

最初の問いに対する答えは「いいえ」です。どのようにドミノを並べても、覆われるマスの数は常に偶数です（このとき、覆われたマスの数が偶数、というのが不変条件になります）が、問題になっている盤のマスの数は奇数だからです。

2番目の問いについては、盤のマスの数は偶数ですが、この答えもまた「いいえ」になります。ここでの不変条件は先ほどとは違うものです。どのドミノも白マスと黒マスを1つずつ覆いますから、どのようにドミノを並べても結果的に同数の白マスと黒マスが覆われる、というのがここでの不変条件です。したがって、対角の角を2つ欠いたチェス盤の白マスと黒マスの数は2つ違うので、この盤全体を覆うのは不可能です。

一般に、パリティ（偶奇性）と塗り分けは最もよく使われる不変条件の考え方です。そのようなパズルの典型例として、**最後の球**（No.50）と**角から角への旅**（No.18）をおすすめしておきます。

他の設定における不変条件の重要性は、プロイセンの古い都市ケーニヒスベルクにまつわる有名なパズルにも見てとれます。

ケーニヒスベルクの橋の問題（The Königsberg Bridges Problem）
ただ1回の散歩で、ケーニヒスベルクの7つの橋すべてをきっかり1度ずつ通って最初の地点に戻ってくることは可能か？2つの島と川、それに7つの橋の配置を図1.15に示す。

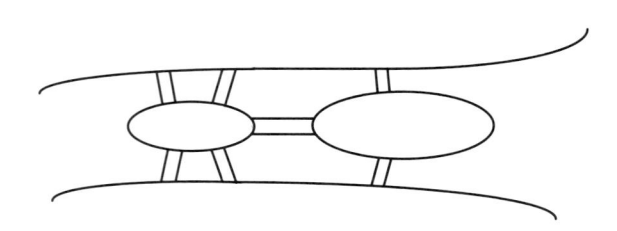

図1.15　ケーニヒスベルクの本土と2つの島、その間を流れる川にかかる7つの橋の略図

このパズルはスイス生まれの偉大な数学者レオンハルト・オイラー（1707–1783）によって解かれました。まず、オイラーは陸沿いにどう歩くか（川の岸辺沿いや島の中の移動）は問題の本質に関係ないことを見抜きました。むしろ関連するのは橋によって表される連結の情報だけなのです。最近の用語で言えば、この洞察に基づいて問題を図1.16のようなグラフの問題に帰着させたのです（ある頂点の組をつなぐ辺が複数出ているものがあるので、これは**多重グラフ**（multigraph）です）。

そこで、問題は図1.16の多重グラフに**オイラー閉路**（Euler circuit）があるかどうか、というものになります。ここで、オイラー閉路とは、すべての頂点を1度だけ

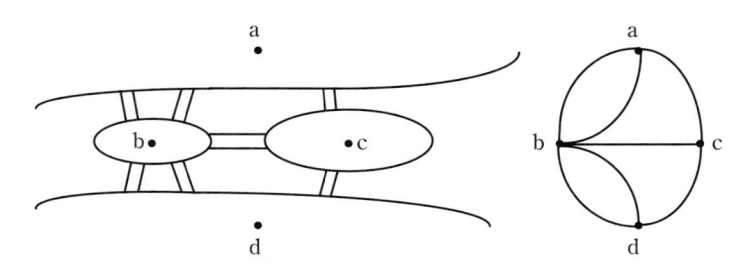

図1.16 「ケーニヒスベルクの橋の問題」の多重グラフ

通って始点に戻ってくるような経路のことです。オイラーは、そのような閉路では任意の頂点について入る回数と出る回数が等しくなければならない、ということに気付きました。したがって、そのような閉路が存在できるのは、頂点に接合する辺の数（**次数**（degree）と呼ばれます）がどの頂点についても偶数であるときだけです。この不変条件を使うことで**ケーニヒスベルクの橋の問題**に解がないことが分かります。この不変条件が成り立っていないからです。図1.16のどの頂点の次数も奇数だからです。さらに、同じ分析を用いることで、最後に始点に戻るという条件がなかったとしても、すべての橋を一度だけ通る道筋がないことが分かります。そのような経路を**オイラー路**（Euler path）と呼び、これが存在する条件は、グラフの2つの頂点を除いた残りの頂点の次数が偶数、というものです。この2つの頂点が始点と終点になります。

なお、これらの条件は連結多重グラフにこのようなオイラー閉路やオイラー路が存在する必要条件であるだけでなく十分条件でもあることが分かっています（どの頂点の組の間にも経路が存在するような多重グラフを連結多重グラフと呼びます。当然ながら、グラフが連結でない場合、オイラー閉路もオイラー路も存在しません）。このことはオイラー自身も記していて、後に他の数学者の手によって形式的に証明されました。この分析方法は**一筆書きパズル**（No.28）を解くときにも使えるでしょう。

今日では**ケーニヒスベルクの橋の問題**はグラフ理論の先駆けと考えられています。グラフ理論は、いまや計算機や経営戦略など重要な応用分野を持つ数学の一分野になっています。そのため、本格的な科学や教育、実学への応用に対する潜在的な有用性をパズルが有することの例として、このパズルがよく引き合いに出されます。

次のパズルは不変条件が解の不存在を示すこと以外にも役に立つことを示す例です。

板チョコレートの分割 (Breaking a Chocolate Bar)

$n \times m$ の板チョコレートを分割する。板チョコレートは直線でしか割れない（また重ねて割ることは認めない）として、最小何回の分割で nm 個の長方形に分割できるか。

このパズルは数学者や計算機科学者の間ではよく知られたものですが、このパズルをよく鑑賞するためにこの次の文を読むのを思い留まって、この問題を解いてみてください。破片は 1 つずつしか割れないのですから、分割によって増える破片の数は 1 です。したがって $n \times m$ の板チョコレートを nm 個の 1×1 の破片に分割するには、$nm - 1$ 回の分割が必要となります。ちなみに、**どのような**順序で分割しても、条件に従って $nm - 1$ 回の分割を行えば同じものが得られます。

最後に、アルゴリズムが必ず行わなければならない手順を指摘するという、不変条件の果たすより建設的な役割を考えます。次のパズルは、（盤の大きさや言葉使いには多少の違いはありますが）歴史上のパズル作者として名高い 2 人の人物、ヘンリー・E・デュードニー [Dud02, p. 95] とサム・ロイド [Loy59, p.8] によって発表されたパズルです[*7]。

トウモロコシ畑の鶏 (Chickens in the Corn)

トウモロコシ畑を表す 5×8 マスの盤と、ある色の駒 2 つ（農夫とその妻を表します）と他の色の駒 2 つ（こちらは雄鶏と雌鳥を表します）を使ってゲームをする。それぞれの駒は隣のマスに上下左右方向に移動できるが、斜めに動くことはできない。図 1.17a のような初期配置図から始めて、農夫（M）と妻（W）がそれぞれ 1 マス動き、次いで雄鶏（r）と雌鳥（h）が 1 マス動く。この動きを繰り返して両方の鶏が捕まったらゲームは終了とする。ここで、農夫もしくはその妻が鶏のいるマスに侵入できたときに捕まえたこととする。この目標を達成するまでの最少手数はいくつか。

農夫が雄鶏を捕まえることができず、その妻は雌鳥を捕まえることができない、ということを理解するのに大した手間はいりません。実は、捕獲が起きるのは人と鶏が互いに隣り合ったマスにいるときだけです。もし盤のマスをチェス盤のように市松模様に塗ったとすれば（図 1.17b）、捕獲が起きるのはそれぞれの駒が互いに異なる色

[*7] 原注：デュードニーとロイドは数年間コンビとして働いていましたが、後にデュードニーが作品をロイドに盗まれてロイド名義で発表されたと非難してコンビ関係を解消しています。

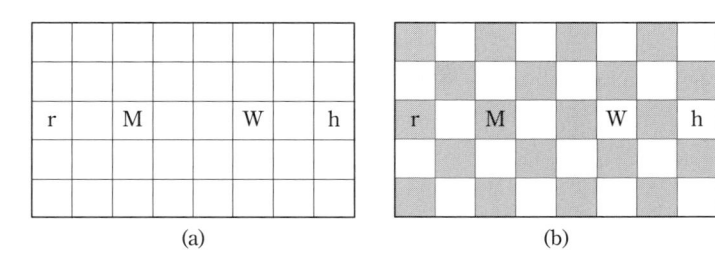

図 1.17　(a)「トウモロコシ畑の鶏」パズルの盤。(b) 盤を市松模様に塗り分けたもの。

のマスにいるときになります。しかし、農夫と雄鶏は最初に同じ色のマスにいて、それぞれが 1 手ずつ動いてもこの性質は保存されるので、有限回の手数の後でも同様です。したがって、農夫は雌鳥を妻は雄鶏を捕まえに行くべきです。鶏が自身の捕獲に協力しないとしても、片方は 8 手後に、もう片方は 9 手後に捕まります。

　以上でチュートリアルは終了です。あるパズルに対してどの戦略を適用するべきか、という質問については、答えはありません！（もし答えがあったら、パズルには知的遊戯としての魅力がないことになってしまうでしょう）。紹介した戦略は一般的な道具にすぎません。あるパズルには役に立つかもしれませんし、役に立たないかもしれません。経験を積むことで、どの道具が役立てられそうかという直観を養うことができるでしょうが、そのような直観は絶対確実なものとは言えません。

　それでも、いままでに紹介した戦略とテクニックはアルゴリズム的なパズルを解く上で強力な武器になるはずです。ここで紹介したテクニックは、たとえばポリアの『*How to Solve It*』（邦題『いかにして問題を解くか』）[Pol57] などで紹介されているような数学者向けの一般的な考え方よりも問題解決に特化していますので、パズルを解く際には役に立つでしょう。

　もちろん、どの戦略を使うべきか分かったとしても、依然として困難は残るかもしれません。たとえば、パズルに解がないことを証明するためには一般に不変条件を使います。しかし、たとえばパリティや盤の塗り分けによって問題を解くことができるかもしれないということを知っているだけでは、その問題の不変条件を見つけるのは依然として難しいかもしれません。ここでも、経験を積むことで不変条件は見つけやすくなるでしょうが、常に容易になるとは限りません。

第2章
パズル

初級パズル

1. **狼と山羊とキャベツ**（A Wolf, a Goat, and a Cabbage）

    ある男が狼1頭、山羊1頭、キャベツ1玉と一緒に川岸にいる。彼はそれらすべてを川の反対側に運ばなければならない。ただし、男の持っている舟には自分以外に狼、山羊、キャベツのどれか1つしか乗せられないとする。また、男がいないと、狼は山羊を、山羊はキャベツを食べてしまう。どうしたら男はこれらの「乗客」を川の反対側に運べるだろうか。

2. **手袋選び**（Glove Selection）

    引き出しの中に20の手袋が入っている。黒い手袋が5組、茶色が3組、灰色が2組だ。暗闇の中で手袋をいくつか選び、どれを選んだかはその後にしか確認できないとする。次のような手袋を手に入れることを保証するには最低いくつの手袋を選べばよいだろうか。
    (a) 少なくとも1組の色の揃った手袋
    (b) それぞれの色の手袋を少なくとも1組ずつ

3. **長方形の分割**（Rectangle Dissection）

    長方形を直角三角形に分割する。このとき、取り得る直角三角形の個数 $n > 1$ のすべての値を求めよ。また、そのような分割を行うアルゴリズムを示せ。（訳注：たとえば対角線で分割すれば2個の直角三角形になるので、2は n の取り得る値の1つになる。）

4. **兵士の輸送**（Ferrying Soldiers）

    橋のない地点で、孤立した25人の兵士が広くて深い川を渡らなければならない。ふと見ると、2人の12歳の少年が岸辺で漕ぎ舟で遊んでいる。その舟

を借りて川を渡りたいのだが、あいにく舟は小さくて少年2人か1人の兵士しか乗れない。どうしたら兵士がすべて川を渡り、最後は舟に少年2人が乗っている状態にできるだろうか。そのアルゴリズムでは、舟は何回往復するだろうか？

5. **行と列の入れ替え**（Row and Column Exchanges）

行と列を入れ替えて図2.1の左の図を右の図のようにできるだろうか？

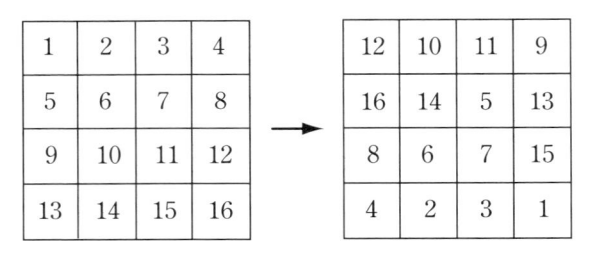

1	2	3	4
5	6	7	8
9	10	11	12
13	14	15	16

→

12	10	11	9
16	14	5	13
8	6	7	15
4	2	3	1

図2.1 「行と列の入れ替え」パズルの初期状態と目指す最終状態

6. **指数え**（Predicting a Finger Count）

小さい女の子が1から1,000までを左手の指を使って数えている。まず親指を1として数え、人差し指を2、中指を3、薬指を4、小指で5を数える。次に向きを変えて、薬指を6、中指を7、人差し指を8、親指で9を数える。次は人差し指で10を数え、といった風に続ける。このように数を数えていったとして、1,000まで数えたときの指はどの指になるだろうか？

7. **真夜中の橋渡り**（Bridge Crossing at Night）

4人が壊れそうな橋を渡ろうとしている。全員橋の同じ側にいる。暗闇の中で懐中電灯は1つしかない。橋は一度に最大2人まで渡ることができ、渡るときは（1人であれ2人であれ）懐中電灯を持っていなければならない。懐中電灯は必ず持って行くか、持って戻るかのどちらかでしか移動しないものとする。つまり、投げたりすることはできないとする。人1は橋を渡るのに1分、人2は2分、人3は5分、人4は10分かかる。また、2人で歩くときは必ず遅い人のペースに合わせて歩くとする。つまり人1と人4が一緒に歩く場合は反対側まで行くのに10分かかる。さらに人4が懐中電灯を持って戻ってきたら合計20分かかることになる。橋を17分以内に渡ることはできるか？

8. **ジグソーパズルの組み立て**（Jigsaw Puzzle Assembly）

500 ピースのジグソーパズルがある。1 つあるいは複数のピースが繋がったものを「セクション」と定義し、2 つのセクションを繋ぐことを 1 手とする。このとき、このパズルが完成するのに必要な最少手数はいくつか？

9. **暗算**（Mental Arithmetic）

図 2.2 のように、10 × 10 の表の対角方向に同じ数字が並んでいる。暗算でこの表の数字の和を求めよ。

1	2	3			⋯			9	10
2	3						9	10	11
3						9	10	11	
					9	10	11		
				9	10	11			
⋮			9	10	11				⋮
		9	10	11					
	9	10	11						17
9	10	11						17	18
10	11				⋯		17	18	19

図 2.2　和を求める「暗算」パズルの表

10. **8 枚の硬貨に含まれる 1 枚の偽造硬貨**（A Fake Among Eight Coin）

8 枚の外見からは区別できない硬貨がある。このうちの 1 枚は偽造硬貨で本物の硬貨よりも軽いことが分かっている。このとき、おもりなしの天秤を使って偽物を見つけ出すためには、最小で何回天秤を使えばよいだろうか？

11. **偽造硬貨の山**（A Stack of Fake Coins）

10 枚の硬貨を積み重ねた山が 10 本ある。どれも外見的には区別がつかないが、そのうちの 1 本の山はすべて偽造硬貨で、残りの山は本物だ。また、本物の硬貨は 10 グラムで、偽造硬貨は 11 グラムであることが分かっている。何枚の硬貨の重さでも正確に計ることができるデジタル式の秤があるとして、偽造硬貨の山を見つけるには最低何回の計測が必要だろうか？

12. 注文付きのタイルの敷き詰め（Questionable Tiling）

8×8 の盤をドミノ（2×1）で敷き詰めることはできるか。ただし、どのドミノも 2×2 の正方形を成してはならない。（訳注：つまり、どの隣り合うドミノに注目しても、それらが 2×2 の正方形になっていなければよい。）

13. 通行止めの経路（Blocked Paths）

図 2.3 のように完全に水平な通りと垂直な筋からなる街路がある。地点 A から地点 B へ行く最短経路は何通りあるか。ただし、灰色で示された通行止めの区域は通ってはならない。

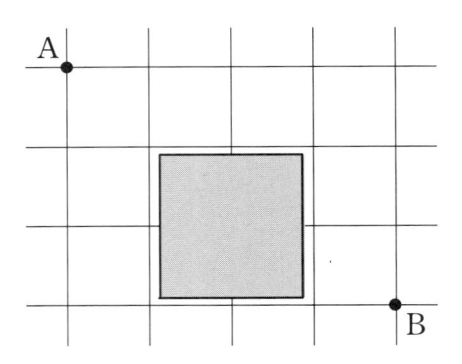

図 2.3　通行止め区域（灰色で示されている）のある街路図

14. チェス盤の再構成（Chessboard Reassembly）

8×8 マスのチェス盤が、図 2.4 のように誤って色を塗られてしまった。この盤を何回か水平もしくは垂直に切断して、そのピースを使って通常の 8×8 マスのチェス盤を組み立てなければならない。このとき、最小ピース数はいくつになるだろうか。また、どのようにそれらのピースを組み立てればよいだろうか。

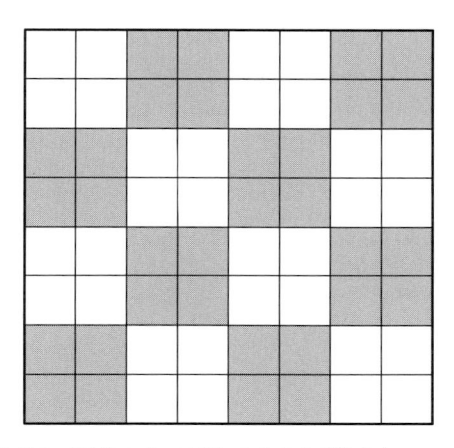

図 2.4　組み換えて通常のチェス盤にしなければならない 8 × 8 マスの盤

15. **トロミノによる敷き詰め**（Tromino Tilings）

次の各場合において、すべての $n > 0$ に関して指定された大きさの盤を直角トロミノで敷き詰めることができることを証明、もしくはできないことを証明せよ。

(a) $3^n \times 3^n$
(b) $5^n \times 5^n$
(c) $6^n \times 6^n$

なお、直角トロミノとは 3 マスからなる L 字形のタイルである（アルゴリズム設計戦略のチュートリアルを参照せよ）。敷き詰めに際しては、トロミノをさまざまな方向に回転させても良いが、盤全体を重なりがなく完全に被う必要がある。

16. **パンケーキの作り方**（Making Pancakes）

2 枚ずつしかパンケーキを焼けないフライパンを使って n 枚（$n \geq 1$）のパンケーキを焼かなければならない。それぞれのパンケーキは両面を焼く必要がある。なお、1 度に焼くパンケーキの枚数に関わらず、パンケーキの片面を焼くには 1 分かかるとする。仕事全体にかかる所要時間が最小になるようなアルゴリズムを設計せよ。また、最小時間がいくらになるか n を使って答えよ。

17. **キングの到達範囲**（King's Reach）
    (a) チェスにおいて、キングは水平方向、垂直方向、斜め方向の近接マスに移動することができる。キングが無限に広いチェス盤のあるマスに置かれている。そこから n 回移動したとき、キングが居る可能性のあるマスの数はいくつか。
    (b) キングが斜め方向に動けないとしたら、答えはどうなるか。

18. **角から角への旅**（A Corner-to-Corner Journey）
    通常の 8×8 のチェス盤で、ナイトが左下の角から始めて、すべてのマスを1回ずつ通って右上の角に到達することはできるだろうか？（ナイトの動きはL字形のジャンプになる。つまり、2マス分水平もしくは垂直方向に移動してから、それとは垂直な方向に1マス進む）。

19. **ページの番号付け**（Page Numbering）
    ある本のページ番号は1から始まって順に1ずつ増えていく。ページ番号に使った数字の桁数の和が1,578だったとき、この本の総ページ数はいくつになるだろうか？

20. **山下りの最大和**（Maximum Sum Descent）
    図2.5のように、正の整数が三角形状に配置されている。この三角形の頂点から始めて、それぞれの階層で直前に選んだ数字と隣接する1つの数字を選びながらふもとまで降下していくときに、たどった数字を合計した値の最大値を求めるアルゴリズムを設計せよ（もちろん、全数探索よりも効率的であること）。

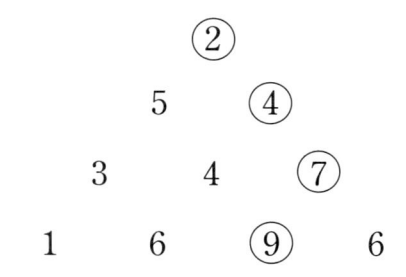

```
            ②
          5   ④
        3   4   ⑦
      1   6   ⑨   6
```

図2.5　三角形状に並べられた数字。丸で囲まれた数字の和が最大になる経路

21. **正方形の分割**(Square Dissection)

    ある正方形をより小さい n 個の正方形に切り分けられたとする。そのような n が取り得る値をすべて求めよ。また、そのような分割を行うアルゴリズムの概略を説明せよ。

22. **チームの並べ方**(Team Ordering)

    n チームがそれぞれ他のチームと 1 度ずつ戦ったラウンド・ロビン形式のトーナメントの結果がある。各試合で引き分けはなかったとする。このとき、すべてのチームを順に並べて、それぞれのチームがその直後のチームに必ず勝利しているような並べ方にすることは常に可能だろうか?

23. **ポーランド国旗の問題**(Polish National Flag Problem)

    赤と白の n 個($n > 1$)のマスが一列に並んでいる(赤と白はポーランドの国旗の色)。すべての赤いマスがすべての白いマスの前に来るように並べ替えるアルゴリズムを設計せよ。ただし許されている操作はマスの色を調べることと、2 つのマスを入れ替えることだけである。入れ替えの回数が最小になるようにすること。

24. **チェス盤の塗り分け**(Chessboard Colorings)

    次のそれぞれのチェスの駒について、同じ色のマスにいるどの 2 つの駒も互いに相手を攻撃しないように $n \times n$ マスのチェス盤($n > 1$)を塗り分けするには、最低何色必要か答えよ。

    (a) ナイト(水平方向に 2 マス、垂直方向に 1 マス、もしくは垂直方向に 2 マス、水平方向に 1 マス離れたマス同士にいるナイトは互いに相手を攻撃できる)
    (b) ビショップ(ビショップは斜め方向のマスを攻撃できる)
    (c) キング(キングは水平方向、垂直方向、斜め方向に隣接するマスを攻撃できる)
    (d) ルーク(ルークは同じ行もしくは列のマスを攻撃できる)

    それぞれの駒が攻撃できるマスを図 2.6 に示した。

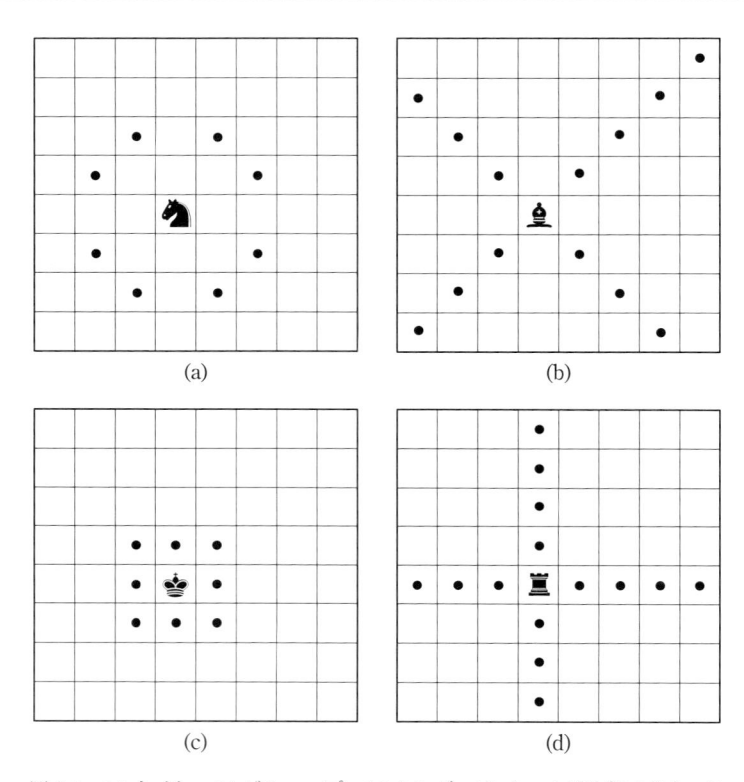

図 2.6 (a) ナイト、(b) ビショップ、(c) キング、(d) ルークが攻撃できるマス

25. **最高の時代**（The Best Time to Be Alive）

　「世界の科学史」の編集者が、最もたくさんの優れた科学者が生きていた時代を見つけたいと考えている。優れた科学者は、その本で生年と没年が記載されている科学者、とする（生存している科学者はこの本には含まれない）。この本の索引を入力として受け付けて、この仕事をこなすアルゴリズムを設計せよ。索引はアルファベット順に並べられており、それぞれの人物の生年と没年が記されているとする。科学者 A の没年と科学者 B の生年が同じときは、科学者 A の死没が科学者 B の生誕より前に起こるものとする。（訳注：つまり、科学者 A と科学者 B は同時代に生きていたとは考えない。）

26. **何番目かを求めよ**（Find the Rank）

　　文字 G, I, N, R, T, および, U から作られるすべての「語」を辞書順に並べたリストを作る。そのリストは、GINRTU から始まり UTRNIG で終わる。そのとき、TURING はそのリストの何番目になるか？（アラン・チューリング（1912–1954）は、イギリスの数学者かつ計算機科学者であり、理論計算機科学の発展に先導的な貢献を果たした。）

27. **世界周遊ゲーム**（The Icosian Game）

　　これは、アイルランドの名高い数学者サー・ウィリアム・ハミルトン（1805–1865）によって考案され、「世界周遊ゲーム」として発表された 19 世紀のパズルである。このゲームは木製の盤面上で行われ、その盤面には世界の主要な都市を表す穴とそれらの接続を表す溝がある（図 2.7 参照）。このゲームの目標は、すべての都市をちょうど 1 回ずつ通ってから開始点へと戻るような循環路を見つけることである。そのような循環路を見つけられるか？

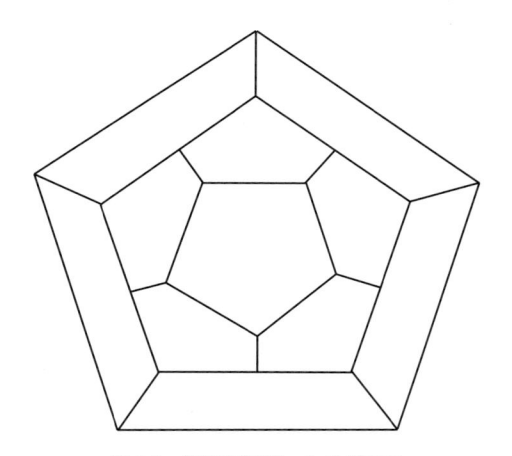

図 2.7　世界周遊ゲームのグラフ

28. **一筆書き**（Figure Tracing）

　　図 2.8 の 3 つの図それぞれについて、ペンを紙から離したり線を 2 度たどったりすることなく図をなぞれ。それが不可能であれば、不可能であることを証明せよ。

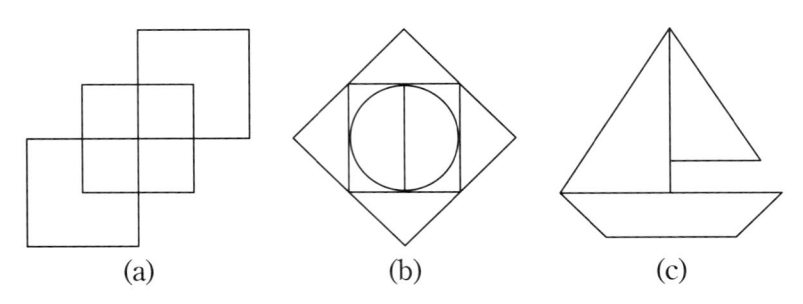

図 2.8　一筆書きをする 3 つの図

29. **魔方陣再び**（Magic Square Revisited）
    3 次の魔方陣は、1 から 9 までの 9 つの異なる整数が記入された 3×3 の表であり、各行、各列、2 つの対角線の和がすべて等しいものである。3 次の魔方陣を**すべて**求めよ。

30. **棒の切断**（Cutting a Stick）
    長さ 100 の棒を、100 個の長さ 1 の断片に切り分ける必要がある。複数の棒の断片を同時に切断できるとすると、切断の最小回数はいくつか？長さ n の棒を最小回数で切り分けるアルゴリズムの概要も述べよ。

31. **3 つの山のトリック**（The Three Pile Trick）
    マジシャンがある人に、27 枚のカードから 1 枚を選んだ後、そのカードをマジシャンに見せずに戻すよう頼んだ。カード選択の後、マジシャンはそのカードの束をシャッフルし、すべてのカードを表を向けて 3 つの山ができるよう 1 枚ずつ配り、カードを選んだ人にどの山にそのカードが含まれるかを聞いた。マジシャンは、その山を残りの 2 つの山の間に置き、これらの山をまとめてシャッフルせずに、前と同様に 3 つの山になるように配った。選ばれたカードを含む山を教えてもらった後、もう一度マジシャンはその山を 2 つの山の間に置き、これを最後として 3 つの山になるようにカードを配った。その最後の配置において、どの山に選ばれたカードがあるかを教えてもらったとき、マジシャンはそのカードがどれかを当てた。そのトリックを説明せよ。

32. **シングル・エリミネーション方式のトーナメント**
    （Single-Elimination Tournament）
    テニスのグランドスラム選手権のようなシングル・エリミネーション方式のトーナメントでは、敗者は残りのラウンドから除外され、1 人の勝者が決まるまで続けられる。そのようなトーナメントが n 人のプレイヤーから始まったとき、以下の値を求めよ。
    (a) 1 人の勝者が決まるまでに、試合は何回行われるか？
    (b) そのようなトーナメントのラウンド数はいくつか？（訳注：異なるプレイヤーからなる複数の試合をまとめて 1 ラウンドとする。）
    (c) トーナメントで得られた情報を使って、2 番目に良いプレイヤーを決めるのに必要な試合数はいくつか？

33. **魔方陣と疑似魔方陣**（Magic and Pseudo-Magic）
    (a) $n \times n$ の表があり、各マスには 1 から 9 の数が 1 つ入る。そのすべての 3×3 の正方形が魔方陣となるように数を入れたい。それが達成できるような $n \geq 3$ の値をすべて求めよ。
    (b) $n \times n$ の表に 1 から 9 の数を入れ、そのすべての 3×3 の正方形を**疑似魔方陣**とすることができるような $n \geq 3$ の値をすべて求めよ。疑似魔方陣では、行の和と列の和がすべて等しい必要があるが、対角線の和は異なってもよい。

34. **星の上の硬貨**（Coins on a Star）
    図 2.9 に描かれた 8 芒星の頂点にできるだけ多くの硬貨を置け。硬貨は 1 つずつ置かねばならず、さらに以下の制限がある。
    (i) 硬貨はまず空いている頂点に置き、その後、線に沿ってもう 1 つの空いている頂点へ移動させなければならない
    (ii) このようにして硬貨を置いたら、その硬貨はそれ以降動かすことができない。たとえば、最初の硬貨を頂点 6 に置き、それを頂点 1 に動かす（$6 \to 1$ と記す）と、その硬貨はそこに留まる必要がある。続けて、たとえば $7 \to 2, 8 \to 3, 7 \to 4, 8 \to 5$ とすることができ、それにより 5 つの硬貨が置かれる。

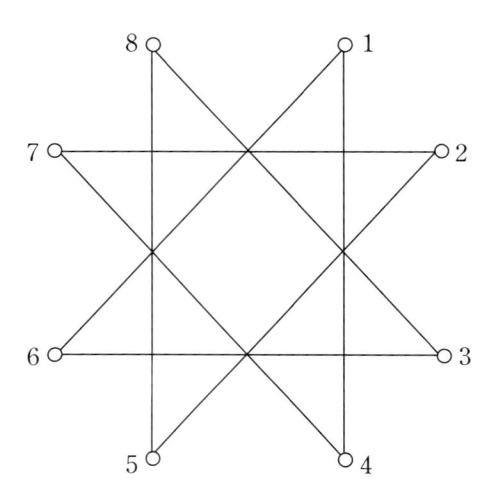

図 2.9　その頂点に硬貨を置く星

35. **3 つの水入れ**（Three Jugs）

　　水が一杯に入った 8 リットルの水入れ 1 つと、5 リットルと 3 リットルの容量の空の水入れが 1 つずつ与えられる。水入れ一杯に水が満たされるように水を移す操作か、水入れが空となるように別の水入れに移す操作によって、どれかの水入れにちょうど 4 リットルの水が入るようにせよ。

36. **限られた多様性**（Limited Diversity）

　　$n \times n$ の表に + と − を（各マスにいずれか 1 つ）記入して、すべてのマスについてその隣に逆符号のマスがちょうど 1 つだけあるようにすることが可能な n の値をすべて求めよ。2 つのマスが隣り合うのは、それらが同じ行もしくは同じ列にあるときとする。（訳注：すなわち、縦または横のみ考え、斜めは考えない。）

37. **$2n$ 枚の硬貨の問題**（$2n$-Counters Problem）

　　任意の $n > 1$ について、$n \times n$ の盤面に $2n$ 枚の硬貨を置き、同じ行、列、斜めに硬貨が 2 枚以下となるようにせよ。

38. テトロミノによる敷き詰め（Tetromino Tiling）

テトロミノとは、4つの 1×1 の正方形をつないだタイルである。図 2.10 に示す 5 種類のテトロミノがある。

　　　直線テトロミノ　　　正方形テトロミノ　　　L字形テトロミノ　　　T字形テトロミノ　　　Z字形テトロミノ

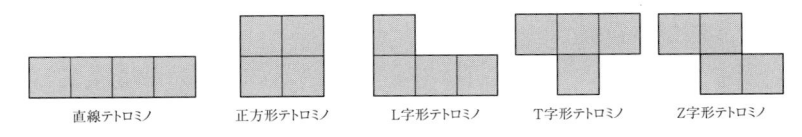

図 2.10　5 つのテトロミノの種類

以下のものを用いて、8×8 のチェス盤を敷き詰める（重なりなくちょうど覆う）ことは可能か？

(a) 直線テトロミノ 16 個
(b) 正方形テトロミノ 16 個
(c) L 字形テトロミノ 16 個
(d) T 字形テトロミノ 16 個
(e) Z 字形テトロミノ 16 個
(f) T 字形テトロミノ 15 個と正方形テトロミノ 1 個

39. 盤面上の一筆書き（Board Walks）

図 2.11 の 2 つの盤面それぞれについて、盤面のすべてのマスを 1 度だけ通るような道筋を見つけるか、そのような道筋が存在しないことを証明せよ。その道筋において、任意の水平方向または垂直方向の隣のマスへと進んでよく、開始マスへ戻る必要はない。

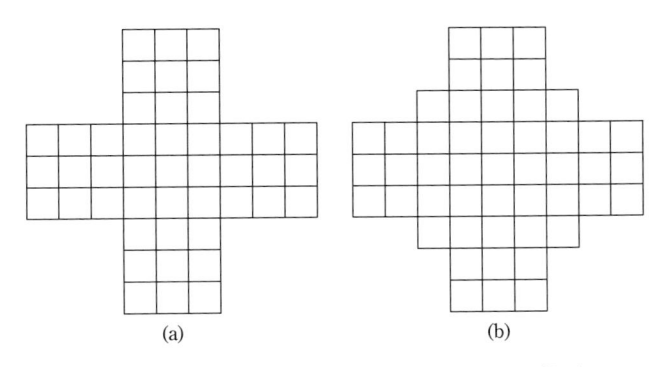

(a)　　　　　　　　　　(b)

図 2.11　すべてのマスを通る道筋を求める 2 つの盤面

40. 交互に並ぶ 4 つのナイト（Four Alternating Knights）

3 × 3 のチェス盤に 4 つのナイトがある。2 つの白いナイトは下の両角にあり、2 つの黒いナイトは上の両角にある。図 2.12 の右に示された配置を達成するための最少手数のコマの動かし方を求めよ。もしくは、そのような動かし方が存在しないことを証明せよ。もちろん、2 つのナイトが盤面の同じマスに入ることはない。

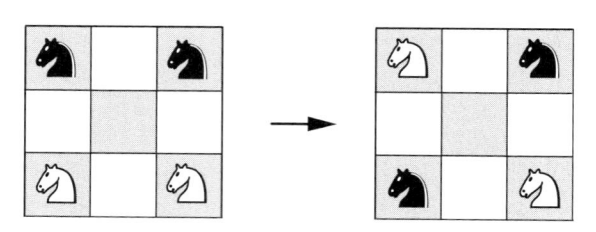

図 2.12 「交互に並ぶ 4 つのナイト」パズル

41. 電灯の輪（The Circle of Lights）

n 個（$n > 2$）の電灯が円に沿って並んでおり、それぞれの電灯の横にスイッチがある。各スイッチは 2 つの状態のいずれかをとり、その電灯とその両隣りの合わせて 3 つの電灯の点灯／消灯状態を入れ替える。当初、すべての電灯は消灯している。最小数のスイッチを反転してすべての電灯を点けるアルゴリズムを設計せよ。

42. もう 1 つの狼と山羊とキャベツのパズル
（The Other Wolf-Goat-Cabbage Puzzle）

n 頭の狼、n 頭の山羊、n 個のキャベツ、および n 人のハンターの、4 種類 $4n$ 個の駒がある。目標は、それらの駒を 1 行に並べ、どの駒も脅威にさらされることがないようにすることである。すなわち、ハンターは狼の隣ではなく、狼は山羊の隣ではなく、山羊はキャベツの隣ではないようにする。さらに、同じ種類の駒が隣り合うことはないとする。このパズルの解はいくつあるか？

43. **数の配置**（Number Placement）
　　n 個の異なる整数と、間に不等号が挿入され一列に並んだ n 個の箱が与えられている。それらの不等号を満たすように数を配置するアルゴリズムを設計せよ。たとえば、数 2, 5, 1, 0 は、以下に示す 4 つの箱に配置することができる。

$$\boxed{0} < \boxed{5} > \boxed{1} < \boxed{2}$$

44. **より軽いか？より重いか？**（Lighter or Heavier?）
　　見た目が同一である硬貨 n 枚（$n > 2$）と、2 つの皿からなる天秤がある。天秤に使えるおもりはない。硬貨のうち 1 枚は偽物であるが、それが本物の硬貨より軽いか重いかは分からない。本物の硬貨はすべて同じ重さである。偽物の硬貨がそれ以外の硬貨に比べてより軽いのか重いのかを最小回数の計量で決定するアルゴリズムを設計せよ。

45. **ナイトの最短経路**（A Knight's Shortest Path）
　　100×100 の盤面のある角から対角線を挟んだ反対の角までチェスのナイトを動かすのに必要な最少手数はいくつか？

46. **3 色配置**（Tricolor Arrangement）
　　3 行 n 列からなる長方形に、$3n$ 個の駒が置かれており、そのうち n 個は赤、n 個は白、および n 個は青である。目標は、それらの駒を再配置して、各列に異なる 3 色の駒があるようにすることである。許される操作は、同じ行にある 2 つの駒を入れ替えることだけである。このタスクを達成するようなアルゴリズムを設計せよ。もしくは、そのようなアルゴリズムが存在しないことを証明せよ。

47. **展示計画**（Exhibition Planning）
　　ある博物館には 16 部屋からなる展示場所がある。その間取り図を図 2.13 に示す。水平方向または垂直方向に隣り合うすべての部屋間にはドアがある。さらに、建物の北側と南側（間取り図における上と下の境界）の各部屋には、外へつながるドアがある。新しい展示を計画するにあたり、館長はどのドアを開放するかを決めなければならない。その際、見学者が北側のドアから展示に入り、すべての部屋を一度ずつ通り、南側のドアから外に出るようにする。もちろん、館長は開放するドアの数を最小にしたいと望んでいる。

(a) 開放する必要のあるドアの数の最小数はいくつか？

(b) どの入口と出口のドアを開放する必要があるか？また、開放することができる入口と出口の組をすべて示せ。

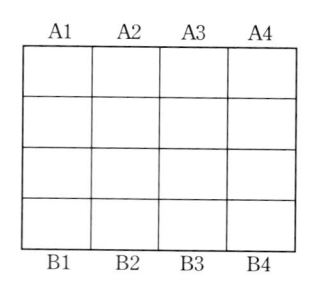

```
     A1   A2   A3   A4
    ┌────┬────┬────┬────┐
    │    │    │    │    │
    ├────┼────┼────┼────┤
    │    │    │    │    │
    ├────┼────┼────┼────┤
    │    │    │    │    │
    ├────┼────┼────┼────┤
    │    │    │    │    │
    └────┴────┴────┴────┘
     B1   B2   B3   B4
```

図 2.13　16 部屋の間取り図

48. **マックナゲット数**（McNugget Numbers）

    マックナゲット数とは、マクドナルドのチキンマックナゲットの注文数の総和となるような正の整数である。チキンマックナゲットは、4, 6, 9, および 20 個入りの箱で売られている。

    (a) 正の整数のうち、マックナゲット数でないものをすべて求めよ。
    (b) 任意のマックナゲット数に対して、それぞれの箱の注文数を計算するアルゴリズムを設計せよ。

49. **宣教師と人食い人種**（Missionaries and Cannibals）

    3 人の宣教師と 3 人の人食い人種が川を渡らなければならない。ボートは 2 人しか乗ることができず、人が乗らずにボートを川の反対へ送ることもできない。どの宣教師も人食い人種もボートを漕ぐことができる。ある岸に宣教師がいるとき、宣教師の数が人食い人種の数より少なくなってはならない。最小の横断回数で 6 人すべてが川を渡るにはどのようにすればよいか？

50. **最後の球**（Last Ball）
    (a) 20 個の黒い球と 16 個の白い球が袋の中に入っている。以下の操作を、袋の中に残っている球が 1 つになるまで繰り返す。まず、2 つの球を一度に取り出す。それらが同じ色であれば、黒い球を 1 つ袋に追加する。それらが違う色であれば、白い球を 1 つ袋に追加する。袋に残っている最後の球の色を予想することができるか？
    (b) 20 個の黒い球と 15 個の白い球から始めたとして、同じ質問に答えよ。

中級パズル

51. **存在しない数字**（Missing Number）

    ジルはジャックと次のような賭けをする。まず、ジャックが 1 から 100 までの数字のうち 99 個の相異なる数字をランダムな順番で列挙する。彼女はそれを聞いて、列挙されなかった 1 つの数字を当てることができるか、というものだ。ジルがこのような芸当を実現するにはどうしたら良いか？もちろん、彼女はノートを取ってはならず、頭の中だけで行わなければならない。

52. **三角形の数え上げ**（Counting Triangles）

    1 つの正三角形から始めて、その周りに新しい正三角形を加えていく操作を n 回行うとする。最初の $n = 1, 2, 3$ の結果を図 2.14 に示す。このとき、n 回の繰り返し後に三角形の数はいくつになるか？

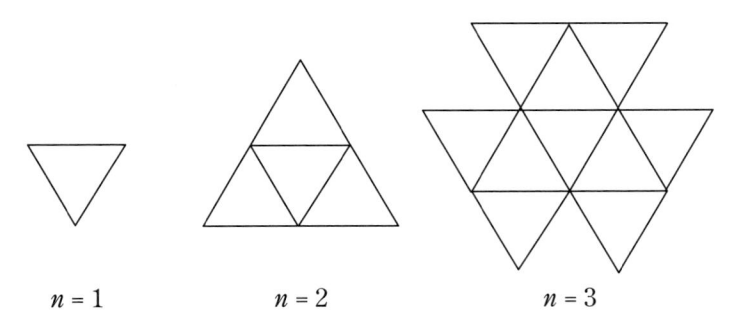

    $n = 1$　　　　$n = 2$　　　　$n = 3$

    図 2.14　「三角形の数え上げ」パズルの操作を数回行った結果

53. **バネ秤を使った偽造硬貨の検出**（Fake-Coin Detection with a Spring Scale）

    見た目がそっくり同じに見える n 枚（$n > 1$）の硬貨がある。そのうち $n - 1$ 枚は重さ g の本物であり、1 枚は（重さが g と異なるということしか分からない）偽造硬貨である。バネ秤を使って最少手数で偽造硬貨を見つけ出すアルゴリズムを考えよ（バネ秤は秤に乗っている硬貨の正確な総重量を示すものとする）。

54. 長方形の切断（Cutting a Rectangular Board）

グラフ用紙に描かれた $m \times n$ の長方形がある。罫線に沿って真っ直ぐに複数回切断して、この長方形を mn 個の 1×1 の正方形にしたい。複数枚の紙片を重ねて 1 度に切断することは許されており、これは 1 回の切断として数えられるとする。最小回数の切断で目標を達成するアルゴリズムを設計せよ。

55. 走行距離計パズル（Odometer Puzzle）

自動車の走行距離計は 000,000 から 999,999 までの任意の 6 桁の数字を表示できる。走行距離計が回り切るまでに表示される各数字のうち、少なくとも 1 つの桁に 1 を含む数字はいくつあるだろうか？ 1 が表示される桁の総数はいくつか？（たとえば、101,111 には 1 が 5 つ含まれ、その次の 101,112 には 1 が 4 つ含まれる）。

56. 新兵の整列（Lining Up Recruits）

良き兵士シュヴェイクは、将校のスピーチ前に新兵の小部隊を整列させておくように言われる。整列したとき、隣り合う兵士同士の身長の差の平均が最小になることが望ましい。シュヴェイクは先頭に身長が最も高い兵士を、最後尾に最も低い兵士を並ばせ、残りの兵士をその間にランダムに並ばせた。シュヴェイクは命令を言われたとおりに実行できたのだろうか？どのように並ばせるのが正しいだろうか？

57. フィボナッチのウサギ問題（Fibonacci's Rabbits Problem）

2 匹のウサギを四方が壁に囲まれた場所に入れる。最初の 2 匹は生まれたばかりのつがいである。どのウサギも生後 1 ヶ月は繁殖力がないが、2 ヶ月目の終わりには雄と雌のウサギを 1 匹ずつ産み、その後は毎月産むものとする。1 年でウサギの数は何匹になるだろうか？

58. ソートして、もう 1 回ソート（Sorting Once, Sorting Twice）

1 デッキ 52 枚のトランプをシャッフルし、表向きにして 4 行 13 列に並べる。各行をトランプの数字で昇順に並べる（エースは 1、ジャック、クイーン、キングはそれぞれ 11、12、13 とする）。数字が同じ場合は定まったルール、たとえば、クラブ（最低）、ダイヤ、ハート、スペード（最高）で並べる。行がソートし終わったら、次に列をソートする。ここで再び各行をソートするとき、2 枚のカードの場所を交換する回数は最大でいくつになるか。

59. **2 色の帽子**（Hats of Two Colors）
　　牢の中に 12 人のとても賢い囚人がいる。彼らの処分を決定するために刑務所長が次のようなテストを考えた。それぞれの囚人に黒か白の帽子を被せる。各色の帽子が少なくとも 1 つあり、囚人はそのことを知っている。囚人は自分以外の人の帽子の色を見ることはできるが、自分の帽子の色は分からない。また、囚人同士の間ではどのような種類のコミュニケーションも行われない。所長は午後 12:05 から始めて午後 12:55 まで 5 分おきに囚人を整列させる。テストに合格するには、どこかの整列のタイミングで、すべての黒色の帽子を被った囚人が、そして黒色の帽子の囚人のみが一歩前に出ればよい。そうすれば、囚人は全員解放される。もし合格できなかった場合は、処刑される。囚人達はどうしたらテストに合格できるだろうか。

60. **硬貨の三角形から正方形を作る**（Squaring a Coin Triangle）
　　n 本（$n > 1$）の硬貨の列からなる直角二等辺三角形がある。それぞれの列に含まれる硬貨の枚数は $1, 3, \ldots, 2n - 1$ 枚になる（$n = 3$ のそのような三角形を図 2.15 に示す）。このとき、硬貨すべてを使って正方形を作るには最低何枚の硬貨を移動させればよいだろうか？そのとき、何種類の異なる正方形が得られるだろうか？

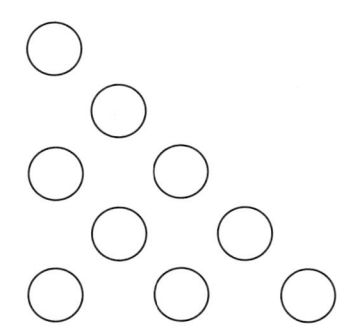

図 2.15　$n = 3$ の場合の「硬貨の三角形から正方形を作る」パズル

61. **対角線上のチェッカー**（Checkers on a Diagonal）
　　$n \times n$ マスのチェッカー盤（$n \geq 4$）の左上から右下に走る対角線上の各マスにチェッカーが置かれている。任意の 2 つのチェッカーを選んで下向きに 1 マス移動させる作業を 1 手とする。ただし、チェッカーが盤から外れる移動はで

きないものとする。目的はすべてのチェッカーの盤の最下段に移動させることである。この目的が達成可能な n の値をすべて列挙し、それを実行するアルゴリズムを示せ。また、そのアルゴリズムを使ったときの必要手数も調べよ。

62. **硬貨拾い**（Picking Up Coins）

    $n \times m$ マスの盤上に硬貨が何枚か置いてある。硬貨は 1 マスに 1 枚しか置けないものとする。盤上の左上の角に置かれたロボットは盤上の硬貨をできるだけ集めて右下の角まで持ってくる必要がある。また、1 ステップごとにロボットは現在いるマスから右あるいは下へ 1 マス移動するものとする。ロボットが硬貨のあるマスに到達した場合は、その硬貨を回収する。ロボットが回収できる硬貨の最大枚数とその経路を求めるアルゴリズムを考案せよ。

63. **プラスとマイナス**（Pluses and Minuses）

    1 から n までの n 個の連続した整数が 1 列に並んでいる。各数字の前に "$+$" もしくは "$-$" の符号を配置して、得られた式の値が 0 になるようにしたい。それが可能なら符号の配置を、不可能なら「解は存在しない」というメッセージを返すアルゴリズムを考案せよ。アルゴリズムは、あり得る符号の配置すべてを調べるアルゴリズムよりも効率的であること。

64. **八角形の作成**（Creating Octagons）

    平面上に 2,000 個の点が存在する。どの 3 点も同一直線上にないものとする。これらの点のどれかを頂点とする八角形を 250 個作成するアルゴリズムを考案せよ。これらの八角形は各辺が自身と交差せず、どの 2 つの八角形も頂点を共有してはならない。

65. **ビット列の推測**（Code Guessing）

    友人が n 桁のビット列（0 と 1 の列、たとえば $n = 5$ の場合の 01011 など）を頭に思い浮かべているとしよう。これをコードと呼ぶ。目的は、友人に質問をして、このコードを推測することだ。質問は、まず n 桁のビット列を友人に示し、コードのビット列と比べて位置と値が一致している場所が何箇所あるかを答えてもらうことで行われる。たとえば、コードが 01011 で質問が 11001 だった場合、左から 2 番目、3 番目、5 番目の値が一致しているので答えは 3 になる。n 回以下の質問で n 桁のビット列のコードを推測するアルゴリズムを考案せよ。

66. **残る数字**（Remaining Number）

自然数のうち最初の 50 個（1, 2, ..., 50）が黒板に書かれている。これらに対して次の操作を 49 回繰り返さなければならない。数字から 2 つ、a と b を選び、それらの数字の差の絶対値 $|a - b|$ を黒板に書く。そして a と b を消す。この結果、黒板上に残り得る数字を列挙せよ。

67. **ならし平均**（Averaging Down）

10 個の花瓶があり、そのうちの 1 つには a リットルの水が入っており、残りの花瓶は空である。次の操作が許されているとする。花瓶を 2 つ取り、それぞれの花瓶に入っている水の量がちょうど同じになるように、両者の間で水を移動させる。目的は、そのような操作を繰り返して、最初にすべての水が入っていた花瓶の水の量を最小にすることである。どのような手順で操作を行えばその目標を達成できるだろうか。

68. **各桁の数字の和**（Digit Sum）

計算機や電卓を使わずに、1 から 1,000,000 までに現れる各桁の数字の和を求めよ（1,000,000 も含む）。

69. **扇の上のチップ**（Chips on Sectors）

ある円が n 個（$n > 1$）の扇形の領域に分割されており、各領域上にチップが 1 枚乗っている。1 手の操作で 2 枚のチップをそれぞれの隣接している領域に移動させることができる（2 つとも同じ周回方向に移動しても良いし、互いに反対方向でも良い）。すべてのチップを 1 つの扇形の上に集めることができるのは n がいくつのときだろうか？

70. **ジャンプにより 2 枚組を作れ I**（Jumping into Pairs I）

n 枚の硬貨が 1 列に並んでいる。目標は一連の操作を行って $n/2$ 対の 2 枚組を作ることである。各操作では、対になっていない 1 枚の硬貨を右もしくは左にジャンプさせて、隣接する硬貨 2 枚分だけ（2 枚組になっていない硬貨 2 枚でも良いし、2 枚組になっている硬貨 1 対でも良い）飛び越して、その先の別の硬貨の上に着地しなければならない。3 枚の硬貨が重なることは認めない。隣接する硬貨の間にある空白は無視してよい。この目的が達成できるすべての n を挙げよ。また、そのような n について、最少手数で目的を達成するアルゴリズムを考えよ。

71. **マスの印付け I**（Marking Cells I）

無限の広さの方眼紙上の n マスに印を付け、次の条件を満たすようにする。どの印付きマスも、隣接するマスのうち印付きマスが 0 でない偶数個あること。ここで隣接する、とは 2 つのマスが互いに垂直方向もしくは水平方向に隣り合うことを言い、斜め方向に隣り合うマスは隣接しているとは認めない。印付きマスは連結領域、すなわち、どの 2 つの印付きマスについても、印付きマスだけを経由して片方から片方に到達する経路があるような領域、を形成するはずである。例として、$n = 4$ の解の一例を図 2.16 に示す。どのような n について、このようなことが可能か？

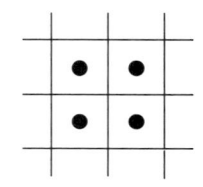

図 2.16　4 つの印を付けられたマス。どのマスも隣接するマスのうち偶数個に印が付いている。

72. **マスの印付け II**（Marking Cells II）

無限の広さの方眼紙上の n マスに印を付け、どの印付きマスも奇数個の印付きマスが隣接しているようにする。水平方向もしくは垂直方向に隣り合うマスを隣接するとし、斜め方向に隣り合うマスは隣接していないとする。印付きマスは連結領域、すなわち、どの 2 つの印付きマスについても、印付きマスだけを経由して片方から片方に到達する経路があるような領域、を形成するはずである。例として、$n = 4$ の解の一例を図 2.17 に示す。どのような n について、このようなことが可能か？

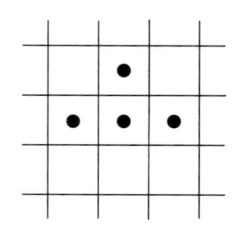

図 2.17　4 つの印が付いたマス。どのマスも隣接するマスのうち奇数個に印が付いている。

73. **農夫とニワトリ**（Rooster Chase）

このゲームは図 2.18 のような格子の上で行われる。左下の角にある F は農夫を表し、右上の角にある R は雄鶏を表す。農夫と雄鶏は交互に動き、農夫が雄鶏を捕まえたらゲームは終了する。双方は各手番で隣接するマス（上、下、右、左）に移動できる。また、農夫が雄鶏のいるマスに移動してきたときに雄鶏の捕獲が成立するものとする。

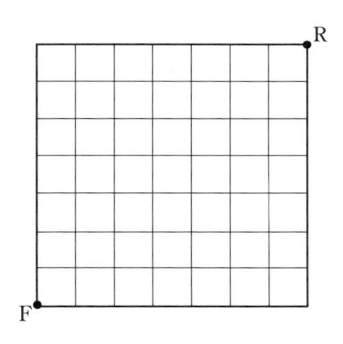

図 2.18 「農夫とニワトリ」ゲームの初期配置

(a) 農夫が先番だったら雄鶏を捕まえることは可能だろうか？可能なら、最少手数で捕まえるアルゴリズムを考えよ。もし不可能なら理由を説明せよ。

(b) 農夫が後番だったら雄鶏を捕まえることは可能だろうか？可能なら、最少手数で捕まえるアルゴリズムを考えよ。もし不可能なら理由を説明せよ。

当然ながら、雄鶏は自分から協力して捕まりにはいかないものとする。

74. **用地選定**（Site Selection）

アルゴリズム設計テクニックのチュートリアルで出てきた**レモネード売り場の設置場所**（Lemonade Stand Placement）パズルを一般化させてみよう。垂直および水平な通りだけで構成される完璧な計画都市があるとする。各交差点に存在する n 軒の家の場所が $(x_1, y_1), (x_2, y_2), \ldots, (x_n, y_n)$ であるとする（例としてチュートリアルの図 1.10a を参照）。目的はそれぞれの家からのマンハッタン距離の和を最小にするような場所 (x, y) を見つけるアルゴリズムを考案することである。ここで、マンハッタン距離の和は次式のように計算される。

$$|x_1 - x| + |y_1 - y| + \cdots + |x_n - x| + |y_n - y|$$

75. **ガソリンスタンドの調査**（Gas Station Inspections）

ガソリンスタンドの調査員は真っ直ぐな高速道路沿いに等間隔に並んでいる n 軒（$n > 1$）のガソリンスタンドを訪れなければならない。調査員はガソリンスタンド 1 から始める。まず、この起点のガソリンスタンドにはあと 1 回訪れなければならない。また、ガソリンスタンド n も 2 回訪れなければならない。ただし、調査がこのガソリンスタンドで終わる必要はない。その他のガソリンスタンド 2 から $n-1$ については、それぞれ同じ回数だけ訪れればよい。たとえば、調査員はガソリンスタンド 1 からガソリンスタンド n に行き、きびすを返してガソリンスタンド 1 に戻り、再びガソリンスタンド n に行く、という経路をたどるかもしれない（ここで、調査員はガソリンスタンドの前を素通りしないものとしている）。問題は、上記のすべての要件を満たす経路のうち、この経路が最短なのか、というものである。もしそうなら、証明せよ。もし違うなら、最短経路を見つけよ。

76. **効率良く動くルーク**（Efficient Rook）

チェスのルークは、現在地と同じ行の任意のマスへ水平方向に、もしくは、現在地と同じ列の任意のマスへ垂直方向に移動することができる。$n \times n$ のチェス盤のすべてのマスを通るのに必要な最少手数はいくつか？（ルークの巡回の開始マスと終了マスは同じある必要はない。開始マスと終了マスは、デフォルトで「マスを通った」ものとする。）

77. **パターンを探せ**（Searching for a Pattern）

以下の掛け算を行え。

$$1 \times 1, \quad 11 \times 11, \quad 111 \times 111, \quad 1111 \times 1111$$

より長い 1 の列を用いたとき、積に見出したパターンは成り立ち続けるか？

78. **直線トロミノによる敷き詰め**（Straight Tromino Tiling）

直線トロミノとは、3×1 のタイルである。明らかに、n が 3 で割り切れるときには、任意の $n \times n$ の正方形をトロミノで敷き詰めできる。3 で割り切れないようなすべての $n > 3$ について、複数個の直線トロミノとモノミノと呼ばれる 1×1 のタイル 1 つを用いて、$n \times n$ の正方形を敷き詰め可能であるか？もしそれが可能であるならば、その方法を説明せよ。不可能であれば、その理由を説明せよ。

79. **ロッカーのドア**（Locker Doors）

廊下に n 個のロッカーがあり、順に 1 から n の番号が付いている。最初、すべてのロッカーのドアは閉じている。毎回ロッカー No.1 から始めて、ロッカーの横を n 回通る。$i = 1, 2, \ldots, n$ について、i 番目に通るときには、i 個ごとにロッカーのドアの状態を変える。すなわち、ドアが閉じていれば開け、開いていれば閉じる。したがって、1 回目に通った後では、すべてのドアが開いている。2 回目に通るとき、偶数番目のロッカー（No.2, No.4, ...）のドアの状態を変え、2 回目に通った後には偶数番目のドアは閉じていて奇数番目のドアは開いている。3 回目に通るとき、（1 回目に開けられた）ロッカー No.3 のドアを閉じ、（2 回目に閉じられた）ロッカー No.6 のドアを開ける。このように続ける。最終的に、どのドアが開いていてどのドアが閉じているか。開いているドアの数はいくつか？

80. **プリンスの巡回**（The Prince's Tour）

「プリンス」と呼ばれる、特別なチェスの駒を考える。プリンスは、右のマス、下のマス、左上のマスのいずれかに移動できる。プリンスが $n \times n$ の盤面のすべてのマスをちょうど 1 回ずつ通るような巡回が可能となる n の値をすべて求めよ。

81. **有名人の問題再び**（Celebrity Problem Revisited）

ある n 人からなるグループにおいて、有名人とは、他の人を誰も知らないが他のすべての人からは知られているような人である。ここでの課題は、「あなたは彼／彼女を知っていますか？」という形の質問をすることのみでその有名人を特定することである。有名人を特定するか、グループにそのような人がいないことを判定する効率的なアルゴリズムを設計せよ。そのアルゴリズムを用いて n 人の問題を解くのに必要な質問回数の最大値はいくつか？

82. **表向きにせよ**（Heads Up）

n 枚の硬貨が、表裏ランダムに一列に並んでいる。1 回の操作で、任意の枚数の連続する硬貨を引っくり返すことができる。最小回数の操作ですべての硬貨を表向きにするアルゴリズムを設計せよ。最悪の場合に何回の操作が必要か？

83. **制約付きハノイの塔**（Restricted Tower of Hanoi）

異なる大きさの n 枚の円盤と、3 本の杭がある。初期状態では、すべての円盤は 1 本目の杭にあり、最大の円盤が下、最小の円盤が上になるよう大きさ順になっている。目標は、すべての円盤を 3 本目の杭に移すことである。1 枚ず

つしか移動できず、より大きな円盤をより小さな円盤の上に置くことはできない。さらに、中央の杭に円盤を置くか、中央の杭から移動させることしかできない（図 2.19）。最少手数でこのパズルを解くアルゴリズムを設計せよ。

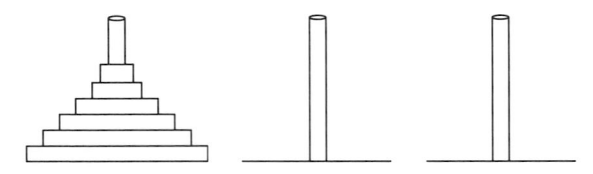

図 2.19　「制約付きハノイの塔」パズル：中央の杭を通してすべての円盤を左の杭から右の杭へ移動せよ。

84. **パンケーキのソート**（Pancake Sorting）

大きさのすべて異なる n 枚のパンケーキが一山に積まれている。あるパンケーキの下にフライ返しを滑りこませて、フライ返しの上に積まれたパンケーキを反転することができる。目標は、最大のものが一番下になるように、パンケーキを大きさの順に並び換えることである。図 2.20 は、このパズルの $n = 7$ の場合の例である。このパズルを解くアルゴリズムを設計し、最悪の場合のそのアルゴリズムの反転回数を求めよ。

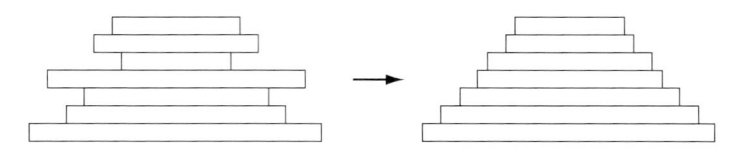

図 2.20　$n = 7$ の場合のパンケーキのソートパズル

85. **噂の拡散 I**（Rumor Spreading I）

n 人の人がいて、それぞれ異なる噂を所持している。彼らは、電子メッセージを送ることで、それらの情報を共有したいと思っている。すべての人がすべての噂を知ることを保証するために必要な最小のメッセージ数はいくつか。メッセージの送信者は、そのときに彼または彼女が知っているすべての噂をメッセージに含めるものとし、また、メッセージの送り先は 1 つだけであるとする。

86. **噂の拡散 II**（Rumor Spreading II）

n 人の人がいて、それぞれ異なる噂を所持している。彼らは、（たとえば電話による）二者間の会話によって、すべての噂を共有したいと思っている。この目的を達成する、（会話の回数の点で）効率の良いアルゴリズムを考案せよ。どの会話でも、会話に参加する両者は、そのときに知っているすべての噂をやりとりすると仮定せよ。

87. **伏せてあるコップ**（Upside-Down Glasses）

n 個のコップがテーブルの上にあり、それらすべてが伏せてある。1 回の操作で、それらのうち、ちょうど $n-1$ 個を反転することができる。すべてのコップを上向きにできる n の値をすべて求め、最小の操作回数で実現するアルゴリズムの概要を述べよ。

88. **ヒキガエルとカエル**（Toads and Frogs）

$2n+1$ マスからなる 1 次元の盤面において、最初の n マスにヒキガエルを表す駒（T）が n 個あり、最後の n マスにカエルを表す駒（F）が n 個ある。ヒキガエル達とカエル達は 1 匹ずつ移動する。1 回の移動では、ヒキガエルまたはカエルが隣の空白のマスへとスライドして移動するか、相手 1 匹をジャンプして飛び越えその先の空白のマスへと移動できる（ヒキガエルはヒキガエルを飛び越えることはできず、カエルもカエルを飛び越えることはでない）。ヒキガエルは右方向にしか移動できない。カエルは左方向にしか移動できない。目標は、ヒキガエルとカエルの位置を交換することである。たとえば $n=3$ のとき、課題を図示すると以下のようになる。

| T | T | T | | F | F | F |

$\Longrightarrow$

| F | F | F | | T | T | T |

この課題を達成するアルゴリズムを考案せよ。

89. **駒の交換**（Counter Exchange）

このペグソリティアゲームは、$2n+1$ 行 $2n+1$ 列からなる2次元の盤面で行われる。中央の位置を除く、盤面の $(2n+1)^2$ の位置すべてに、白(W)と黒(B)の2色の駒が以下のように置かれる。最初の n 行には、まず $n+1$ 個のWが置かれ、その後 n 個のBが置かれる。第 $n+1$ 行には、まず n 個のWが置かれ、1つ空白があり、n 個のBが置かれる。最後の n 行には、まず n 個のWが置かれ、その後 $n+1$ 個のBが置かれる。Wの駒は、右方向もしくは下方向に移動することができる。Bの駒は、左方向もしくは上方向に移動することができる。1回の移動として、隣の空いている位置へスライドするか、隣の反対の色の駒を1つジャンプしてその先のマスへと飛び越えかのいずれかが可能である。同じ色の駒をジャンプして飛び越えることはできない。目標は、すべての駒を反対の色の駒のあった位置へ移動させることである（$n=3$ の場合を表す図2.21を参照せよ）。

W	W	W	W	B	B	B
W	W	W	W	B	B	B
W	W	W	W	B	B	B
W	W	W		B	B	B
W	W	W	B	B	B	B
W	W	W	B	B	B	B
W	W	W	B	B	B	B

→

B	B	B	B	W	W	W
B	B	B	B	W	W	W
B	B	B	B	W	W	W
B	B	B		W	W	W
B	B	B	W	W	W	W
B	B	B	W	W	W	W
B	B	B	W	W	W	W

図2.21 「駒の交換」パズルの $n=3$ の場合

90. **座席の再配置**（Seating Rearrangements）

一列に並んだ n 脚の椅子に n 人の子供が座っている。隣同士に座る2人の子供の座席を入れ替えて配置を変更して、子供の取り得る座席配置をすべて作り出すアルゴリズムを設計することは可能か？

91. **水平および垂直なドミノ**（Horizontal and Vertical Dominoes）

水平方向および垂直方向のドミノを同数使って $n \times n$ の盤面を敷き詰めることが可能である n の値をすべて求めよ。

92. **台形による敷き詰め**（Trapezoid Tiling）

正三角形が、辺をそれぞれ n 等分（$n > 1$）する平行な直線によって、小さな正三角形に分割されている。一番上の正三角形を切り取ると、$n = 6$ の場合には図 2.22 に示すような領域ができる。領域を構成する小さな三角形と同じ大きさの正三角形 3 つからなる台形のタイルで、この領域を敷き詰める必要がある（タイルは同じ向きである必要はないが、重なりなくぴったりと覆う必要がある）。そのような敷き詰め可能であるような n の値をすべて求め、それらの n に対する敷き詰めアルゴリズムを考案せよ。

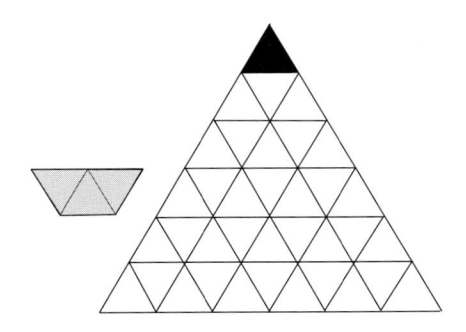

図 2.22　$n = 6$ のとき、台形のタイル（灰色）によって敷き詰める領域

93. **戦艦への命中**（Hitting a Battleship）

10×10 の盤面上の戦艦（4×1 の長方形）に弾が命中することを保証するには、少なくとも何発の弾を撃つ必要があるか？戦艦のとる位置は盤面のどこでもよいが、水平方向もしくは垂直方向のいずれかの向きをとる。他の船はないと仮定してよい（「1 発の弾」により、盤面の 1 つのマスについて「ヤマをはる」ことができる）。

94. **ソート済み表における探索**（Searching a Sorted Table）

100 枚のカードに、100 個の異なる数がそれぞれ 1 つずつ書かれている。それらのカードが、各行について（左から右に）値が大きくなるように、また各列について（上から下に）値が大きくなるように、10 行 10 列の表の形で並べられている。すべてのカードは裏向きになっており、カードに書かれている数を見ることはできない。19 枚以下のカードをめくって、与えられた数がどれかのカードに書かれているかを判定するアルゴリズムを考案することができるか？

95. 最大と最小の重さ（Max-Min Weights）

n 枚（$n > 1$）の硬貨とおもりなしの天秤が与えられたとき、天秤を使う回数が $\lceil 3n/2 \rceil - 2$ 回以内で、最も軽い硬貨と最も重い硬貨を決定せよ。

96. 階段形領域の敷き詰め（Tiling a Staircase Region）

階段形の領域 S_n（図 2.23 は $n = 8$ の場合である）を直角トロミノによって敷き詰めることができるような $n > 1$ の値をすべて求めよ。

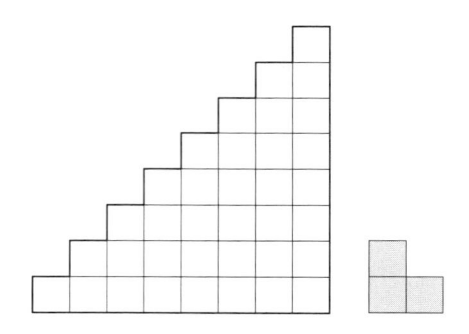

図 2.23　直角トロミノ（灰色）によって敷き詰める階段形の領域 S_8

97. 上部交換ゲーム（The Game of Topswops）

トランプを用いた以下の 1 人ゲームを考える。同じスートからなる 13 枚のカードを用い、それぞれのカードは数としての値を持つとする。エースは 1、2 のカードは 2、以降同様にして、ジャック、クイーン、キングはそれぞれ 11、12、13 とする。ゲームを始める前にカードをシャッフルする。その後、以下の操作を繰り返す。山の一番上のカードをめくる。もし、そのカードがエースであればゲームは終了である。そうでなければ、一番上のカードの値を n として、n 枚のカードを取って、逆順に戻す。このゲームの 1 ステップの例を以下に示す。

$$5\ 7\ 10\ K\ 8\ A\ 3\ Q\ J\ 4\ 9\ 2\ 6 \implies 8\ K\ 10\ 7\ 5\ A\ 3\ Q\ J\ 4\ 9\ 2\ 6$$

任意の山を初期状態として、有限回の繰り返しでこのゲームは終了するか？

98. **回文数え上げ**（Palindrome Counting）

図 2.24 に示されるダイヤモンド形の配置の中で、回文

WAS IT A CAT I SAW

を読み上げる方法は何通りあるか？任意の W から始めて、各ステップで上下左右のいずれかの方向の隣の文字へと進んでよい。また 1 回の読み上げにおいて、同じ文字を 2 回以上使ってもよい。

```
            W
           W A W
          W A S A W
         W A S I S A W
        W A S I T I S A W
       W A S I T A T I S A W
      W A S I T A C A T I S A W
       W A S I T A T I S A W
        W A S I T I S A W
         W A S I S A W
          W A S A W
           W A W
            W
```

図 2.24　「回文数え上げ」パズルの文字の配置

99. **ソートされた列の反転**（Reversal of Sort）

n 個の異なる数が（1 個ずつ）書かれた n 枚のカードが一列に並んでおり、その数が降順になるようにソートされている。間にちょうど 1 枚カードを挟んだ任意のカードの組を交換することができる。そのような操作を繰り返し行ってカードを昇順に並べることが可能な n の値はいくつか。それが可能であるとき、最小の交換回数で昇順に並べるアルゴリズムを示せ。

100. **ナイトの到達範囲**（A Knight's Reach）

無限に広いチェス盤の上でチェスのナイトが n 手分動いたとき、ナイトが到達可能なマスの数はいくつか（ナイトの動きは L 字形である。すなわち、上下左右のいずれかの方向に 2 マス動いた後、垂直な方向に 1 マス動く）。

101. **床のペンキ塗り**（Room Painting）

昔、あるところにチェス好きの王様がいた。王様の宮殿は 8×8 マスのチェス盤を模した建物で、内部には 64 の部屋が並び、各部屋の四方には扉が付いていた。最初、各部屋の床は白色だったが、王様は床の色をチェス盤のように市松模様に塗り替えるよう命じた（図 2.25）。ペンキ塗りは床を塗り替えながら宮殿の部屋を歩き回る。このとき、床の色が白の部屋から黒の部屋、あるいはその逆に黒の部屋から白の部屋に移ったときには、必ず床の色を塗り替えなければならない。ただし、途中で宮殿から外に出て別の扉から入り直すことは許されている。塗り替えの回数を 60 回以下に抑えつつ王様の命令を実行することは可能だろうか？

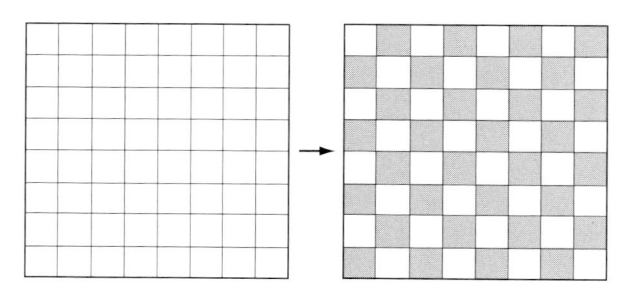

図 2.25　「床のペンキ塗り」パズル

102. **猿とココナツ**（The Monkey and the Coconuts）

船が難破して、5 人の船員と 1 匹の猿が無人島に流れ着いた。最初の日、翌朝食べるためのココナツを集めた。その夜、1 人の船員が起きると猿にココナツを 1 つあげ、残りを 5 つに等しく分けた。そのうちの 1 山を自分の分として隠すと、残りをまた元通りにして眠りに就いた。その後、他の 4 人の船員も次々に起きては同様のことを行った。それぞれ猿にココナツを 1 つあげ、残りのココナツの 1/5 を自分のものにした。翌朝、5 人は残っているココナツのうち 1 つを猿にあげ、残りを平等に分け合った。最初にあったココナツの数として、考え得る最小の数はいくつだろうか？

103. **向こう側への跳躍**（Jumping to the Other Side）

図 2.26 のような 5×6 マスの盤がある。黒丸で表された 15 マスの上に駒が置いてある。駒は隣の駒を飛び越えて向こう側の空いているマスに移動させることができる。水平、垂直、斜め方向のどの方向にもジャンプできるとする。これら対角線の上側にあるすべての駒を対角線の下側に移動させることはできるか？

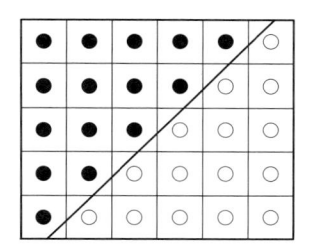

図 2.26　「向こう側への跳躍」パズルの盤

104. **山の分割**（Pile Splitting）

(a) n 個の駒からなる山を 2 つに分け、それぞれの山の駒の数の積を求める。同じ操作を繰り返し大きさ 1 の n 個の山になったところで終了する。このとき、求めた積の合計を最大にするには、どのように山を分ければよいだろうか？その最大値はいくつになるか？

(b) 2 つの山の駒の数の積ではなく和の合計を最大化する、という問題だったら戦略はどのように変わるか？

105. **MU パズル**（The MU Puzzle）

3 つの文字、M、I、U からなる文字列を考える。文字列 MI から始めて、以下のルールを有限回適用する。

ルール 1：文字列が I で終わるときは U を追加する。たとえば、MI は MIU にする。

ルール 2：M の後に続く文字列は重ねる（Mx を Mxx にする、ということ）。たとえば、MIU は MIUIU にする。

ルール 3：III を U で置換する。たとえば、MUIIIU は MUUU にする。

ルール 4：UU を取り除く。たとえば、MUUU は MU にする。

このとき、文字列 MU を得ることは可能だろうか？

106. **電球の点灯**(Turning on a Light Bulb)

電球が n 個のスイッチに繋がっている。スイッチがすべて閉じたときに、この電球は点灯する。それぞれのスイッチは押しボタンで制御され、押されるたびにスイッチの開閉が切り替わるが、いまスイッチが開いているか閉じているか知るすべはない。必ず電球が点灯するようなボタンを押す手順を設計し、ボタンを押す回数が最悪時でも最小になるようにせよ。（訳注：つまり、求めた手順が最悪時に必要とする回数が、他の手順と比較して最小であればよい。）

107. **キツネとウサギ**(The Fox and the Hare)

キツネとウサギと呼ばれるゲームがある。このゲームは 30 個のマスを直線上に並べ、左から右に順に 1 から 30 まで番号を振ったものを用いる。最初、キツネを表す駒はマス 1 に、ウサギを表す駒は任意のマス $s > 1$ に置かれる。キツネが先番で、2 つの駒は交互に動かされる。各手番では、キツネは左か右へマスを 1 つ移動できる。ウサギは左か右へ 2 つマスを飛び越えてマスを 3 つ移動することができる。ウサギはキツネがいるマスに移動することはできない。もし、他に有効な移動がないなら、ウサギの負けとなる。もちろんのことながら、両者ともこの 30 個のマスの外へ移動することはできない。キツネの目的は、ウサギを捕まえることである。すなわち、キツネの手番のときに両者が隣り合うマスにいれば、キツネの勝ちとなる。ウサギの目的はそれを避けることになる。キツネが勝つことのできるすべての s を求めよ。

108. **最長経路**(The Longest Route)

直線の道路に沿って n 個のポストが等間隔に並んでおり、それらのすべてに貼り紙をすることを考える。最初のポストから最後のポストに向かって、1 つずつ通り過ぎるポストに貼り紙をしていくときの経路が最短となるが、同じことを行う経路のうち最長になるものを求めよ。最初のポストから始める必要もないし、最後のポストで終わる必要もない。ただし、向きを変えることができるのは、それぞれのポストの場所のみであるとする。

109. **ダブル n ドミノ**(Double-*n* Dominoes)

ドミノは小さな長方形の駒で、真ん中の 1 本の線で 2 つに区切られている。それぞれの半分には点もしくは目と呼ばれる模様が浮き彫りされている。この駒はさまざまな遊びで利用される。一般的な「ダブルシックス」と呼ばれるドミノは 1 セットに駒が 28 個入っている。つまり、順番を無視したときに (0, 0) から (6, 6) までの可能な目の組合せが 1 枚ずつ入っていることになる。一般に、「ダブル n」ドミノの種類は、(0, 0) から (n, n) までの順番を考えない組合せの数だけあることになる。

(a) ダブル n ドミノの駒の数を答えよ。

(b) ダブル n ドミノの駒に描かれている目の数の総和はいくつになるか。

(c) ダブル n ドミノの駒をすべて用いて輪を作るアルゴリズムを設計せよ。あるいは、そのようなアルゴリズムが存在しないことを示せ。なお、隣り合う駒は、それぞれの接している側の目の数が同数でなければならない。

110. **カメレオン**(The Chameleons)

研究者が 3 種類のカメレオンを孤島に放した。10 匹は茶色で、14 匹は灰色、15 匹が黒色だった。異なる色のカメレオンが出会うと、2 匹ともそこにいないカメレオンの色に変わるとする。このとき、すべてのカメレオンが同色になることはあり得るだろうか。(訳注:すなわち、茶色と灰色が出会うと両者とも黒色になる。3 匹以上が同時に出会うことはないものとする。)

上級パズル

111. **硬貨の三角形の倒立**（Inverting a Coin Triangle）

    図 2.27 のように、同一の硬貨を隙間なく並べて正三角形を考える（硬貨の中心は正三角格子点上にあるものとする）。硬貨を 1 枚ずつ滑らせて移動させて最少手数でこの三角形を上下さかさまにするアルゴリズムを設計せよ。また、最少手数を与える式を求めよ。

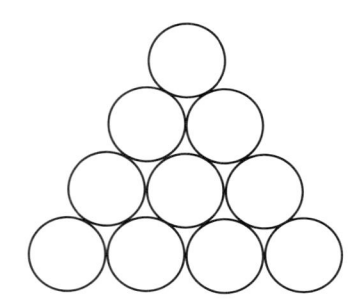

図 2.27　倒立させる硬貨の正三角形

112. **ドミノの敷き詰め再び**（Domino Tiling Revisited）

    2 マスが欠けた $n \times n$ マスのチェス盤がある。ただし、この 2 マスの色は必ず異なるとする。このとき、このチェス盤を 2×1 のドミノで敷き詰めることができるような、すべての n を求めよ。

113. **硬貨の除去**（Coin Removal）

    n 枚の硬貨が 1 列に並んでおり、それぞれランダムに表もしくは裏向きになっている。このパズルの目標は一連の操作を繰り返して、硬貨をすべて取り除くことである。1 度の操作で、1 枚の表向きの硬貨を取り除き（もしあるなら）それに隣り合う硬貨を引っくり返すとする。ここで、「隣り合う」とは、2 枚の硬貨が元の列において連続して並んでいる状態を指す。すなわち、何回か操作を行って硬貨の間に隙間が空いた場合は、それらはもう「隣り合っては」いない。たとえば、以下の 1 行目のような並びの硬貨が与えられた場合は、2 行目以降の手順で解くことができる（H が表向き、T が裏向きを表す）。

```
T H T H H H
T H H H _ T H
H _ T H _ T H
_ _ T H _ T H
_ _ H _ _ T H
_ _ _ _ _ T H
_ _ _ _ H _
_ _ _ _ _ _
```

このパズルが解を持つための、最初の並びの必要十分条件を求めよ。そして、そのような並びが与えられたときにパズルを解くアルゴリズムを考えよ。

114. **格子点の通過**（Crossing Dots）

$n > 2$ として $n \times n$ の格子点（通常のグラフ用紙上で連続する n 本の水平線と n 本の垂直線の交点）が与えられたとき、グラフ用紙からペンを離さずにそれらすべての格子点を通る $2n - 2$ 本の直線を引け。同じ点を 2 回以上通過することはできるが、すでに引いた直線の一部を再びなぞることは許されない（$n = 4$ のときに「貪欲法」を用いた例を図 2.28 に示す。本来求められる 6 本ではなく 7 本になっていることに注意）。

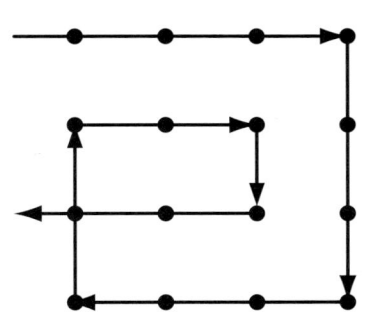

図 2.28　16 個の点を 7 本の直線で通過

115. **バシェのおもり**（Bachet's Weights）

　　天秤を使って 1 から W の間の整数の重さを量れるような，n 個のおもり $\{w_1, w_2, \ldots, w_n\}$ の組合せを 1 つ求めよ．下記のそれぞれの条件の下でどうなるか考えよ．
　　(a) おもりは，片側の皿にしか載せられない．
　　(b) おもりは，両側の皿に載せられる．

116. **不戦勝の数え上げ**（Bye Counting）

　　2 の累乗数ではない n 人で勝ち抜きトーナメントを行ったとすると，かならず不戦勝が発生する．すなわち，対戦相手がいないから戦わずに次のラウンドに進むプレイヤーが現れる．下記の条件のもとでトーナメントが行われたとき，このような不戦勝は全部でいくつになるか．
　　(a) 第二ラウンドに残るプレイヤーの数が 2 の累乗数になるように，第一ラウンドで最低限の不戦勝を発生させる．
　　(b) 各ラウンドで，戦うプレイヤーの数が偶数になるように，最低限の不戦勝を発生させる．

117. **1 次元ペグソリティア**（One-Dimensional Solitaire）

　　n マスのセル上で行う 1 次元ペグソリティアを考える．ただし，n は偶数かつ 2 より大きいとする．初期状態では，空きマスが 1 つあり，それ以外のすべてのマスには 1 つずつ駒（ペグ）が置いてある．1 手ごとに，ペグは右か左の隣接するペグを飛び越えて空いているマスに移動することができる．飛び越えられたペグは盤上から取り除かれる．そのような操作を繰り返して 1 つを残してそれ以外のペグを盤上から取り除くことがこのゲームの目的である．このパズルが解を持つような初期状態をすべて求め，そのときに最後に残るペグの場所を答えよ．

118. **6 つのナイト**（Six Knights）

　　3 × 4 マスのチェス盤上に 6 つのナイトが置かれている．3 つの白の駒は一番下の行に置かれており，3 つの黒の駒は一番上の行に置かれている．これらの場所を交換して，最少手数で図 2.29 の右のような配置にせよ．1 マスに複数のナイトがいることは許されない．

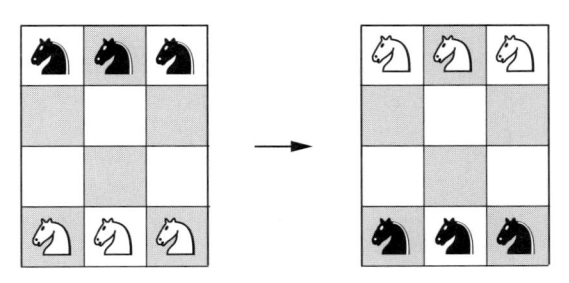

図 2.29　「6 つのナイト」パズル

119. **着色トロミノによる敷き詰め**（Colored Tromino Tiling）

　　以下のタスクを実行するアルゴリズムを考えよ。1 つのマスが欠けた $2^n \times 2^n$ マス（$n > 1$）のチェス盤がある。これを 3 色の直角トロミノで敷き詰めよ。ただし、辺が隣接しているトロミノ同士はかならず色が違わなければならないとする。なお、直角トロミノとは図 1.4 のような 3 枚のタイルを L 字形に並べた形のことである。

120. **硬貨の再分配機械**（Penny Distribution Machine）

　　1 列に並んだ箱から構成された「機械」がある。最初に、n 枚のペニー硬貨を 1 番左の箱に入れる。そうすると、機械は以下のような処理を行う。1 つの箱に 2 枚の硬貨が入っていたらそれを取り除き、右隣の箱に硬貨を 1 枚入れる。これを繰り返し、どの箱にも 2 枚以上の硬貨が入っていない状態になったら止まる。たとえば図 2.30 では、常に 2 枚以上の硬貨が入っている一番左の箱を選ぶ、というアルゴリズムに従って 6 枚の硬貨を再分配している。

6		
4	1	
2	2	
0	3	
0	1	1

図 2.30　硬貨の再分配の例

(a) 最終的な硬貨の配置は、機械が2枚の硬貨をどの順番で処理するかに依存しているだろうか？
(b) n 枚の硬貨を再分配するのに必要な箱の数の最小値を求めよ。
(c) この機械は止まるまでに何回の操作を必要とするか。

121. **超強力卵の試験**（Super-Egg Testing）

超強力な卵が発明された。販売する前に 100 階建てのビルから落として、落としても割れない最高の階を調べたい。農場から試験者に 2 つの全く同じ卵が渡される。もちろん、割れない限り、卵は何度も落とすことができる。あらゆる場合において、最高階を決定するまでに卵を落とす回数の最小値はいくつになるか。

122. **議会和平工作**（Parliament Pacification）

議会で、どの議員も 3 人以下の敵がいる（これは相互的な関係、つまり敵もこちらを敵と思っているとする）。議員を 2 派に分け、どの議員も自分の属している派閥に敵が 2 人以上いないようにしたい。そのような分け方は必ずあるだろうか？

123. **オランダ国旗の問題**（Dutch National Flag Problem）

1 列に並んだ n 個のマスが赤、白、青の 3 色に塗り分けられている。これらのマスを並び替えてすべての赤のマスが最初、次に白、最後に青のマスが来るようにしたい。許されている操作は、マスの色を調べることと任意の 2 つのマスを取り替えることだけであるとする。目的を達成するようなアルゴリズムを考え、その取り替え回数ができるだけ少なくなるようにせよ[*1]。

124. **鎖の切断**（Chain Cutting）

n 個（$n > 1$）のクリップからなる鎖が 1 本ある。鎖からいくつかのクリップを取り外して、ばらばらになった鎖で長さ 1 から n までの任意の長さの鎖を作れるようにしたい。このとき、取り外さなければならないクリップの数の最小値を求めよ。（訳注：少々分かりにくいが、たとえば $n = 7$ の場合、クリップを 1 つ外せば長さ 2、1、4 の鎖が 1 本ずつ出来る。これを組み合わせれば長さ 1 から 7 までの任意の長さの鎖を作れるので、$n = 7$ に対する答えは 1 となる。）

[*1] 訳注: この問題では、他と異なり、取り替え回数が最小であることを証明する必要はない。

125. **7回で5つの物体をソートする**（Sorting 5 in 7）

　おもりのない天秤と、重さが異なる5つの物体がある。天秤を使って、これらを重さの昇順に並べよ。ただし天秤の使用回数は7回以下とする。

126. **ケーキの公平な分割**（Dividing a Cake Fairly）

　n人（$n > 1$）の友人がいて、各人がその取り分に満足するようにケーキを分割したい。そのためのアルゴリズムを考案せよ。

127. **ナイトの巡回**（The Knight's Tour）

　チェスのナイトが、8×8のチェス盤のすべてのマスを一度ずつ通って、移動を開始したマスから1手分離れたマスへ到達することは可能か？（そのような巡回は、閉じている、または、再入可能であると呼ばれる。マスを通ったというのは、ナイトがそのマスに着地したときのみを指し、ナイトが移動する際に飛び越えたマスは指さないことに注意しなさい）。

128. **セキュリティスイッチ**（Security Switches）

　一列に並んだn個のセキュリティスイッチが軍事施設の入口を保護している。スイッチは、以下のように操作することができる。

　　(i) 右端のスイッチは、自由にオン・オフできる。

　　(ii) それ以外のスイッチをオン・オフできるのは、その右隣のスイッチがオンであって、それよりさらに右のすべてのスイッチがオフであるときのみである。

　　(iii) スイッチは1つずつしか切り替えられない。

　すべてのスイッチがオンである状態から始めて、最少手数ですべてのスイッチをオフにするアルゴリズムを考案せよ（1つのスイッチを切り替えることを1手とする）。また、最少手数を求めよ。

129. **家扶のパズル**（Reve's Puzzle）

　異なる大きさの8枚の円盤と4本の杭がある。初期状態では、すべての円盤は最初の杭に大きさの順に重ねられており、最大のものが一番下で最小のものが一番上になっている。目標は、操作を繰り返し行うことで、すべての円盤をある別の杭へと移すことである。円盤は1枚ずつしか動かせず、また、より大きな円盤をより小さな円盤の上に置くことは禁止されている。このパズルを33回の操作で解くアルゴリズムを考案せよ。

130. **毒入りのワイン**（Poisoned Wine）

悪い王様に、1000 個のワイン樽のうちの 1 つに毒が入れられたという知らせが入った。その毒はとても強力であるため、どんなに希釈しても、ほんのわずかな量でぴったり 30 日で人を死に至らせる。王様は、毒入りの樽がどれか特定するため、奴隷の中から捨て駒とする 10 人を用意した。
(a) 5 週間後に予定されている祝宴の前にそれを特定できるか？
(b) 8 人の奴隷を使って同じ目標を達成できるか？

131. **テイトによる硬貨パズル**（Tait's Counter Puzzle）

$2n$ 枚の硬貨が間を空けずに一列に並んでいる。それらの硬貨は、B W B W … B W のように、黒白交互になっている。目標は、それらの硬貨を並び換え、W W … W B B … B のように、すべての白の硬貨がすべての黒の硬貨の前にあってかつ硬貨の間に隙間がないようにすることである。硬貨は組で移動しなければならない。各 1 手では、隣り合う硬貨の 2 枚組を順序を変えることなく空いた場所へと移動させることができる。任意の $n \geq 3$ に対して、この問題を n 手で解くアルゴリズムを考案せよ。

132. **ペグソリティアの軍隊**（The Solitaire Army）

このペグソリティアは、無限に広い 2 次元平面の盤面上で行われ、その盤面には領域を半々に分ける水平な線が引かれている。初期状態では、多数のペグ（ペグソリティアの軍隊の「兵士」）がこの直線の下にある。目標は、水平方向か垂直方向のジャンプにより、ペグの 1 つ（軍隊の「斥候」）をできるだけその直線の上遠くまで進めることである。各操作では、あるペグがその垂直方向か水平方向に直接隣り合うペグを 1 つ飛び越えて空白のマスへ着地し、その後、飛び越えられたペグは盤面から取り除かれる。たとえば、あるペグを直線の 1 行上へと進めるには、2 つのペグがあれば十分である（図 2.31a）。直線の 2 行上へと進めるには、4 つのペグが必要十分である（図 2.31b）。

以下の条件を満たす初期配置を求めよ。
(a) 1 つのペグを直線の 3 行上へと進める 8 つのペグ。
(b) 1 つのペグを直線の 4 行上へと進める 20 のペグ。

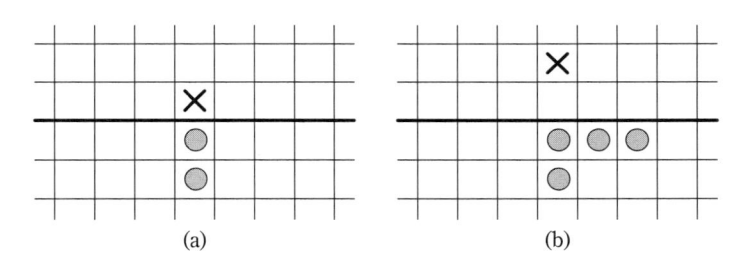

図 2.31　「ペグソリティアの軍隊」パズルの解。(a) あるペグを 1 つ上の行へと進める。(b) あるペグを「敵陣」の 2 つ上の行へと進める。X は、目標のマスを表す。

133. **ライフゲーム**（The Game of Life）

この一人ゲームは、正方形のセル（マス）からなる無限に広い 2 次元格子上で「振る舞う」。各セルは必ず、生と死という 2 つの状態のいずれかをとる。いくつかの生のセルからなる初期配置を選択した後（たとえば、それらのセルに黒点の印を付けるとする）、「世代」と呼ばれる新しい配置が以下のルールによって順に得られる。ルールは、現在の世代のすべてのセルに対して同時に適用される。各セルは、そのセルに縦横斜めに隣り合う 8 近傍のセルと相互作用する。各時点において、以下の遷移が起こる。

(i) **人口不足による死**　近傍の生のセル数が 2 より少ない生のセルは死ぬ。
(ii) **人口過剰による死**　近傍の生のセル数が 3 より多い生のセルは死ぬ。
(iii) **生存**　近傍の生のセル数が 2 または 3 である生のセルは次の世代に生き続ける。
(iv) **誕生**　近傍の生のセル数がちょうど 3 であるような死のセルは生のセルになる。

以下の問いに答えよ。

(a) すべての世代で同一となり続ける、最少の生のセルからなる初期配置を求めよ（そのような配置は、「静物」と呼ばれる）。
(b) 2 つの状態の間を振動する、最少の生のセルからなる初期配置を求めよ（そのような配置は、「振動子」と呼ばれる）。
(c) それ自身が盤面上を横切るように移動する、最少の生のセルからなる初期配置を求めよ（そのような配置は、「宇宙船」と呼ばれる）。

134. **点の塗り分け**（Point Coloring）

以下の課題のためのアルゴリズムを考案せよ。格子上の任意の n 点が与えられる。それらの点に黒白 2 色のいずれかを塗り、すべての水平・垂直な線について黒点の数と白点の数が同数であるか 1 つ違いであるようにせよ。

135. **異なる組合せ**（Different Pairings）

ある幼稚園の先生は、日々の散歩で $2n$ 人の子供を n 対の 2 人組に分けなければならない。$2n-1$ 日間、同じ 2 人組ができないように分けるアルゴリズムを設計せよ。

136. **スパイの捕獲**（Catching a Spy）

あるコンピュータゲームにおいて、スパイが 1 次元直線上にいる。時刻 0 において、スパイは位置 a にいる。単位時間ごとに、$b \geq 0$ であればスパイは b だけ右に移動し、$b < 0$ であればスパイは $|b|$ だけ左へ移動する。a と b はいずれも整数の定数であるが、あなたはそれらを知らない。目標は、(0 から始まる) 単位時間ごとにあなたが選ぶ場所にスパイがいるかどうか質問することで、スパイの位置を特定することである。たとえば、スパイが今位置 19 にいるかを聞くことができ、それに対して「はい」か「いいえ」の正しい答えが返る。その答えが「はい」であれば目標を達成したことになる。その答えが「いいえ」であれば、次の時刻に、同じ場所もしくはあなたが選ぶ別の場所にスパイがいるかどうか質問することができる。有限回の質問によりスパイを見つけるアルゴリズムを考案せよ。

137. **ジャンプにより 2 枚組を作れ II**（Jumping into Pairs II）

n 枚の硬貨が 1 列に並んでいる。目標は、一連の操作を行って $n/2$ 対の 2 枚組を作ることである。1 手目の操作では、ある硬貨がその隣の硬貨を飛び越えなければならない。2 手目では、ある硬貨が 2 枚の硬貨を飛び越えなければならない。3 手目では、ある硬貨が 3 枚の硬貨を飛び越えなければならない。同様に続けて、$n/2$ 手後に $n/2$ 対の硬貨の 2 枚組を作る（各操作では、硬貨は右か左のどちらにジャンプしてもよいが、別の 1 枚の硬貨の上に着地しなければならない。硬貨の対を飛び越えたときには、2 枚の硬貨を飛び越えたと数える。隣り合う硬貨の間の空白は無視する）。この問題が解を持つような n の値をすべて挙げよ。また、そのような n に対して、最少手数で問題を解くアルゴリズムを設計せよ。

138. キャンディの共有 (Candy Sharing)

幼稚園で、中央の先生の方を向いて n 人の子供が円形に座っている。各子供は、最初、偶数個のキャンディを持っている。先生が笛を鳴らしたら、各子供は同時に、彼または彼女のキャンディの半分を左隣に渡す。その結果キャンディが奇数個となった子供はすべて、先生からキャンディを 1 つもらう。すべての子供が同数のキャンディを持っていなければ、先生は再び笛を鳴らす。子供が同数のキャンディを持つと、このゲームは終了する。このゲームはいつまでも続くか、それとも、最終的にはゲームが終わって子供たちはいつもどおりの生活に戻れるか？

139. アーサー王の円卓 (King Arthur's Round Table)

アーサー王は、彼の円卓に n 人 ($n > 2$) の騎士を座らせて、敵対しているような騎士の隣に座る騎士がいないようにしたい。どの騎士も $n/2$ 人以上の友人を持っているならば、そのような座らせ方が可能であることを示せ。友人関係または敵対関係はいずれも、必ず相互に成り立つと仮定してよい。

140. n クイーン問題再び (The n-Queens Problem Revisited)

縦、横、斜めのいずれにも 2 つのクイーンがないように、$n \times n$ のチェス盤に n 個のクイーンを置く問題を考える。任意の $n > 3$ について、この問題の解を 1 つ求める線形時間のアルゴリズムを設計せよ。

141. ヨセフス問題 (The Josephus Problem)

1 から n の連番を振った n 人が円形に立っている。番号 1 の人から数え始め、1 人おきに人が除かれていき、最終的に 1 人だけが残る。最後まで残るには、円のどの位置に立てばよいか？

142. 12 枚の硬貨 (Twelve Coins)

見た目が同一である硬貨が 12 枚ある。それらは、すべてが本物であるか、1 枚だけが偽物であるかのいずれかである。偽物の硬貨が本物よりも軽いのか重いのかは分からない。あなたは天秤を持っている。問題は、すべての硬貨が本物であるかどうかを判定し、もし偽物の硬貨があるならば、その偽物の硬貨がどれで本物より軽いか重いかを特定することである。最小回数の計量でこの問題を解くアルゴリズムを設計せよ。

143. **感染したチェス盤**（Infected Chessboard）

ウイルスが $n \times n$ のチェス盤のマスを介して感染を広げる。そのウイルスは、（斜めではなく、水平方向または垂直方向の）隣接する 2 マスが感染していればそのマスに感染する。ウイルスが盤面全体に感染を広げるには、初期状態で少なくともいくつのマスが感染している必要があるか。

144. **正方形の破壊**（Killing Squares）

$2n(n+1)$ 本のマッチ棒を 1×1 の正方形の辺となるように並べた $n \times n$ の盤面を考える（例を図 2.32 に示す）。できるだけ少ない数のマッチ棒を取り除いて任意の大きさの正方形の周が分断されるようにするアルゴリズムを設計せよ。

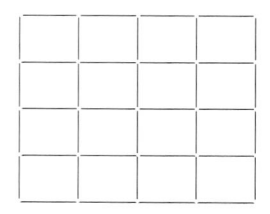

図 2.32 「正方形の破壊」パズルにおける 4×4 の盤面

145. **15 パズル**（The Fifteen Puzzle）

この有名なパズルは、1 から 15 の連番が振られた 15 枚の正方形のタイルからなり、それらは 4×4 の箱に 16 マスのうちの 1 マスが空白になるように置かれている。目標は、与えられた初期配置から始めて、1 枚ずつスライドして、タイルが順序通りに並んだ配置へと並び換えることである。図 2.33 に示された初期配置から始めて、このパズルは解けるか？

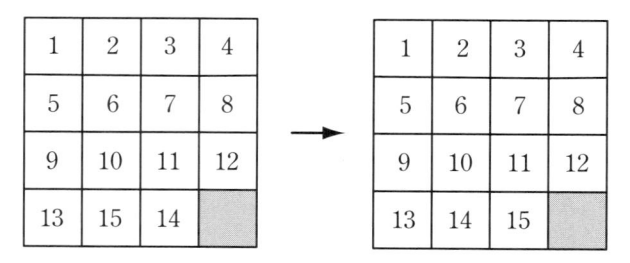

図 2.33 「15 パズル」の初期配置と目標配置

146. **動く獲物を撃て**（Hitting a Moving Target）
　　あるコンピュータゲームにおいて猟師と動く獲物がいる。猟師は、直線に沿った n 個（$n > 1$）の隠れ場所のいずれかを撃つことができる。猟師は獲物を見ることができず、連続する 2 回の銃撃の間に獲物が隣りの隠れ場所へ移動することしか知らない。獲物を撃ち取ることが保証されるアルゴリズムを設計するか、そのようなアルゴリズムが存在しないことを証明せよ。

147. **数の書かれた帽子**（Hats with Numbers）
　　大学全体の新年パーティにおいて、数学者が n 人（$n > 1$）いた。彼らは共謀して、同じくパーティに参加している学長に、以下の賭けを持ち掛けた。学長は、数学者がかぶっている帽子に、0 から $n-1$ までの数を書く。それらの数は、すべて異なるかもしれないが、そうである必要はない。各数学者は、自分の帽子以外の帽子に書かれた数を見て、自分の帽子の数を紙に書いて学長に渡す。数学者内でもその他の人ともやりとりはできない。もちろん、他人の書いた数を見てはならない。少なくとも 1 つ数が当たっていれば、数学者がこの賭けに勝ち、学長は彼らの学部の翌年の予算を 5 パーセント増やす。数が 1 つも当たっていなければ、翌年からの 5 年間予算が凍結される。数学者はブラフをかけているのか、それとも賭けに勝つ方法があるのか？

148. **自由への 1 硬貨**（One Coin for Freedom）
　　ある看守が、収監されている 2 人のプログラマ A と B に、以下の推測ゲームに勝てば釈放すると提案している。看守は 8×8 の盤面の各マスに 1 枚の硬貨を置く。硬貨は表向きのものもあれば、裏向きのものもある。B がいないときに看守は盤面の 1 つのマスを指差して A に示し、B はそのマスを推測しなければならない。囚人 A は、1 枚だけ硬貨を裏返して部屋を出なければならない。その後、B は部屋に入り、選択されたマスを推測する。A と B は、事前に戦略を相談することは許されているが、ゲームが始まった後では一切のやりとりができない。もちろん、B は部屋に入った後で、盤面を見てどんな計算を行ってもよい。囚人たちは自由を勝ち取ることができるか、それともこのゲームに勝つことはできないか？

149. **広がる小石**（Pebble Spreading）

第1象限を正方形のマスに区切って得られる、無限の大きさの盤面で行う次の1人ゲームを考える。盤面の角に1つの小石が置かれた状態から開始する。各操作では、プレイヤーは1つの小石をとり、すぐ上とすぐ右の隣接するマスへ小石を1つずつ置く。ただし、それらの2つのマスは空でなければならない。このゲームの目標は、すべての小石を階段状の領域 S_n から取り除くことである。ここで、領域 S_n は、盤面の角から連続して n 個の斜線部分からなる。（図 2.34 に示す例を見よ）。たとえば、$n = 1$ の場合、開始状態から唯一可能な第1手目によって S_1 の領域が空になる（図 2.35）。

このゲームの目標を達成することが可能な n の値をすべて求めよ。

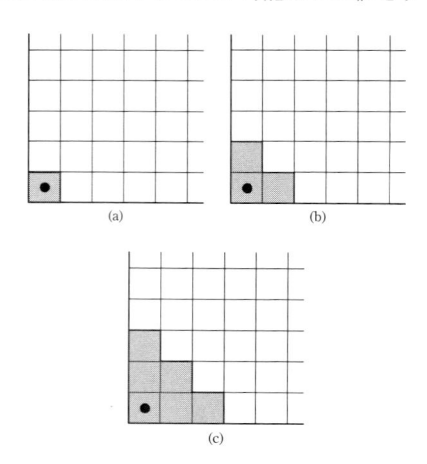

図 2.34 (a) $n = 1$，(b) $n = 2$，(c) $n = 3$ の場合の「広がる小石」ゲームの開始状態

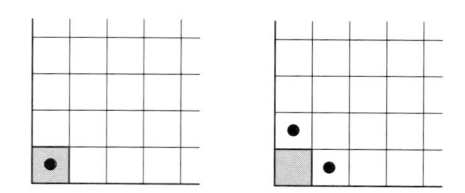

図 2.35 「広がる小石」ゲームの $n = 1$ の場合、最初の1手で（影のついた）階段領域 S_1 が空になる。

150. **ブルガリアン・ソリティア**（Bulgarian Solitaire）

n を三角数（すなわち、ある正の整数 k に対して $n = 1+2+\ldots+k$）として、n 枚の硬貨をとり、それらを $s \geq 1$ 個の山に分ける。山の数にも、山に含まれる硬貨の枚数にも制限はない。その後、以下の操作を繰り返し行う。各山から硬貨を 1 枚取り、それらのすべてを新しい山とする。最初に n 枚の硬貨をどのように分けたとしても、有限回の繰り返し操作によって $1, 2, \ldots, k$ 枚の硬貨からなる k 個の山となることを示せ（この状態に到達すると、明らかにその状態に留まる）。たとえば、10 枚の硬貨が最初に硬貨 6 枚と 4 枚の 2 つの山に分けられた場合の過程を図 2.36 に示す。ブルガリアン・ソリティアでは山の順番を区別しないので、図 2.36 のように山を大きさの降順に並べるのが便利であることに留意しなさい。

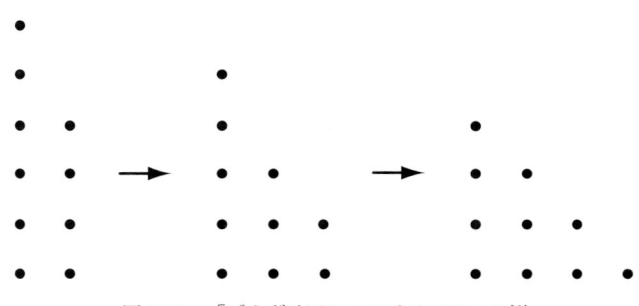

図 2.36 「ブルガリアン・ソリティア」の例

第3章
ヒント

1. **狼と山羊とキャベツ**　些末な1つの例外を除いて、各状況において取り得る選択肢を挙げていけば解くことができる。
2. **手袋選び**　悪意のある敵対者がいて、できるだけたくさんの手袋を引っ張り出させようとしていると想像してみよ。靴下と異なり、右手用と左手用があることに注意すること。
3. **長方形の分割**　問題としている三角形はすべて同じ大きさである必要はない。
4. **兵士の輸送**　まず、1人の兵士を輸送する問題を解いてみよ。
5. **行と列の入れ替え**　答えは「できない」だ。理由を考えよ。
6. **指数え**　少女の数え方をもう少し続けて規則性を発見すれば答えは自明になる。
7. **真夜中の橋渡り**　答えは「できる」。解には特にひねりや引っ掛けなどはない。
8. **ジグソーパズルの組み立て**　似た問題が、チュートリアルのアルゴリズムの分析テクニックの節で述べられている。
9. **暗算**　この和を求める方法には少なくとも2つの異なった方法があるが、どちらもチュートリアルのアルゴリズムの分析テクニックの節で述べている。
10. **8枚の硬貨に含まれる1枚の偽造硬貨**　このパズルの答えは「3」ではない。
11. **偽造硬貨の山**　答えは「1」である。秤が正確な重さを表示する、ということを利用せよ。
12. **注文付きのタイルの敷き詰め**　答えは「できない」。
13. **通行止めの経路**　アルゴリズムの設計戦略で解説したように、動的計画法を使えばよい。
14. **チェス盤の再構成**　このパズルを解くために切り取らなければならないパーツはどれか？
15. **トロミノによる敷き詰め**　3つのうち1つだけの答えが「できる」になる。

16. **パンケーキの作り方**　3枚のパンケーキを焼く最短手順はどうなるだろうか？ $n=1$ のときは特別な処理が必要であることに気を付けること。
17. **キングの到達範囲**　問題文はキングが同じマスを1回以上訪れることを禁止していない。また、すべての $n \geq 1$ について成り立つようにすること。
18. **角から角への旅**　ナイトが訪れるマスの色に注目。
19. **ページの番号付け**　まずは、使用する数字の桁数の和をページ番号の関数で表してみよ。
20. **山下りの最大和**　動的計画法を用いよ。
21. **正方形の分割**　そのような分割が不可能な n は、いくつかしかない。また分割して得られる正方形がすべて同じ大きさである必要はないことに注意。
22. **チームの並べ方**　チュートリアルで述べたアルゴリズム設計戦略の1つを使えば、そのような並べ方は簡単に得られる。
23. **ポーランド国旗の問題**　一度に2つのマスの分だけ目的に向かって進めばよい。
24. **チェス盤の塗り分け**　ルーク以外については貪欲アプローチの戦略をそのまま応用すればよい。ルークについての簡単な解もそんなに難しくはない。
25. **最高の時代**　与えられたアルファベット順の索引を加工する必要があるかもしれない。
26. **何番目かを求めよ**　TURING の後にある「語」の数を求める方が簡単かもしれない。
27. **世界周遊ゲーム**　すべての頂点を訪れればよく、すべての辺をたどる必要はないことに留意しなさい。この問題でバックトラックを使うこともできるが、幸運でなければ非常に忍耐がいるので心の準備が必要である。
28. **一筆書き**　分析手法についてのチュートリアルの中の**ケーニヒスベルクの橋の問題**で用いた洞察は、この問題を解く上でも鍵となる。
29. **魔方陣再び**　アルゴリズム設計戦略のチュートリアルにある魔方陣の構築の議論を見よ。
30. **棒の切断**　残っている最長の断片に集中せよ。
31. **3つの山のトリック**　最初の配置におけるカードをたとえば a1, a2, ..., a9; b1, b2, ..., b9; c1, c2, ..., c9 として、アルゴリズムをなぞってみよ。
32. **シングル・エリミネーション方式のトーナメント**　n が2の累乗である場合から始めよ。
33. **魔方陣と疑似魔方陣**　$n \times n$ の表の内部には、$(n-2)^2$ 個の 3×3 の正方形がある。まず、4×4 の表について、このパズルの問題に答えよ。

34. **星の上の硬貨**　このパズルは、一般的なアルゴリズム設計戦略に関するチュートリアルで言及した貪欲戦略もしくは「ボタンと紐」の手法で解くことができる。
35. **3つの水入れ**　このパズルは6ステップで解くことができる。
36. **限られた多様性**　$n = 2, 3, 4$についてこのパズルを解き、決定的な洞察を得よ。
37. **$2n$枚の硬貨の問題**　最初のチュートリアルの分割統治法の議論において、この問題への言及がある。
38. **テトロミノによる敷き詰め**　質問のうちの4つの答えは「可能」である。
39. **盤面上の一筆書き**　2つの盤面のうち、一方には求める道筋が存在し、もう一方には存在しない。
40. **交互に並ぶ4つのナイト**　設計戦略に関するチュートリアルを参照せよ。そこで、この問題の古典版について議論している。
41. **電灯の輪**　解は、nの値によって変わる。このパズルのいくつかの例を考えると、その違いを理解しやすいだろう。
42. **もう1つの狼と山羊とキャベツのパズル**　まず、$n = 1$の場合にこのパズルを解き、駒の取り得る配置をすべて確認せよ。
43. **数の配置**　与えられた数をソートすることから始めよ。
44. **より軽いか？より重いか？**　偽物の硬貨がどれかを決定することは求められていない。それが他のものより軽いのか重いのかだけが問題である。
45. **ナイトの最短経路**　最少手数の一連の動かし方はかなり自明である。その最適性を証明することはいくらか難しいが、開始マスと終了マスの間の距離を適切な方法で測ると簡単になる。
46. **3色配置**　任意の$n \geq 1$について、そのタスクを行うことができる。
47. **展示計画**　最初の質問はほとんど自明である。2つ目の質問への解は、アルゴリズム分析テクニックのチュートリアルで議論された、不変量の考え方をいつものように適用することから始まる。
48. **マックナゲット数**　マックナゲット数でない数は6つある。それ以外の数について、縮小統治法の戦略に基づくアルゴリズムがある。
49. **宣教師と人食い人種**　このパズルは11回の川の横断で解くことができる。本書のアルゴリズム設計戦略のチュートリアルにおいて似た問題が議論されていることに留意しなさい。
50. **最後の球**　パリティを考えよ。

51. **存在しない数字**　解法を思い付いたら、それを改良してジルが頭の中で行えるようにできないか考えてみよ。
52. **三角形の数え上げ**　最初の数回について、新たに付け加えられる三角形の数に規則性がないか調べてみよ。似た問題がアルゴリズム分析テクニックのチュートリアルで扱われている。
53. **バネ秤を使った偽造硬貨の検出**　硬貨を1回秤にかけることで得られる情報量はいくらか？
54. **長方形の切断**　まず、この問題の1次元版である**棒の切断**（No.30）を解いてみよ。
55. **走行距離計パズル**　最初の質問は基本的な組合せ論を使えば解ける。2番目の問題は、ひらめけばややこしい計算なしに解くことができる。
56. **新兵の整列**　最初の質問にイエスと答える人がいるかもしれない。しかし、期待されている並びはそうではない。解法は2通りある。
57. **フィボナッチのウサギ問題**　nヶ月後のウサギの数を、その数ヶ月前のウサギの数を使って数式で表してみよ。
58. **ソートして、もう1回ソート**　より大きさの小さい2次元配列のトランプあるいは数字で解いてみよ。何かひらめきがあるかもしれない。
59. **2色の帽子**　少なくとも1つは黒色の帽子があるとする。黒色の帽子を被っている囚人はどうしたらそれが分かるだろうか？白色の帽子を被っている人はどうだろうか？これらの質問の答えを一般化することでパズルを解くことができる。
60. **硬貨の三角形から正方形を作る**　1から始めてn個の奇数の和を表す数式 $S_n = 1 + 3 + \cdots + (2n-1) = n^2$ が役に立つだろう。また三角形の右の角を頂点に、水平方向の硬貨の列を斜辺と向かい合うように三角形の表示方法を変えることも役に立つかもしれない。
61. **対角線上のチェッカー**　最初のいくつかのnについて解いてみることも良いやり方だが、より良いアプローチは不変条件（1手と1手の間で変わらない特徴）を見つけることだ。
62. **硬貨拾い**　動的計画法を使うのが一番良さそうに見える。
63. **プラスとマイナス**　公式 $1 + 2 + \ldots + n = n(n+1)/2$ を使い、和のパリティを調べてみよ。
64. **八角形の作成**　まずは8個の点しかない場合について、問題を解いてみよ。
65. **ビット列の推測**　単純なnビット列をいくつか用意しておけば、1ビットずつ確定させていくことができるかもしれない。

66. **残る数字**　パリティを考えよ。
67. **ならし平均**　貪欲法を使えるかもしれないが、指定された目的を達成するには、多少の改良が必要になるだろう。
68. **各桁の数字の和**　1 から 10^n（n は正の整数）までに現れる各桁の数字の和を求める一般的な解を得る方が簡単だろう。実際、この一般解を得る方法は少なくとも 3 つある。
69. **扇の上のチップ**　パリティを考えよ。
70. **ジャンプにより 2 枚組を作れ I**　バックトラックを使って、このパズルが解を持つ最小の n を見つけることができるかもしれない。
71. **マスの印付け I**　このパズルが解を持つ n は 6 つあり、そのうちの 3 つは自明だ。
72. **マスの印付け II**　答えは n が偶数が奇数かによって異なる。
73. **農夫とニワトリ**　捕まるのを避けようとしている雄鶏をどうやって農夫が無理やり捕まえることができるのだろうか？そのような捕獲が可能な場所に最速で到達するにはどのようなアルゴリズムにすればよいか？
74. **用地選定**　チュートリアルで用いたものよりもっと効率的なアルゴリズムがある。すべての家が 1 つの通りに並んでいる特殊なケースを考えれば、そのアルゴリズムを思い付くことができるだろう。
75. **ガソリンスタンドの調査**　n が偶数の場合と奇数の場合を分けて考えた方が良いかもしれない。
76. **効率良く動くルーク**　貪欲戦略によって、最適な巡回を構成することができる。しかし、その最適性を証明することはそれほど簡単ではない。
77. **パターンを探せ**　10 進数と 2 進数とで解が異なる。
78. **直線トロミノによる敷き詰め**　解は「可能」である。
79. **ロッカーのドア**　たとえば $n = 10$ に対して、アルゴリズムを手で実行してその結果を調べると、両方の質問への答えに役立つだろう。
80. **プリンスの巡回**　任意の正の値 n に対して、プリンスが $n \times n$ の盤面のすべてのマスをちょうど 1 回ずつ通るアルゴリズムがある。このパズルでは、その巡回が再入可能であることを求めていない。すなわち、開始マスから終了マスが離れていてもよい。
81. **有名人の問題再び**　本書の最初のチュートリアルにおいて、この問題のより単純なバージョンを解いている。
82. **表向きにせよ**　連続する表のブロックと連続する裏のブロックを考えよ。

83. **制約付きハノイの塔**　古典的バージョンに対するアルゴリズム（2つ目のチュートリアルを参照せよ）と似た再帰アルゴリズムによって、このパズルを解くことができる。
84. **パンケーキのソート**　アルゴリズムが最適である必要はないが、全数探索よりも確実に効率的なものを考えよ。
85. **噂の拡散 I**　$n = 4$ のとき、最小のメッセージ数は 6 である。
86. **噂の拡散 II**　$n > 3$ のとき $2n - 4$ 回の会話が必要なアルゴリズムがいくつもある。
87. **伏せてあるコップ**　パリティを考えよ。
88. **ヒキガエルとカエル**　交互に移動すると明らかに手詰まりになるので、このパズルの解はほとんど一意に定まる。このパズルを可視化したものがインターネット上にあり、それを活用することもできる。
89. **駒の交換**　このパズルと密接な関係があるパズルを見つけ、そのパズルのアルゴリズムをこのパズルに使え。
90. **座席の再配置**　隣り合う要素を交換することですべての順列を生成する単純なアルゴリズムがある。
91. **水平および垂直なドミノ**　この問題において自明でないのは、n が偶数であるが 4 で割り切れない場合に、$n \times n$ の盤面を同数の水平方向および垂直方向のドミノで敷き詰めることが不可能であることを証明することである。不変量を利用することで、それを証明できる。
92. **台形による敷き詰め**　この問題では、敷き詰め可能となる明らかな必要条件が十分条件でもある。
93. **戦艦への命中**　盤面のマスにできるだけ少なく印を付け、任意の 4×1 の長方形が少なくとも 1 つ印付きのマスを含むようにせよ。
94. **ソート済み表における探索**　解は「可能」である。
95. **最大と最小の重さ**　$n = 4$ の例を考えることで、決定的な洞察を得よ。
96. **階段形領域の敷き詰め**　この問題では、敷き詰め可能であるための明らかな必要条件は、十分条件ではない。
97. **上部交換ゲーム**　解は「はい」である。このゲームは必ず、有限回の繰り返しで終了する。
98. **回文数え上げ**　まず CAT I SAW のつづり方が何通りあるかを数えるとより簡単である。
99. **ソートされた列の反転**　いくつかの小さな n についてこのパズルを解くことで正しい方向に進めるはずである。

100. **ナイトの到達範囲**　対象のマスを含む領域の形を特定せよ。また、任意の $n > 2$ に対して、解が同じ式となることに注意せよ。
101. **床のペンキ塗り**　答えは「できる」。
102. **猿とココナツ**　このパズルの解法には巧妙なものもあるが、式をいくつか立ててそれらを満たす最小の正の整数を探す、という単純な方法でも解ける。
103. **向こう側への跳躍**　答えは「できない」。
104. **山の分割**　小さい n について試してみるとよい。
105. **MU パズル**　答えは「できない」。
106. **電球の点灯**　必須ではないが、スイッチをビット列と考えることは良いヒントになるかもしれない。
107. **キツネとウサギ**　s の取り得る値のうち半分について、キツネはウサギを捕まえることができる。
108. **最長経路**　とりあえずの目安として貪欲法を使えるかもしれない。
109. **ダブル n ドミノ**　最初の 2 つの問題は単純に足し算をすれば求められる。最後の質問については、取り得る n のうち半分の場合について、再帰法もしくは有名なグラフ問題に帰着させることで輪を作ることができる。
110. **カメレオン**　2 匹のカメレオンが出会った後でカメレオンの数はどのように変化するか。
111. **硬貨の三角形の倒立**　k 列目 ($1 \leq k \leq n$) を底辺にした倒立三角形を作る方法を調べ、どの k が最適か調べてみよ。
112. **ドミノの敷き詰め再び**　問題の答えは簡単だが、欠けているマスが任意なので、その証明は少々やっかいになる。
113. **硬貨の除去**　小さい n について試してみることで、正しい一般解に気付けるだろう。
114. **格子点の通過**　$n = 3$ についてパズルを解き、その解を一般化させてみよ。満たさなければならない条件は線が直線でなければならないことのみ、という点に注意せよ。
115. **バシェのおもり**　どちらの条件の場合も、貪欲法を使えば答えを予想することはそれほど難しくない。このパズルの解の肝心なところは証明にある。
116. **不戦勝の数え上げ**　最初の質問の答えは単純に式を解けば得られる。2 番目の質問については、最初の質問の答えが利用できる。
117. **1 次元ペグソリティア**　対称的な解を除けば、このパズルが解を持つ空白のセルの場所は 2 つしかない。それぞれの場合で、残るペグの場所も異なるかもしれない。

118. **6つのナイト**　アルゴリズムの設計に関するチュートリアルで議論した**グァリーニのパズル**の簡易版を参考にしてみよ。
119. **着色トロミノによる敷き詰め**　色の付いていないトロミノで同じチェス盤を敷き詰める、チュートリアルで紹介した戦略が使えるかもしれない。
120. **硬貨の再分配機械**　箱を左から右に0始まりで番号を付けていって最終的な硬貨の分布をビットで表してみよ。
121. **超強力卵の試験**　k回の落下でこのパズルが解ける最高階を関数$H(k)$で表してみよ。
122. **議会和平工作**　まず適当に2派に分けて、それから望む状態に改善していく方法を考えてみよ。
123. **オランダ国旗の問題**　この問題を解く前に、色が2色の**ポーランド国旗の問題**（No.23）を解いてみよ。
124. **鎖の切断**　問題を逆から考えて、k個のクリップを取り外すとしたときに、この問題が解ける最長の鎖の長さを考えてみよ。$k = 1$の場合は、その長さは7クリップになる。
125. **7回で5つの物体をソートする**　2つの物体の重さを比較することを7回繰り返すことでこの問題を解けるが、だからといって一般的なソートアルゴリズムはあまり参考にならないだろう。
126. **ケーキの公平な分割**　$n = 2$の場合、単純だが巧妙な解がある。その解を一般の場合へと拡張できる。
127. **ナイトの巡回**　この問題の解は非常に多数あり、それらはいずれも盤面の1つの角から始めたとみなすことができる。ナイトを盤面の縁にできるだけ近くなるよう移動されることで、1つの解を求めることができる。
128. **セキュリティスイッチ**　この問題の小さなインスタンスをいくつか解くことが間違いなく役立つ。しかし、一般のインスタンスを解くには、縮小統治戦略を適用しなければならない。
129. **家扶のパズル**　ハノイの塔パズルを解くのに用いたのと似た方法をとれ（たとえば、本書のアルゴリズムの分析テクニックに関するチュートリアルを参照せよ）。
130. **毒入りのワイン**　解は、いずれの質問に対しても「はい」である。したがって、与えられた条件のもとで目標を達成するための効率的なアルゴリズムを考案することが課題である。実際、5週間のすべては必要でない。

131. **テイトによる硬貨パズル**　有効なパターンを突き止めるには、このパズルのいくつかのインスタンスを解くことが必要である。$n = 3$ に対する解は特に誤解を招きやすいが、$n = 4$ の解はより大きなインスタンスの解の重要な要素を含んでいる。縮小統治アルゴリズムによって一般のインスタンスを解くことができるが、この問題ではより小さなインスタンスへと縮小することがとても難しい。

132. **ペグソリティアの軍隊**　解き方が分かっているパズルのインスタンスを活用せよ。

133. **ライフゲーム**　固定物体、振動子、移動物体となる生のセルの最小数は、それぞれ 4, 3, 5 である。

134. **点の塗り分け**　縮小統治戦略を適用せよ。

135. **異なる組合せ**　$2 \times n$ の表を用いるか、円周上を等分する点を置くことで、この問題を解くことができる。

136. **スパイの捕獲**　より簡単な次の問題から考えよ。スパイは位置 0 から移動し始めることは知っているが、時刻 1 からしか質問できないものとする。

137. **ジャンプにより 2 枚組を作れ II**　逆向きに考えることは、質問に答えることと、求められているアルゴリズムを設計することの両方に役立つ。

138. **キャンディの共有**　子供の持つキャンディの最大数と最小数がどうなるかを観察せよ。

139. **アーサー王の円卓**　互いに隣同士で座っている敵対関係の組を単一変数項として、逐次改善の戦略を用いよ。

140. **n クイーン問題再び**　n を 6 で割った余りのそれぞれについて、6 つの場合を別々に考えよ。$n \bmod 6 = 2$ と $n \bmod 6 = 3$ の場合は他の場合よりも難しく、クイーンの貪欲な置き方を修正する必要がある。

141. **ヨセフス問題**　生き残る人の位置 $J(n)$ に関する 2 つの漸化式をたてよ。1 つは n が偶数の場合であり、もう 1 つは n が奇数の場合である。

142. **12 枚の硬貨**　この難しい問題は、3 回の計量で解くことができ、それが必要な最小回数である。

143. **感染したチェス盤**　解は n である。この数が、盤面全体を感染させるのに必要十分であることを証明せよ。

144. **正方形の破壊**　ドミノを用いてある方法で盤面を敷き詰めると、解を求めやすい。4×4 の盤面から取り除かなければならないマッチ棒の最小本数は 9 である。

145. **15 パズル**　与えられた配置に対して課題を達成することが不可能であることを導く不変量を見つけよ。
146. **動く獲物を撃て**　そのようなアルゴリズムは存在する。隠れ場所に 1 から n の番号がついているとし、対象がある偶数番号の場所にいる場合を考えよ。
147. **数の書かれた帽子**　それぞれの数学者が見ることができる帽子の数の和を使え。
148. **自由への 1 硬貨**　ビット列に対する標準的な計算操作を使って、このゲームに勝つことができる。
149. **広がる小石**　ゲームの目標を達成できるのは、$n = 1$ と $n = 2$ の場合だけである。任意の $n > 2$ に対して、目標を達成することが不可能であることを導く不変量を見つけよ。
150. **ブルガリアン・ソリティア**　まず、ゲームの手順によって、硬貨の山を降順に並べたものがループとなることを示せ。次に、そのようなループにおける各硬貨の軌跡をたどり、そのようなループがただ 1 つの硬貨の分配からなることを示せ。

第 4 章
解

墓碑銘パズルの正解は順に、ウィリアム・パウンドストーン、ポリア・ジョージ、マーティン・ガードナー、カール・フリードリヒ・ガウス、フィボナッチ、となる。

1. 狼と山羊とキャベツ

■解　男をM（これは舟の位置でもある。というのも男がいる側の岸に舟もあるはずだから）、狼をw、山羊をg、キャベツをcと表す。図4.1はこのパズルの2つの解を示したものである。

■コメント　ほとんどのパズルでは、このように簡単に解にたどり着けることはない。この問題は、3回目の渡河を除いて他に選択肢がない、という珍しい例外的な問題なのだ。このパズルは、チュートリアルの一般的なアルゴリズム設計戦略で触れた**2人の嫉妬深い夫**パズルの解と同様に、状態空間グラフを使って解くこともできる（[Lev06, 6.6節] を参照のこと）。このパズルの状態は立方体の頂点として表すこともできる（例、[Ste09, p.256] を参照）。これらの代替表現を使えば、7回の渡河が最小回数であることが自明となる。

　この古典的な問題はアルクィンの数学パズル集（チュートリアルでも触れた、ラテン語で書かれた最古の数学パズル集）にも載っている。世界の他の地域における、このパズルの異なる表現については、[Ash90] を参照してほしい。このパズルは最近のパズル集にたいてい含まれている（例、[Bal87, p.118] や [Kor72, 問題11]）。なんと、このパズルは依然として数学者や計算機科学者の注意を惹いているようだ（[Cso08] を参照）。

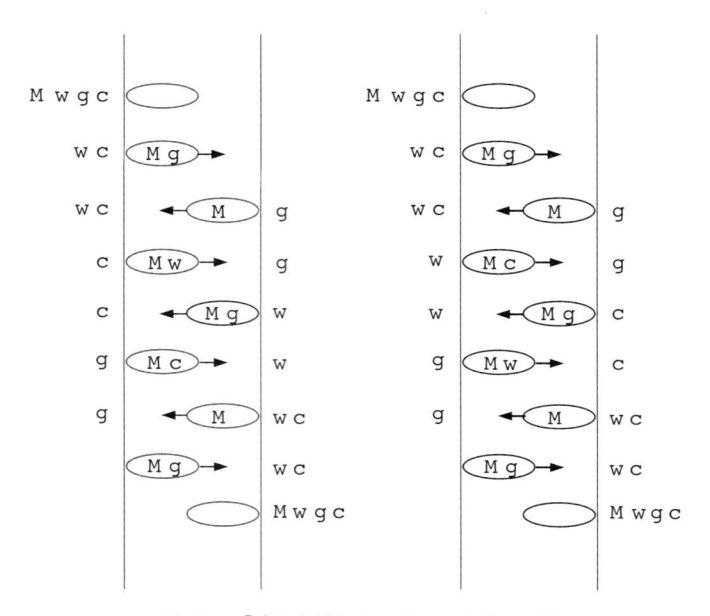

図 4.1 「狼と山羊とキャベツ」パズルの解

2. 手袋選び

■**解** (a) および (b) の解はそれぞれ 11 と 19 となる。

(a) 最悪の場合、1 組の手袋を得るまでに、5 つの同じ側の黒い手袋、3 つの同じ側の茶色い手袋、それに 2 つの同じ側の灰色の手袋を選ぶことになる。その次の手袋は必ずどれかと一揃いになるので、答えは 11 となる。

(b) 最悪の場合、それぞれの色の手袋を 1 組得るまでに、10 の黒い手袋すべて、6 つの茶色の手袋すべて、それに同じ側の 2 つの灰色の手袋を選ぶことになる。その次の灰色の手袋は必ず 1 組の灰色の手袋を成すので、答えは 19 となる。

■**コメント** このパズルはアルゴリズムの効率を考えるときに使う、最悪ケース分析の例になっている。

ほとんどのパズルの本に載せられているこの問題のバージョンでは、色違いのボールを使っている（例、[Gar78, pp.4–5]）。手袋バージョンは、これに一捻り加えたもので、[Mos01, 問題 18] で紹介されている。

3. 長方形の分割

■**解** どの整数 $n > 1$ についても、長方形を n 個の直角三角形に分割することは可能である。

$n = 2$ の場合は、長方形の対角線に沿って分割すればよい（図 4.2a）。$n > 2$ については、最初に長方形の対角線に沿って 2 つの直角三角形に分割し、後は直角三角形を 2 つの直角三角形に分割するという操作を $n - 2$ 回行えばよい。直角三角形 1 つを 2 つの直角三角形に分割するには、直角三角形の頂点を通る斜辺に垂直な線で切断すればよい。例を図 4.2b に示す。

あるいは、次のような解法もある。まず偶数の n については、$n/2$ 個の長方形に分割し（たとえば、長方形の長辺に平行に $n/2 - 1$ 回切断すればよい）、それぞれの長方形を対角線に沿って 2 つに分割すればよい。奇数の n については、先ほどの方法を使って $(n - 1)$ 個の直角三角形に分割し、最後に直角三角形のどれかを、斜辺に垂直で頂点を通る線で分割することで n 個の直角三角形が得られる（図 4.2d）。

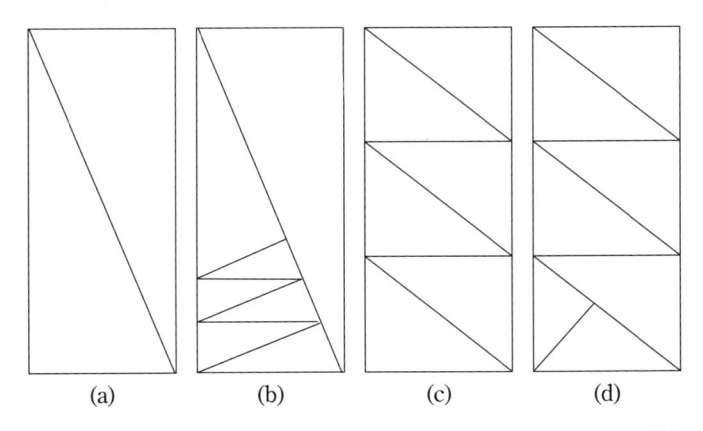

図 4.2 長方形の直角三角形への分割。最初の方法を適用した (a) $n = 2$ の場合の結果と (b) $n = 7$ の場合の結果。また、2 番目の方法を適用した (c) $n = 6$ の場合の結果と (d) $n = 7$ の場合の結果。

■**コメント** 最初の解法はインクリメンタル・アプローチ（1 次縮小戦略をボトムアップで適用したもの）に基づいている。2 番目の解法は変換統治法の例。奇数のケースを単純な偶数のケースに変形している。

4. 兵士の輸送

■解 最初に、2人の少年が舟を対岸に運ぶ。その後、2人のうち1人が舟をこちら岸に持ってくる。続いて兵士が1人対岸に舟を運び、対岸に残っていた少年が舟をこちらに戻す。この4回の渡河の後の状況を確認すると、問題の大きさ（輸送する兵士の数）が1だけ小さい同じ問題になっている。したがって、この4回の渡河を合計25回繰り返すと問題が解ける。これは、すなわち100回の渡河が必要になることを示している（もちろん、n人の兵士が川を渡るには$4n$回の渡河が必要になる）。

■コメント この簡単なパズルはアルゴリズム設計における（1次）縮小統治法戦略の良い例となっている。この戦略については本書の冒頭のチュートリアルで説明している。

このパズルの起源は古く、よく知られているものだ。このパズルは1913年にヘンリー・E・デュードニーがヘラルド誌で発表した（[Dud67, 問題450] を参照）。このパズルはまた1908年に出版されたロシアのパズル集 [Ign78, 問題43] にも収録されている。

5. 行と列の入れ替え

■解 解は「いいえ」である。

行の入れ替えでは行方向の数字が保存され、列の入れ替えでは列方向の数字が保存される。このことから図4.3のような並び替えが成り立たないことが分かる。たとえば、初期状態では5と6が同じ行にあるが、最終状態では異なる行にある。

1	2	3	4
5	6	7	8
9	10	11	12
13	14	15	16

→

12	10	11	9
16	14	5	13
8	6	7	15
4	2	3	1

図4.3 「行と列の入れ替え」パズルにおける初期状態と最終状態

■コメント　このパズルはパリティや塗り分けといったよく使われるものとは少し異なった不変条件の良い例である。

このパズルは A・スピヴァクのパズル集 [Spi02] の問題 713 によく似ている。

6. 指数え

■解　人差し指で止まる。

彼女の指数えは以下のようになる。

指	親指	人差し指	中指	薬指	小指	薬指	中指	人差し指
数	1	2	3	4	5	6	7	8
数	9	10	11	12	13	14	15	16
数	17	18	19	20	21	22	23	24
数	25	26	27	28	29	30	31	32

8 ごとに同じ指になることが分かる。したがって、1000 を 8 で割った余りを求めれば問題の答えが分かる。余りは 0 だ。このことから、少女が 1000 を数えたとき、（中指から）人差し指に移動したところであることが分かる。8 で割り切れる数字では必ず人差し指になる。

■コメント　このパズルは、与えられたアルゴリズム（指数え）に対してある入力（1000 という数字）を与えたときの結果を求める、という点でアルゴリズム的問題の中では珍しい部類に入る。

このパズルはマーティン・ガードナーの『*Colossal Book of Short Puzzles and Problems*』 [Gar06, 問題 3.11] から取った。似た問題がヘンリー・デュードニーのパズル集『*536 Puzzles & Curious Problems*』 [Dud67, 問題 164] にも含まれている。

7. 真夜中の橋渡り

■**解** このパズルの解を図 4.4 に示す。

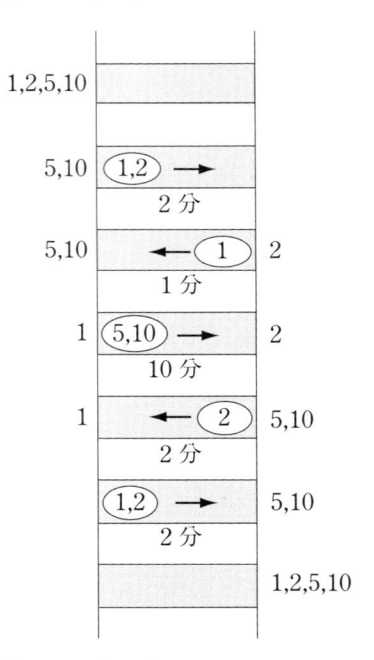

```
                    1,2,5,10
                  ┌─────────┐
             5,10 │ (1,2) → │
                  │   2 分   │
                  ├─────────┤
             5,10 │ ← (1)   │ 2
                  │   1 分   │
                  ├─────────┤
                1 │ (5,10) →│ 2
                  │   10 分  │
                  ├─────────┤
                1 │ ← (2)   │ 5,10
                  │   2 分   │
                  ├─────────┤
                  │ (1,2) → │ 5,10
                  │   2 分   │
                  └─────────┘
                    1,2,5,10
```

図 4.4 「真夜中の橋渡り」パズルの解。ラベル 1、2、5、10 はそれぞれの人間を表している。矢印は人が（懐中電灯を持って）橋を渡る方向を示している。

明らかな別解として、1 回目の渡橋後に 2 が懐中電灯を持って帰って、2 回目の渡橋後に 1 が懐中電灯を持って帰るというものもある。

明らかに、17 分が最低限必要な時間である。最適解では、2 人の人が一緒に橋を渡り、1 人の人が懐中電灯を持って帰ってこなければならない（きちんと証明することもできる）。そうでなければ、全員が橋の片側にいるか、だ。したがって、4 人の人間が橋の反対側に渡るには、最低でも 3 回の 2 人による渡橋と 2 回の 1 人による渡橋が必要になる。最速の人がいつも懐中電灯を持って戻ってくるとすると、2 人で橋を渡るときは、常にその人がその中に含まれなければならない。このとき、総合計時間は $(10 + 1) + (5 + 1) + 2 = 19$ 分になる。1 人で帰ってくる 2 回のうち片方が最速の人

でないとすると、橋を戻ってくるのにかかる時間は最低でも $2 + 1 = 3$ 分になり、向こう側に渡るのにかかる時間は $10 + 2 + 2 = 14$ 分になる。というのも、少なくとも 1 つの組は 1 番遅い人を含むので 10 分かかり、残りの組はどちらも最低 2 分かかるからだ。したがって、総合計時間は少なくとも 17 分になることが分かる。

■**コメント** 最初のチュートリアルで述べたように、このパズルは貪欲法をそのまま素直に適用しただけでは解くことができない。初めてこの問題を目にした人が実際以上にこの問題を難しいと思ってしまうのはそのためかもしれない。

このパズルは**橋とトーチ問題**（Bridge and Torch Problem）としても知られ、数年前にインターネットで流行したことがあり、ウィリアム・パウンドストーンの著書 [Pou03, p.86] にもマイクロソフトの面接クイズの 1 つとして紹介されている。トーステン・シルクのウェブページ [Sillke] では、この問題に関連する興味深いことがいくつか紹介されている。たとえば、この問題に初めて言及したレブモアとクックによる著書 [Lev81] が紹介されており、またこの問題の一般形（n 人の人間がそれぞれ適当な渡橋時間を有しており、上に挙げたのと同じ制約条件の下で橋を渡る）を解くアルゴリズムも紹介されている。このアルゴリズムが最適であることは 2002 年にギュンター・ロートによって証明された [Rot02]。この問題のさらなる研究については、モーセ・スニードヴィッチのウェブサイト [Sni02] およびローランド・バックハウス（Roland Backhouse）の論文を参照してほしい [Bac08]。

8. ジグソーパズルの組み立て

■**解** 答えは 499 手。

どの 1 手によっても、セクションは 1 つ減る。したがって、k 手後は、セクションの出来上がった順番に関係なく、残っているセクションは $500 - k$ 個になっている。すなわち、499 手あればパズルは完成する。

■**コメント** 有名な**板チョコレートの分割**パズル（チュートリアルを参照）と同じ不変条件の考え方を使って解いている。

このパズルはレオ・モーザーによって「*Mathematics Magazine*」1953 年 1 月号 (p.169) で発表されたもので、後に [Ave00, 問題 9.22] に収録された。

9. 暗算

■**解**　和は 1,000。

このパズルの目的は図 4.5 の表中の数字の和を（頭の中で）計算することである。

1	2	3			⋯			9	10
2	3						9	10	11
3						9	10	11	
					9	10	11		
				9	10	11			
⋮			9	10	11				⋮
		9	10	11					
	9	10	11						17
9	10	11						17	18
10	11			⋯			17	18	19

図 4.5　「暗算」パズルで和を求める表

　解法の 1 つは、左下から右上へ走る対角線に対して対称に位置するどの 2 つのマスの和も 20 となることに着目するものだ。実際、1 + 19、2 + 18、2 + 18 となる。そのようなマスの組が (10 · 10 − 10)/2 = 45 だけあるので（マス全体の数から着目した対角線上のマスの数を引いている）、その対角線以外のマスの数字の和は 20 · 45 = 900 となる。一方、対角線上の数字の和は 10 · 10 = 100 となるので、全体の和は 900 + 100 = 1000 となる。

　もう 1 つの解法は、行ごと（あるいは列ごと）に和を求める方法だ。第 1 行の和は、2 つ目のチュートリアルで述べたように、10 · 11/2 = 55 となる。第 2 行の各数字はそれぞれ第 1 行の数字より 1 だけ大きいので、その和は 55 + 10 となる。続く行についても同様のことが成り立つので、全体の和は 55 + (55 + 10) + (55 + 20) + ⋯ + (55 + 90) = 55 · 10 + (10 + 20 + ⋯ + 90) = 55 · 10 + 10 · (1 + 2 + ⋯ + 9) = 55 · 10 + 10 · 45 = 1000 となる。

■**コメント**　最初の解法は、チュートリアルの分析テクニックで触れた、ガウスが発見したと伝えられる 1 から 100 までの整数の和を求める方法と同じ考え方を使っている。チュートリアルでは、この手法はアルゴリズム分析のテクニックでも非常に重

要であることも触れた。2番目の解法では、和をより単純な形に分解して、この手法を2回用いている。

この問題はウォール・ストリートの採用面接の本に載っている問題 1.33 に似ている [Cra07]。

10. 8枚の硬貨に含まれる1枚の偽造硬貨

■解　答えは2回。

与えられた硬貨のうち3枚ずつのグループを2つ作り、天秤のそれぞれの皿に入れる。もし天秤が釣り合ったら、偽物は残った2枚のどちらかになるので、その2枚を天秤にかければ軽い方が偽物だと分かる。もし初回の計測が釣り合わなかったら、軽い方のグループの3枚のどれかが偽造硬貨ということになる。そのうちの2枚を選んで天秤にかけて、もし釣り合えば残った1枚が偽物になるし、釣り合わなければ、軽い方が偽物になる。この問題は1回の計測で解くことはできないので、上記の2回という答えが最小になる。

■コメント　問題の大きさを半分にする方法は常に効率良いアルゴリズムの元になる、ということと $8 = 2^3$ という事実から、多くの人がこの問題の答えが2ではなく3であると考えてしまうのもやむを得ない。しかし、この例はそれよりも効率良く解くことができる珍しい例である。このパズルはまた問題文に特定の数字が含まれていることにより生じるジレンマも示唆している。与えられたデータの特性を利用できることもあるが、一方で（今回のように）間違った方向に誘導されてしまうこともある。

別解として、2回目の計測が最初の計測の結果に依存しないものもある。硬貨にA、B、C、D、E、F、G、Hと名付ける。最初の計測ではA、B、CとF、G、Hを秤に乗せる。2回目の計測ではA、D、FとC、E、Hを秤に乗せる。もし ABC = FGH だったら（1回目の計測で釣り合ったら）、これら6つの硬貨はすべて本物であることが分かり、2回目の計測がDとEの比較に他ならないことを意味する。もし ABC < FGH だったら、A、B、Cのどれかが偽物ということになる。この場合、2回目の計測で ADF = CEH なら偽物はBになるし、ADF < CEH ならAが偽物ということになり、ADF > CEH ならCが偽物になる。ABC > FGH なら、同様の議論が FGH に適用できる。

このパズルは任意の数の硬貨の問題に容易に一般化できるが、この3分割アルゴリズムが最適であるということを証明するには、**決定木**（decision trees）といった、より高度なテクニックが必要となる（例、[Lev06, 11.2 節]）。

11. 偽造硬貨の山

■**解** 1回の計測で解ける。

硬貨の山にそれぞれ1から10まで番号を振る。最初の山から1枚、2番目の山から2枚、というように10番目の山から10枚の硬貨を取るまで続け、それらの硬貨をまとめて計る。計測した値と550、つまり $(1 + 2 + \cdots + 10) = 55$ 枚の本物の硬貨の重さとの差から、偽物の硬貨の枚数が分かる。この枚数がすなわち、偽造硬貨の山の番号に一致する。たとえば、計測結果が553グラムであったなら、3枚の硬貨が偽造硬貨であり3番目の山が偽造硬貨の山であることが分かる。

■**コメント** この解は表象変換の考え方を使っている。

このパズルは他のパズルと同様に「サイエンティフィック・アメリカン」(*Scientific American*)で連載されていたマーティン・ガードナーのコラムで取り上げられている [Gar88a, p.26]。またエーバーバッハとチェインによる『*Proglem Solving Through Recreational Mathematics*』（娯楽としての数学パズル）という本にも載っている [Ave00, 問題 9.11]。

12. 注文付きのタイルの敷き詰め

■**解** そのような敷き詰めはできない。

これは背理法で解くことができる。まず、そのような敷き詰めができると仮定する。ここで、盤は対称なので、図4.6のように左上のマスが横向きのドミノで覆われているとすることができる。ここで、この左上の角のマスに番号1を振る。このとき、第2行第1列のマスは縦向きのドミノで覆われている必要があり、それによって必然的に第2行第2列のマスを覆うドミノは横向きでなければならない。この推論を進めていくと、最終的に図4.6のような敷き詰めになるはずである。マス13の下は横向きのドミノでなければ覆えないが、これは 2×2 の正方形を作ってはいけないという制約に違反する。

■**コメント** この問題は2つ目のチュートリアルで紹介した不変条件の考えを使わずに、解が存在しないことを証明する、という少し珍しい問題だった。

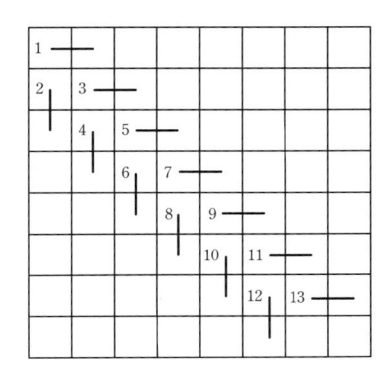

図 4.6 「注文付きのタイルの敷き詰め」パズルの解

このパズルは [Fom96, p.74] において問題 102 として紹介されている。

13. 通行止めの経路

■解 答えは 17 通り。

最も簡単な方法は動的計画法（1 つ目のチュートリアルで説明したアルゴリズム戦略の 1 つ）を適用することだ。この方法を使えば、A から通行止め以外のすべての交差点へ行く最短経路を見つけることができる（図 4.7 を見よ）。交差点 A から始めて最短経路の数を行ごとに、そして各行では左から右に計算していく。ある交差点の左にも上にも別の交差点があるなら、数字はそれらの交差点に書かれた値の和となる。どちらか片方しかないなら、同じ値となる。

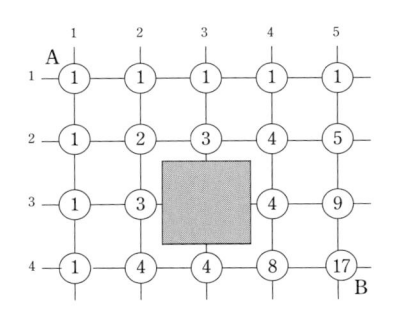

図 4.7 交差点 A から B への最短距離の数の計算方法（通行止めの領域は灰色の長方形で示されている）

■コメント 本書のアルゴリズム設計戦略のチュートリアルで似た問題を取り上げている。経路の数を数える問題は動的計画法のよく知られた応用問題である（例、[Gar78, pp.9–11]）。動的計画法の他の応用はもう少し複雑なことが多い。

14. チェス盤の再構成

■解 答えは 25 ピースである。

正しいチェス盤には同じ色でできた 2×1 マスの領域や 1×2 マスの領域は存在しないので、この盤の 4×4 マスの領域は縦と横に 2 回切らなければならない。図 4.8 のように縦に 4 回、横に 4 回切断するとピースの数は 25 になる。これが取り得るピース数の最小値になる。内訳は、4 つの 1×1 マスの領域と 12 の 1×2 マスの領域、9 つの 2×2 マスの領域になる。各ピース内の色の塗られ方は正しいチェス盤と合致する。この得られたピースから正しいチェス盤を組み立てる方法は種々あるが、たとえば、盤の辺上にある 8 つの 1×2 マスの長方形を 180 度回転させ、4 つの 2×2 マスの正方形を 90 度回転させることで、正しいチェス盤が得られる。

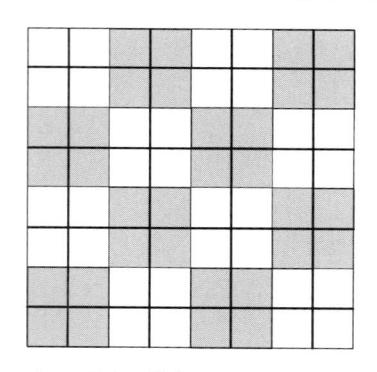

図 4.8 チェス盤を再構成するための最適な切断方法

■コメント このパズルはセルゲイ・グラバチャクの『*The New Puzzle Classics*』（新しい古典パズル）[Gra05, p.31] から取った。

15. トロミノによる敷き詰め

■解　答えは (a) と (b) については「できない」、(c) については「できる」となる。

(a) 3×3 マスの領域を直角トロミノで敷き詰めることはできないので、答えは「できない」となる。実際、盤の角、たとえば、左下には 3 通りの置き方があるが、そのどれも残った空間には直角トロミノを 1 つしか置けない（図 4.9）。

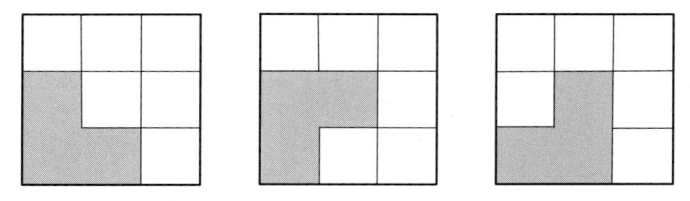

図 4.9　直角トロミノを 3×3 の盤の左下に置く 3 通りの置き方

(b) $5^n \times 5^n$ の盤のマスの総数は 3 では割り切れないので、答えは「できない」になる。

(c) 盤を 2×3 の長方形に分割して、それぞれを 2 つの直角トロミノで敷き詰めれば、求める敷き詰めが得られる（たとえば、図 4.10 のようになる）。

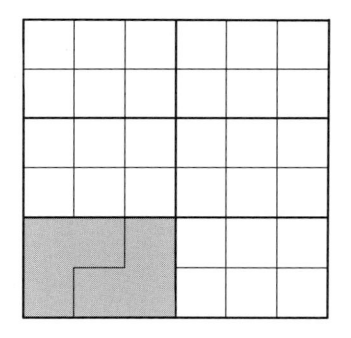

図 4.10　6×6 の盤をトロミノで敷き詰める

■コメント　最初の問題の答えは、その最小のインスタンスに対する全数探索で得られる（実はこの最小のインスタンスだけが例外で $n > 1$ を満たすすべての $3^n \times 3^n$ マスの盤はトロミノで敷き詰めることができる [Mar96, p.31]）。2 番目の問題の答えは、

不変条件の考えを使っている。最後に、3番目の問題の答えは分割統治法を使うことで得られる。

このパズルはイアン・パーベリーの『*Problems on Algorithms*』（アルゴリズムの問題）[Par95] という本の問題 50 に似ている。

16. パンケーキの作り方

■解　最小時間は、すべての $n > 1$ については n 分、$n = 1$ については 2 分となる。

n が偶数なら、解は自明である。パンケーキの各組を同時に焼けばよい。最初は片面を、次にもう片面を焼く。

$n = 1$ のときは、両面を焼くのに 2 分かかる。$n = 3$ のときは、次のように 3 分かかることが分かる。最初にパンケーキ 1 と 2 の片面を焼く。次にパンケーキ 1 のもう片面とパンケーキ 3 の片面を焼く。最後に、パンケーキ 2 と 3 の残った片面を焼く。n が奇数で 3 より大きいときは、3 枚のパンケーキを先ほどの手順で焼き、残った $n - 3$ 枚のパンケーキを焼く。このとき、$n - 3$ は偶数なので、最適な焼き方はすでに分かっている。

すべての $n > 1$ について、上記のアルゴリズムによって焼くのにかかる時間は n 分となり、これは取り得る最小時間となる。なぜなら、n 枚のパンケーキには $2n$ 個の面があり、1 分の間に焼ける最大面数は 2 面だからだ。

■コメント　上記のアルゴリズムは 2 次縮小アルゴリズムの 1 種と考えられる。しかし、このパズルの鍵は、もちろん、3 枚のパンケーキの最適な焼き方だ。

このパズルについて最初に言及したのはディビッド・シングマスターの文献解題 [Sin10, 5.W 節] で 1943 年に世に出たものらしい。しかし、彼によるとこのパズルの起源はおそらくそれよりも古いという。それ以来、このパズルは多くのパズル本に含まれている（例、[Gar61, p.96]; [Bos07, p.9, 問題 38]）。

17. キングの到達範囲

■解　a. 答えは $n > 1$ については $(2n + 1)^2$、$n = 1$ については 8。

キングは最初の 1 手で最初のマスに隣接する 8 マスすべてに移動することができる。2 手で、次に挙げるどのマスにも移動することができる。最初のマス（1 手目で隣のマスに移動して 2 手目で戻ってくればよい）、最初のマスに隣接する 8 マス（1 手目で目標のマスに隣接するマスに移動して、2 手目でそこに移動すればよい）、そして図 4.11a に示す、線で繋がれて 2 番目に大きい四角形を構成している 16 マス。つ

まり、2手で到達できるマスは、この四角形の辺上および内側ということになる。一般に n 手後（$n > 1$）にキングは最初のマスを中心として描かれる $(2n+1) \times (2n+1)$ マスの四角形の辺上および内側のマスに移動することができ、そして移動できるマスはこれらのみとなる（$n = 3$ の場合について、図 4.11a を参照）。このマスの数は $(2n+1)^2$ となる。$n = 1$ の場合は、キングが到達できるのは最初のマスに隣接する 8 マスのみである。$n > 1$ の場合と異なり、最初のマスに到達することはできない。

b. 答えは $(n+1)^2$ マス。

キングが横もしくは縦方向にしか動けないなら、n 手後にキングが到達できるマスの色は n が偶数なら最初のマスと同じ色、奇数なら異なる色になる。n 手後に到達できる最も遠いマスを考えてみよう。これらは境界となる。この境界線上のマスとその内側の同じ色のマスは n 手で到達可能となる（図 4.11b に図示した）。このマスの数は $(n+1)^2$ となる。

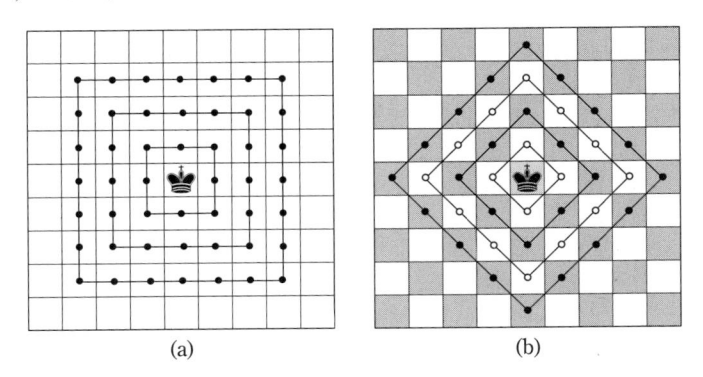

図 4.11 (a) キングが 3 手で到達できるマス（と最初の地点）。(b) 縦および横方向の動きのみによってキングが 3 手で到達できるマス（白丸）と 4 手で到達できるマス（黒丸と最初の地点）。

■コメント　この解は、数学的帰納法を使ったより厳密な証明によって正しいことが示せる。チェスのナイトを題材にした同じ問題を、後でパズル**ナイトの到達範囲**（No.100）で扱う。

18. 角から角への旅

■解 そのような旅は不可能である。

ナイトが移動する前後のマスは互いに異なる色になる。盤上のすべてのマスを巡るには、63 手の移動が必要となる。この手数は奇数なので、ナイトの最初のマスと最後のマスは異なる色でなければならない。しかしながら、左下のマスと右上のマスは同じ色なので、この旅は不可能である。

■コメント このパズルは不変条件としてマスの色を利用する、という標準的な演習の 1 つである。注意してほしいのは、最初の地点と最後の地点が対角のマスでなければ、通常の 8×8 のチェス盤のマスすべてをナイトで巡るという**ナイトの巡回**問題（No.127）には解がある、という点だ。

19. ページの番号付け

■解 答えは 562 ページである。

1 から始めて n 個の正の整数（つまり、本のページ番号）の桁数の和を $D(n)$ とする。最初の 9 個の数字は 1 桁であるので $1 \leq n \leq 9$ について $D(n) = n$ となる。続く 90 個の数字、10 から 99 は 2 桁である。したがって、

$$D(n) = 9 + 2(n - 9) \quad (10 \leq n \leq 99 \text{ のとき})$$

となる。

この範囲での $D(n)$ の最大値は $D(99) = 189$ となる。したがって、桁数の総計が問題で求められている 1578 になるには、さらに 3 桁の数字が必要なことが分かる。3 桁の数字は 900 個あり、その桁数の和は以下のようになる。

$$D(n) = 189 + 3(n - 99) \quad (100 \leq n \leq 999 \text{ のとき})$$

問題に答えるためには、次の式を解けばよい。

$$189 + 3(n - 99) = 1578$$

答えは $n = 562$ となる。

20. 山下りの最大和

■**コメント** このパズルは本書の前半で簡単なアルゴリズム分析の例として取り上げた。

似たような問題は、基礎的な数学パズルの本で好んで取り上げられている。

20. 山下りの最大和

■**解** 最初のチュートリアルで述べたように、三角形の頂点からそれぞれの数字まで降りていく経路沿いの総和の最大値は、通常の動的計画法を使って求めることができる。まず、出発する頂上から頂上までの和は明らかにその頂上自身の値となる。続いて、頂上から下に向かって、さらに（ここでは）各行については左から右に向かって、和を調べていく。行の最初と最後の数字については、直前の行の隣接する数字で計算した和と自身の値を足す。一方、それ以外の数字については、直前の行の隣接する2つの数字で計算した和のうち大きい方と自身の値を足す。三角形の底辺の数字すべてについて、これらの和を計算したら、そのうち最大のものを探せばよい。

図 4.12 に、問題文で与えられた三角形にこのアルゴリズムを適用したときの様子を示す。

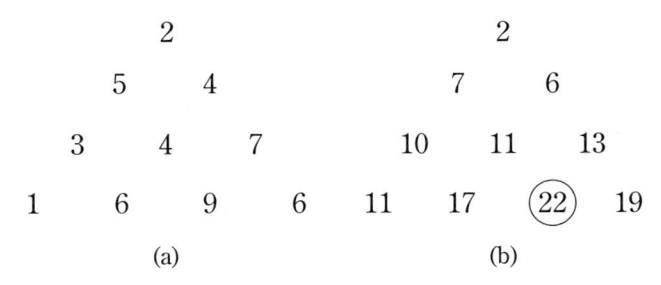

```
        2                    2
      5   4                7   6
    3   4   7           10  11  13
  1   6   9   6        11  17  (22)  19
        (a)                  (b)
```

図 4.12 「山下りの最大和」パズルに動的計画法を適用したときの様子。(a) 与えられた三角形。(b) 各数字へ降りていく経路沿いの最大和。22 が最大である。

■**コメント** このパズルはプロジェクト・オイラー（Project Euler）のウェブサイトから取った [ProjEuler]。

21. 正方形の分割

■解 $n = 2, 3, 5$ を除く任意の $n > 1$ について、正方形を n 個の小さな正方形に分割することは可能である。

与えられた正方形の 4 つの角が、分割後の正方形の中のどこかになければならないという事実から、これら 3 つの数字について解がないことは明らかである。$n = 4$ については、図 4.13a に示すような明らかな解が 1 つある。この解は偶数の $n = 2k$ について一般化することができる。隣り合う 2 辺に沿って、元の正方形の $1/k$ の大きさの正方形が $2k - 1$ 個並ぶように分割すればよい。$n = 6$ について、この解を適用した様子を図 4.13b に示す。

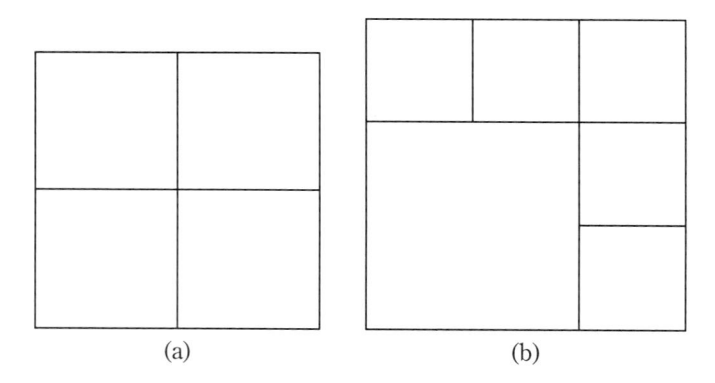

図 4.13　正方形をそれぞれ (a) 4 つの正方形と (b) 6 つの正方形に分割する方法

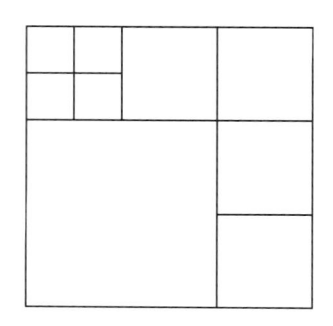

図 4.14　9 つの正方形に分割する方法

$n > 5$ で奇数の場合、つまり $n = 2k + 1$（ただし、$k > 2$）の場合は、$n = 2(k-1) + 3$ と変形することができるので、最初に与えられた正方形を先ほどの手順に従って $2(k-1)$ 個の正方形に分割し、得られた小さな正方形のどれか（たとえば、左上の正方形）を 4 つに分割すればよい。そうすれば、正方形の数は 3 増えるので、求める個数の正方形が得られる。この解を $n = 9$ に適用した様子を図 4.14 に示す。

■コメント　この問題では偶数および奇数の n について別々に考え、難しい方（奇数のケース）を変形して、やさしい方（偶数のケース）に帰着させることで解いた。

　このパズルは、いくつかの教科書（例、[Sch04, pp.9–11]）に載っている。関連するパズルとして正方形を大きさの異なる正方形に分割する問題があるが、そちらは当然ながらかなり難しい問題である。[Ste04, 13 章] には、この問題の歴史に関する説明と関連する解が載っている。

22.　チームの並べ方

■解　以下の再帰的なアルゴリズムによって解くことができる。$n = 1$ のとき、問題はすでに解かれている。$n > 1$ については、まず適当に選んだ $n - 1$ チームをこのアルゴリズムで再帰的に解く。続いて、リストに含まれていないチームを入れる場所を探す。リストを先頭から調べていき、最初に見つかった、トーナメントで該当チームに負けたチームの直前に挿入する。そのようなチームがなければ、該当チームはリスト上のチームとの試合すべてに負けたということなので、リストの最後に追加する。

■コメント　このアルゴリズムは縮小統治法戦略にぴったりな例である。ボトムアップ（逐次的）に、まず最初のチームのみを含むリストを作成し、続く $2, 3, \ldots, n$ 番目のチームそれぞれをリストに加えていく、という方法もある。この場合は、各チームに負けた相手の直前にそのチームを挿入していき、もしそのようなチームがないなら、そのチームはリスト上のチームとの試合すべてに負けたということなので、リストの最後に追加する、という操作を繰り返すことになる。

　このパズルの起源に関しては、このパズルがずいぶん昔から知られていることが分かっている。この問題のチェス・トーナメント版の変形（チェスには引き分けがある）は E. ギクの著作 [Gik76, p.179] に載っている。

23. ポーランド国旗の問題

■**解** このパズルを解くアルゴリズムの1つは以下のようなものである。一番左にある白のマスと一番右にある赤のマスを探し出す。もし一番左の白のマスが一番右の赤のマスより右にあれば、問題はすでに解けている。そうでないなら、両者を入れ替え、この操作を続ける。

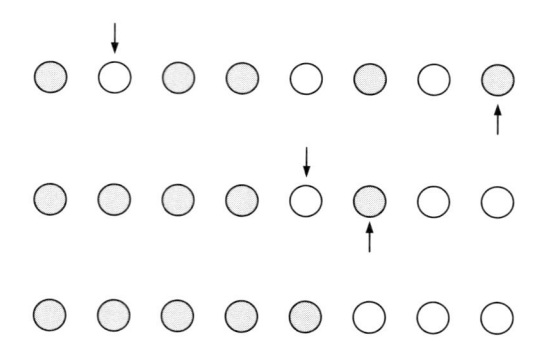

図4.15 「ポーランド国旗の問題」を解くアルゴリズムの例

■**コメント** 上記のアルゴリズムはソートアルゴリズムの中で最も重要なものの1つである**クイックソート**の原理に似ている（[Lev06, 4.2 節] を参照）。このアルゴリズムは、インスタンスの大きさの減り方が繰り返しごとに変わる縮小統治法の1種とみなせる。

このパズルは後で本書で登場する**オランダ国旗の問題**（No.123）の単純化されたバージョンである。

24. チェス盤の塗り分け

■**解** a. ナイトの場合、$n > 2$ について最低2色必要となる。1色で足りないことは自明だろう。また通常のチェス盤の塗り分けが要求を満たすことから2色で十分であることが分かる。$n = 2$ については1色が答えとなる。そのような小さな盤ならば、どのナイトも互いを攻撃することはない。

b. ビショップは斜め方向のマスすべてを攻撃し、それ以外のマスを攻撃しないことから、盤の左上から右下に走る対角線を塗り分けるために、少なくとも n 色は必要に

24. チェス盤の塗り分け

なることが分かる。この塗り分けをさらに全体に適用すると、各列のマスはその列に含まれる対角線上のマスと同じ色で塗ればよいことが分かる。したがって、ビショップの場合の答えは n となる。

c. キングは縦、横、斜め方向の隣接するマスを攻撃することから、盤上の 2×2 マスの範囲を塗り分けるために 4 色必要なことが分かる。盤をその範囲で分割して（いくつかはさらに小さい領域になってしまうが、2×2 の領域の一部が盤の外側に出ていると考えられる）、それぞれの 2×2 マスの領域をどれも同じように 4 色で塗り分ければよい。このことから、キングの場合の答えは 4 になることが分かる。

d. ルークの攻撃範囲は同じ行または列のみなので、各ライン（行もしくは列）を塗り分けるのに n 色は必要になる。n 色で盤全体を塗り分けるには、最初の行を n 色で塗り、次の行では塗り分け方を 1 つ右にずらせばよい。このとき、最初の行で右端だった色は次の行では左端の色になるように循環させる。図 4.16 に $n = 5$ のときの例を示す。

1	2	3	4	5
5	1	2	3	4
4	5	1	2	3
3	4	5	1	2
2	3	4	5	1

図 4.16　5×5 マスのチェス盤を 5 色に塗り分け、かつ、同じ行もしくは列に属するどの 2 つのマスも同じ色にならないようにする塗り分け方

■**コメント**　ナイト、ビショップ、キングについての正攻法の解は貪欲法戦略に則っているとみなせる。ルークの場合の塗り分けは、オーダー n の**ラテン方陣**（Latin square）になっている。これは、$n \times n$ の表に n 種類の記号を、どの行も列にも同じ記号が 2 つ以上含まれないように配置したもののこと。ナイト、ビショップ、キングの塗り分け最小数は簡単だったが、クイーンの場合はそれほど簡単にはいかない（[Iye66] を参照）。

25. 最高の時代

■解 この問題を一般的に述べると次のようになる。n 個の区間 $(b_1, d_1), \ldots, (b_n, d_n)$ が与えられたとする（今回の問題では、b_i, d_i は索引の i 番目の人物の生年と没年に相当する $(1 \leq i \leq n)$）このとき、重なっている区間の数が最も多い箇所を求めよ。すべての区間は開区間、すなわち、端点を含まないとする。$d_i = b_j$ なら、i 番目の区間の閉じ括弧は j 番目の区間の開き括弧の前に位置する。複数の区間が同じ開き括弧を有している場合は、それぞれの区間についてカウントしてよい。もちろん、一致する閉じ括弧についても同様である。

これらの区間を数直線上で図示すると分かりやすいだろう。図 4.17 のようになる。区間を表す括弧の並びに注目することで、この問題の効率的な解法が分かる。つまり、左から右へ見ていき、開き括弧が出たら 1 加え、閉じ括弧が出たら 1 減らすというカウントをすることで解が得られるだろうことは容易に想像がつく。そのカウントは求める区間の始点で最大値を取り、次の閉じ括弧が求める区間の終点となる。

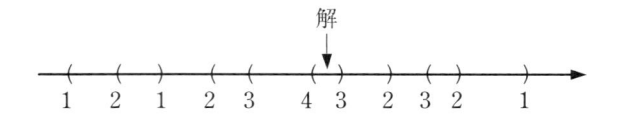

図 4.17 「最高の時代」パズルを解くアルゴリズムを図示したもの

■コメント 入力データを数直線上の区間として表す、という方法は（冒頭のチュートリアルで解説した）変換統治法の表象変換の一例である。

26. 何番目かを求めよ

■解 解は 598 である。

6 つの文字によって作られる語の総数は $6! = 6 \cdot 5 \cdot 4 \cdot 3 \cdot 2 \cdot 1 = 720$ である（最初のチュートリアルを参照）。「語」の中でまだ使われていない文字の 1 つを * で表すと、辞書順に並べたリストにおいて TURING の後にある「語」は、U***** または TURN** の形となる。それらの文字はどの順序でもよいので、それぞれ $5! = 5 \cdot 4 \cdot 3 \cdot 2 \cdot 1$ と $2! = 2 \cdot 1$ だけある（最初のチュートリアルを参照）。したがって、辞書順に並べたリストにおいて TURING の後にある「語」の総数は $5! + 2! = 120 + 2 = 122$ である。すなわち、先頭の語を 1 番目とすると、TURING は $720 - 122 = 598$ 番目となる。

27. 世界周遊ゲーム

■コメント　このパズルは、**順列の順位付け**としてよく知られた問題の一例である。この問題に対する1次縮小アルゴリズムについては、たとえば [Kre99, pp.54–55] を参照せよ。

27. 世界周遊ゲーム

■解　このパズルには30個の解がある。そのうちの1つを図4.18に示す。

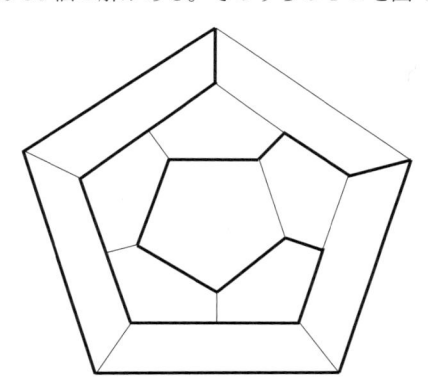

図4.18　「世界周遊ゲーム」の解の1つ

■コメント　**ハミルトン閉路**が存在するかどうかは、グラフ問題のうち最も興味深いものの1つであり、このパズルはその特別な場合である。

　ハミルトン閉路とは、隣り合う（辺で繋がれた）頂点の列のうち、ある頂点から始まり、その他の頂点とちょうど1回ずつ通って、開始頂点に戻るようなものである。たとえば世界周遊ゲームのようにハミルトン閉路が存在するグラフもあるし、存在しないグラフもある。任意のグラフに対してハミルトン閉路が存在するかを決定する効率のよいアルゴリズムは知られていない。ほとんどの計算機科学者は、そのようなアルゴリズムが存在しないと考えている。この仮説の証明について50年以上研究されており、また、この問題の解決に100万ドルの賞金が懸けられたにもかかわらず、いまだ未解決である。

28. 一筆書き

■解　2つ目のチュートリアルの**ケーニヒスベルクの橋**の問題より、ペンを紙から離したり線を2度たどったりすることなく図をたどることができるための必要十分条件

は、その図の多重グラフが連結であり、以下の 2 つの条件のうち 1 つを満たすことである。

- 多重グラフのすべての頂点の次数が偶数である（すなわち、その頂点が端点となるような辺の数が偶数）。そのとき、一筆書きは、どの頂点から始めてもよく、開始した頂点で終わる。
- 頂点のうち、ちょうど 2 つの頂点の次数が奇数である。そのとき、一筆書きは、それらの奇数次の頂点の 1 つから始まる必要があり、もう 1 つの頂点で終わる。

a. 1 つ目の図は、一筆書きすることができる。そのグラフ（図 4.19a）は連結であり、すべての頂点の次数が偶数である。

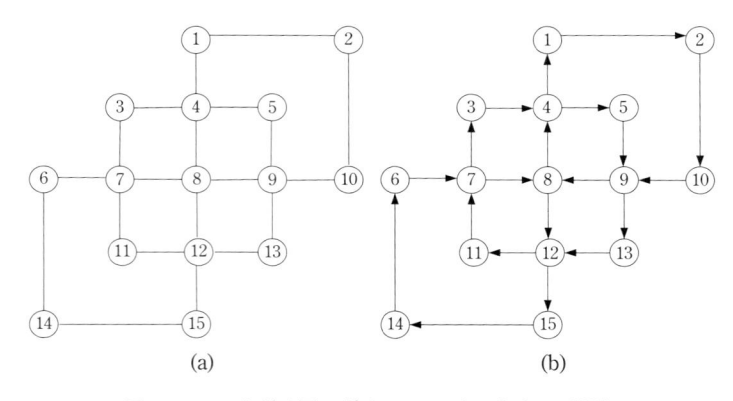

図 4.19 (a) たどる図のグラフ。(b) そのオイラー閉路。

　オイラー閉路を作るよく知られたアルゴリズムがある。任意の頂点を選んでそれから始めて、それまでに選んでいない辺に沿って進んでいき、すべての辺をたどるか、そこからのすべての辺をたどった始点に戻るまで続ける（このとき、グラフにはたどらない辺が残っている）。後者の場合、得られた閉路をグラフから取り除き、取り除いた閉路と残っている部分グラフの両方に含まれる頂点を開始点として同じ操作を再帰的に繰り返す（グラフの連結性とすべての頂点の次数が偶数であることから、そのような頂点が存在する）。残っている部分グラフに対してオイラー閉路が構成できれば、そのオイラー閉路を最初の閉路に「挿入」することで全体のグラフのオイラー閉路ができる。

28. 一筆書き

たとえば、図 4.19a のグラフの頂点 1 から始めて、「外側」の辺をたどることで、次の閉路を得る。

$$1-2-10-9-13-12-15-14-6-7-3-4-1$$

この閉路と残っている部分グラフの両方に含まれる頂点として頂点 4 を選ぶと、残っている部分グラフに対して次のオイラー閉路を得る。

$$4-5-9-8-12-11-7-8-4$$

後者の閉路を前者に「挿入」することで、全体のグラフ（図 4.19b）に対する次のオイラー閉路ができる。

$$1-2-10-9-13-12-15-14-6-7-3-4-5-9-$$
$$8-12-11-7-8-4-1$$

b. 2つ目の図は一筆書きすることができる。グラフとして考えると（図 4.20a を参照）、そのグラフは連結であり、頂点 3 と 8 の 2 つを除いてすべての頂点の次数が偶数である。頂点 3 から始めて本質的に同じアルゴリズムを使うと、次の路が得られる。

$$3-4-7-11-10-9-6-2-3-7-10-6-3-10$$

次に、この閉路と残っている部分グラフの両方に含まれる頂点として頂点 2 を選ぶと、残っている部分グラフに対して次のオイラー閉路を得る。

$$2-1-4-8-11-12-9-5-2$$

後者の閉路を前者の路に「挿入」することで、全体のグラフ（図 4.20b）に対する次のオイラー路ができる。

$$3-4-7-11-10-9-6-2-1-4-8-11-12$$
$$-9-5-2-3-7-10-6-3-10$$

c. 3つ目のグラフを一筆書きすることはできない。なぜならば、そのグラフには次数が奇数である頂点が 2 つより多くあるからである。

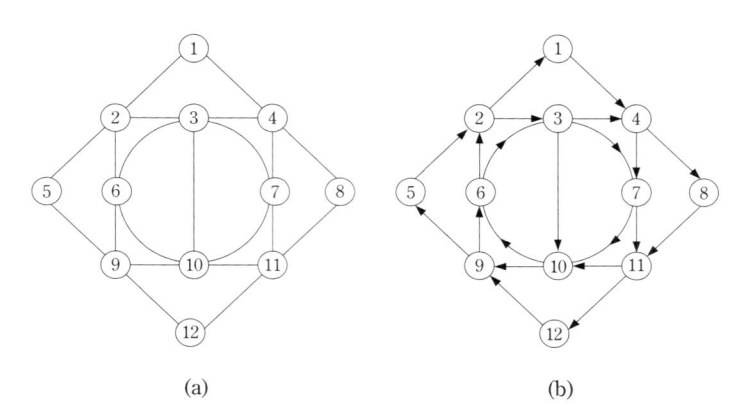

図 4.20　(a) たどる図のグラフ。(b) そのオイラー路。

■**コメント**　上記のアルゴリズムの途中で作られるオイラー閉路の大きさは予測できないため、そのアルゴリズムは可変数縮小のカテゴリに入る。

　一筆書きは、パズル本の標準的な問題である。オイラーの定理のこの応用は、スコットランドの著名な数学者・物理学者ピーター・G・テイト（1831–1901）までさかのぼる [Pet09, p.232]。

29. 魔方陣再び

■**解**　問題となっている魔方陣における共通する和の値を求めることが、有益な最初のステップである。**定和**（magic sum）とも呼ばれるこの和は、すべての数の和を行数で割ったものに等しく、$(1 + 2 + \cdots + 9)/3 = 15$ である。次に、中央のマスには 5 が入らなければならない。第 1 行、第 2 行、第 3 行に入る数をそれぞれ $a, b, c; d, e, f; g, h, i$ とし、第 2 行、第 2 列、および 2 つの対角線上の数を足すと、

$$(d + e + f) + (b + e + h) + (a + e + i) + (g + e + c)$$
$$= 3e + (a + b + c) + (d + e + f) + (g + h + i) = 3e + 3 \cdot 15 = 4 \cdot 15$$

を得る。これより $e = 5$ となる。残っている作業は、4 つの組 (1, 9)、 (2, 8)、 (3, 7)、 (4, 6) をその周りに配置することである。

　表の対称性を考慮すると、1 と 9 の置き方は本質的には 2 つしかない。それらは、表の角か、表の角でないところか、の 2 つである（図 4.21 を見よ）。

29. 魔方陣再び

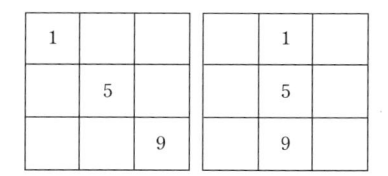

1		
	5	
		9

	1	
	5	
	9	

図4.21　3×3の魔方陣の構築における、1と9の置き方の2つの可能性

	1	
5		
9		

9	5	1

	9	
	5	
	1	

1	5	9

図4.22　3×3の魔方陣における、1, 5, 9の位置の4つの可能性

しかし、1つ目の配置では魔方陣を完成することができない。右上の角に5より小さな数を置くと、第1行の和を定和15とすることができない。一方、そこに5より大きな数を置くと、第3列に同じ問題が起こる。

したがって、図4.21の1つ目の作りかけの表を放棄し、2つ目の表に集中することができる。1と9を5と同じ行または同じ列に置く方法は他に3通りある。それらの3つの置き方を図4.22に示す。

1を含む行または列には6と8が入る必要があり、それらの置き方には2通りある。すると、残りのマスに入る数は一意に定まる。図4.23に、8つの3次魔方陣のすべてを示す。もちろん、それらはすべて対称であり、そのうちの1つの魔方陣から回転と鏡映によって得られる。

■コメント　古代中国で登場してから数千年の間、魔方陣は人々を魅了してきた。次数 n の魔方陣（$n > 2$）の構築のためのアルゴリズムがいくつも考案されてきたにもかかわらず、任意の次数の魔方陣の数を与える式は発見されていない。魔方陣についてさらに知りたければ、それに関するいくつものモノグラフ（例、[Pic02]）、数学パズルの本（例、[Kra53, 7章]）、インターネットの多数のサイトがある。

6	1	8
7	5	3
2	9	4

2	7	6
9	5	1
4	3	8

4	9	2
3	5	7
8	1	6

8	3	4
1	5	9
6	7	2

8	1	6
3	5	7
4	9	2

4	3	8
9	5	1
2	7	6

2	9	4
7	5	3
6	1	8

6	7	2
1	5	9
8	3	4

図 4.23　8 つの 3 次魔方陣

30. 棒の切断

■**解**　長さ 100 単位の棒を切断する最少回数は 7 である。

与えられた棒の複数の断片を一度に切ることが許されているので、残っている最長の断片の大きさを 1 まで減らす切断のアルゴリズムを見つければ十分である。したがって、最適なアルゴリズムは繰り返しの各回で、最長の断片と長さが 1 より大きいすべての断片を同時に、半分に（もしくはそれにできるだけ近くなるように）切らなければならない。すなわち、断片の長さ l が偶数であるとき、長さ $l/2$ の 2 つの断片へと切断する。l が 1 より大きな奇数であるとき、それぞれ長さ $\lceil l/2 \rceil = (l+1)/2$ と $\lfloor l/2 \rfloor = (l-1)/2$ の断片に切断する。最長の断片、およびすべての断片、の長さが 1 となったとき、その繰り返しは終了する。

そのような最適なアルゴリズムの切断（繰り返し）の回数は、長さ n 単位の棒に対して $\lceil \log_2 n \rceil$ であり、それは $2^k \geq n$ となるような最小の k である。特に、$n = 100$ に対して、$2^7 > 100$ および $2^6 < 100$ であるので、$\lceil \log_2 100 \rceil = 7$ である。

■**コメント**　この問題は、多数ある半減統治戦略の最適性を利用するパズルの一例である。1 つ目のチュートリアルの**数当てゲーム**を解く際にも、この戦略が利用された。この問題の 2 次元バージョンについては、本編のパズルの**長方形の切断**パズル（No.54）を見よ。

31. 3つの山のトリック

■**解** 問題のカードは必ず、最後の配置においてカードを選んだ人が選んだ山の中央にある。

最初に配られた3つの山のカードを、$a_1, a_2, \ldots a_9; b_1, b_2, \ldots, b_9; c_1, c_2, \ldots, c_9$ とする（図4.24a）。選ばれたカードが具体的に山1にあるとすると、2回目に配られた後では山は図4.24bのようになる。最初に配られたときに山1にあったすべてのカードが、それぞれの山の中央の3枚の位置にあることに留意しなさい。今、選ばれたカードがたとえば山3にあるとすると、すなわち a_3, a_6, a_9 のいずれかであるとすると、それは最後の配置において山のちょうど中央になる（図4.24c）。最後の配置で、選ばれたカードを含む山を指し示すことにより、そのカードが一意に定まる。最初に配られた山と2回目に配られた山において、選ばれたカードがそれぞれ山1と山3になかった場合についても、同じであることを確かめるのは容易である。

山1	山2	山3	山1	山2	山3	山1	山2	山3
a_1	b_1	c_1	b_1	b_2	b_3	b_1	b_4	b_7
a_2	b_2	c_2	b_4	b_5	b_6	a_1	a_4	a_7
a_3	b_3	c_3	b_7	b_8	b_9	c_1	c_4	c_7
a_4	b_4	c_4	a_1	a_2	a_3	b_3	b_6	b_9
a_5	b_5	c_5	a_4	a_5	a_6	a_3	a_6	a_9
a_6	b_6	c_6	a_7	a_8	a_9	c_3	c_6	c_9
a_7	b_7	c_7	c_1	c_2	c_3	b_2	b_5	b_8
a_8	b_8	c_8	c_4	c_5	c_6	a_2	a_5	a_8
a_9	b_9	c_9	c_7	c_8	c_9	c_2	c_5	c_8
(a)			(b)			(c)		

図 4.24 「3つの山のトリック」の図示

■**コメント** 多くのカードトリックは、アルゴリズム設計と分析の一般的な考え方に基づいている。このパズルは、与えられたアルゴリズムの出力の単純な分析によって問題となっているパズルが解けることを説明する好例である。

ボールとコクセター [Bal87, p.328] によると、このトリックはクロード＝ガスパール・バシェ・ド・メジリアクによる17世紀の古典 [Bac12, p.143] にて言及されている。また、モリス・クライチックによる『*Mathematical Recreations*』（邦題『100万人のパズル』）[Kra53, p.317] にもある。

32. シングル・エリミネーション方式のトーナメント

■解 a. 総試合数は $n-1$ である。各試合で 1 人の敗者が生まれ、トーナメントの勝者が 1 人となるには $n-1$ 人が敗者となる必要がある。

b. $n = 2^k$ のとき、ラウンド数は $k = \log_2 n$ となる。各ラウンドで残っているプレイヤー数が半分に減り、そのようなラウンドが残っているプレイヤー数が 1 になるまで続けられる。n が 2 の累乗とは限らないとき、2 の累乗のうち n 以上となるものの指数が解である。すなわち、最も近い整数へと切り上げる標準的な記法を用いると、$\lceil \log_2 n \rceil$ である。たとえば $n = 10$ のとき、ラウンド数は $\lceil \log_2 10 \rceil = 4$ である。

c. 2 番目に良いプレイヤーは、勝者に負けたプレイヤーのいずれにもなり得るが、それ以外のプレイヤーにはなりえない。これらのプレイヤーのみからなるシングル・エリミネーション方式のトーナメントを以下のように編成することができる。すべての試合を表す木の中で、トーナメントの勝者を表す葉を見つけ、トーナメントの勝者が最初の試合で負けたと仮定して、その葉から根へとたどる。これは、$\lceil \log_2 n \rceil - 1$ 回の試合で行うことができる。

■コメント トーナメントは 1 つのアルゴリズムと考えることができ、最初の 2 つの質問はそのステップ数を、個別の試合数と試合のラウンド数の観点で問うものである。アルゴリズムの 1 つのステップが何であるかの解釈が変わることで、当然そのステップ数も変わる。計算機科学においてトーナメントの木に面白い応用があるということは、指摘する価値があるだろう（[Knu98] を参照）。

マーティン・ガードナーによる『*aha! Insight*』（邦題『aha!insight ひらめき思考』）[Gar78, p.6] に、似たパズルがある。本書の**不戦勝の数え上げ**パズル（No.116）では、不戦勝について扱う。不戦勝とは、相手がいないためプレイヤーが次のラウンドへそのまま移ることである。

33. 魔方陣と疑似魔方陣

■解 (a) と (b) に対する解はそれぞれ $n = 3$ と $n \geq 3$ である。

a. 3×3 の魔方陣の中央のマスには 5 が入らなければならないので（**魔方陣再びの**パズル（No.29）の解を見よ）、このパズルの目標が達成できるのは、3 次の魔方陣 8 つのうちのいずれかを作る $n = 3$ のときのみである。

b. $n = 3$ のとき、解は自明である。なぜならば、任意の 3×3 の魔方陣は、疑似魔方陣でもあるからである。$n > 3$ であるような $n \times n$ の表の左上隅 3×3 の正方形が魔

方陣となるように数 1 から 9 を入れ、第 1 列の要素を第 4 列にコピーすると、はじめの 3 行と第 2 列、第 3 列、第 4 列によって作られる 3 × 3 の正方形は疑似魔方陣となる。同様に、第 1 行を第 4 行にコピーすると、第 2 行、第 3 行、第 4 行とはじめの 3 列に疑似魔方陣が得られる。このことから、この問題のタスクに対する次のアルゴリズムが導かれる。

　左上隅の 3 × 3 の正方形に対し、3 × 3 の魔方陣のいずれかとなるように数を入れる。次に、列 4, 5, ..., n の最初の 3 マスに、それぞれ列 1, 2, ..., $n-3$ の最初の 3 マスの対応する数を入れる。さらに、表の行 4, 5, ..., n に、それぞれ行 1, 2, ..., $n-3$ の中身を入れる。$n = 5$ の場合の一例を図 4.25 に示す。

4	9	2	4	9
3	5	7	3	5
8	1	6	8	1
4	9	2	4	9
3	5	7	3	5

図 4.25　$n = 5$ の場合の「魔方陣と疑似魔方陣」パズルの解

　あるいはこのアルゴリズムは、表の外に出てしまうマスは無視して、同じ 3 × 3 の魔方陣を敷き詰めるものと表現することもできる。

■コメント　このアルゴリズムの考え方は、最小の場合 $n = 3$ から始めたインクリメンタル・アプローチ（最初のチュートリアルを参照）に基づく。

34.　星の上の硬貨

■解　置くことができる硬貨の最大枚数は 7 である。

　一般性を失うことなく、最初の硬貨を頂点 6 に置き、その後頂点 1 へ動かすことから始めることができる。これを、6→1 と記す（図 4.26）。

　これにより、頂点 1 から頂点 4 と 6 とを結ぶ線分の両方が他の硬貨の配置に使えなくなる。貪欲戦略の論理に従うと、使えない線分の数が最小となるように、したがって使える線分の数が最大となるように各硬貨を配置するよう試みるべきである。したがって、最初の硬貨の後は、使える線分に沿って動かして使えない線分の端点に各硬

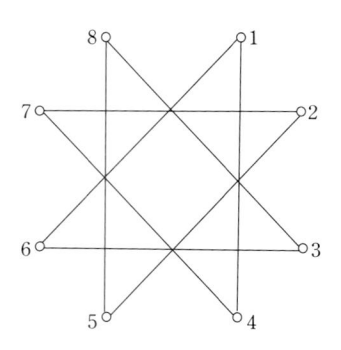

図 4.26　その頂点に硬貨を置く星

貨を置くように試みるべきである。このようにする最も簡単な方法は、常に、その前の硬貨を動かす前の頂点へと次の硬貨を動かすというものである。たとえば、以下の移動の列によって 7 枚の硬貨が置ける。

$$6 \to 1, 3 \to 6, 8 \to 3, 5 \to 8, 2 \to 5, 7 \to 2, 4 \to 7$$

　明らかに、8 枚の硬貨を置くことはできない。なぜなら、7 枚の硬貨を置いた後では、8 枚目の硬貨を動かす空きがないからである。

　もう 1 つの方法として、「ボタンと紐」の方法でグラフを「展開する」ことでこのパズルを解くことができる（この方法は、最初のチュートリアルにおける表象変換戦略で言及されたものである）。図 4.26 の頂点 2 を持ち上げてグラフの左側へ持っていき、頂点 6 を持ち上げてグラフの右側へ持っていくことで図 4.27a に描かれるグラフとなる。次に、頂点 8 と 4 を持ち上げグラフの反対側へ持っていくことで、図 4.27bのグラフとなる。上で述べた解は、元のパズルにおける星のこの表現からすぐに理解できる。他の複数の解も同様にすぐ理解できる。

■**コメント**　上記の 2 つの解はそれぞれ、貪欲戦略とグラフの表象変換をうまく利用している。

　8 芒星パズルとしても知られるこのパズルに類似したパズルは、何世紀も前からある（[Sin10, 5.R.6 節] 参照）。現代では、[Dud58, p.230], [Sch68, p.15], [Gar78, p.38]などのパズル本に収録されている。アルゴリズム設計戦略のチュートリアルで議論した**グァリーニのパズル**と密接な関係がある。

35. 3つの水入れ　　　　　　　　　　　　　　　　　　　　　　　　　　　**129**

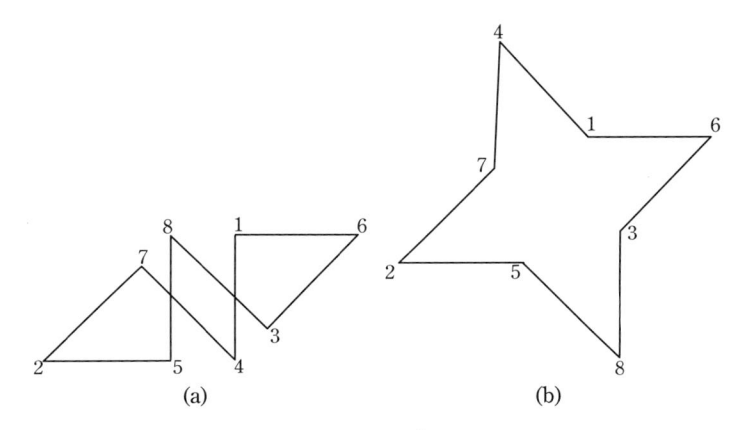

図 4.27　図 4.26 のグラフの展開

35. 3つの水入れ

■**解**　図 4.28 に示された列は、このパズルを 6 ステップで解くものである。

ステップ数	8リットルの水入れ	5リットルの水入れ	3リットルの水入れ
	8	0	0
1	3	5	0
2	3	2	3
3	6	2	0
4	6	0	2
5	1	5	2
6	1	4	3

図 4.28　「3つの水入れ」パズルの解

　試行錯誤によっても解を得ることはできるが、系統的方法でも得ることができる。水入れの状態は、非負整数の 3 つ組で表すことができる。それらの非負整数はそれぞ

れ、3 リットル、5 リットル、8 リットルの水入れに入っている水の量を示す。3 つ組 008 から始める。現在の水入れの状態から新しい可能な状態へのすべての合法的な変換を考える。これを行うため、計算機科学における基本データ構造の 1 つ、キュー（待ち行列）をうまく利用する。

キュー（待ち行列）は、要素の列であり、その名前が示すように 1 つのレジに対する客の待ち行列のように動作する。つまり、到着した順に客が応対されるのと同じように動作する。要素はキュー（待ち行列）の一端から削除され、その端は**先頭**と呼ばれる。新しい要素は、もう一端から追加され、その端は**末尾**と呼ばれる。

この応用では、キュー（待ち行列）を与えられた状態の 3 つ組 008 で初期化し、望む状態である 4 を含む 3 つ組が最初に出現するまで以下のステップを繰り返す。待ち行列の先頭にある状態について、それから到達できる**新しい状態**のすべてにラベルを付け、新しい状態をキュー（待ち行列）に追加し、そして先頭の状態をキュー（待ち行列）から削除する。望む状態に到達したら、ラベルを逆順にたどり、パズルを解く最短の変換列を得る。

このアルゴリズムを、このパズルのデータに適用すると以下に示すキュー（待ち行列）の内容の列が生成される。添字は、それらが初めて変換によって作られたときの状態のラベルを示す。

$$008 \mid 305_{008}, 053_{008} \mid 053, 035_{305}, 350_{305} \mid 035, 350, 323_{053} \mid 350, 323, 332_{035} \mid$$
$$323, 332 \mid 332, 026_{323} \mid 026, 152_{332} \mid 152, 206_{026} \mid 206, 107_{152} \mid 107, 251_{206} \mid$$
$$251, 017_{107} \mid 017, 341_{251}$$

341 から逆向きにラベルをたどることで、以下の変換列を得ることができ、それはこのパズルを最少の 6 ステップで解くものである。

$$008 \rightarrow 053 \rightarrow 323 \rightarrow 026 \rightarrow 206 \rightarrow 251 \rightarrow 341.$$

■**コメント** この解は、パズルの状態空間グラフに対するいわゆる**幅優先探索**（例、[Lev06, 5.2 節]) を模倣したものである。単純化のため、そのグラフを明示的に描かなかった。このアルゴリズムは明らかに網羅的に探索を行う。

このとても古いパズルについて、その変種とその後の発展についての小さな記事が 2 つの MAA オンラインコラムにある。1 つはアレクサンダー・ボゴモルニによるもので [Bog00]、可視化を行うアプレットへのリンクもある。もう 1 つはアイバー・ピーターソンによるものである [Pet03]。このパズルは、三線座標による驚くような

表現によっても解くことができ、それは M・C・K・トゥィーディによって発見された [Twe39]（[OBe65, 4 章] も参照せよ）。

36. 限られた多様性

■解　このパズルは、n が偶数のとき解があり、n が奇数のとき解がない。

　n が偶数のとき、第 1 行にプラスを記入し、第 2 行と第 3 行にマイナスを記入し、第 4 行と第 5 行にまたプラスを記入し、というようにして、最後の行にプラスが記入される。この配置では、すべてのマスについて、その上か下かに逆符号のマスがちょうど 1 つある。もちろん、他の解として、プラスとマイナスを交換することもできるし、すべての行ではなくすべての列が同じ符号を持つようにすることもできる。

　左上角にプラスを置いたとき、その隣マス 2 つには 1 つのプラスと 1 つのマイナスを置かなければならない。プラスが横隣に、マイナスがその縦隣に置かれた場合を考える。もう一方の場合はこれと対称である。よって、プラスを第 1 行の最初の 2 マスに置き、マイナスを第 2 行の最初のマスに置いたとき、第 1 行の残りのマスにはプラスを置き、第 2 行の残りのマスにはマイナスを置かねばならないことを証明しよう。第 2 行の最初のマスにはすでにプラスである隣マスがその上にあるので、第 2 行の 2 つ目のマスはマイナスでなければならない。すると、第 1 行の 2 つ目のマスにはすでにマイナスである隣マスがその下にあるので、第 1 行の 3 つ目のマスはプラスでなければならない。同じ議論により、第 1 行の残りのマスはプラスでなければならず、第 2 行の残りのマスはマイナスでなければならない。すると、第 3 行のすべてのマスはマイナスでなければならない。なぜなら、それらに隣り合う第 2 行のマスには、プラスである隣マスが第 1 行にあるからである。これより、第 3 行が最後の行となることはなく、すべてプラスであるような第 4 行が続く必要があることになる。第 4 行は最後の行となってもよいし、すべてがプラスである行が続いてもよい、というように続く（より形式的には、同じ議論を数学的帰納法によって行うことができる）。これにより、n が偶数のときこのパズルには上に示した以外の解がないこと、n が奇数のとき解なしであることが証明される。

■コメント　このパズルは、A・スピヴァクのパズル集 [Spi02, 問題 67b] に含まれる、$n = 4$ の場合の問題から想起された。

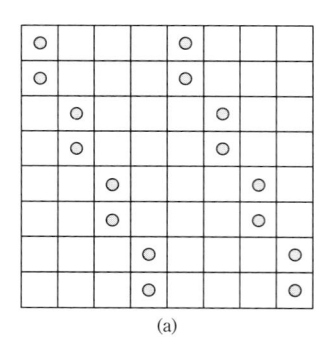

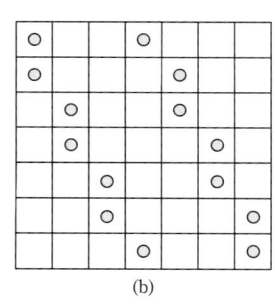

図 4.29 (a) $n = 8$ と (b) $n = 7$ に対する「$2n$ 枚の硬貨の問題」の解

37. $2n$ 枚の硬貨の問題

■**解** $2n$ 枚の硬貨を盤面の n 行および n 列に置いたとき、同じ行や列には 2 個以下となる必要があるので、各行および各列にはちょうど 2 枚の硬貨が置かれる。

n が偶数のとき ($n = 2k$)、以下のように、前半の k 列と後半の k 列に対して n 枚の硬貨を同じ形で置くことで 1 つの解が得られる（盤面の行および列にそれぞれ、上から下および左から右へ番号を振るものする）。

第 1 列と第 $k + 1$ 列には 2 つの硬貨を第 1 行と第 2 行に置き、第 2 列と第 $k + 2$ 列には 2 つの硬貨を第 3 行と第 4 行に置き、同様に続けて、最後に第 k 列と第 $2k$ 列には 2 つの硬貨を第 $n - 1$ 行と第 n 行に置く（$n = 8$ の場合について、図 4.29a を参照せよ）。

n が奇数のとき ($n = 2k + 1, k > 0$)、以下のようにすることで 1 つの解が得られる。第 1 列には 2 つの硬貨を第 1 行と第 2 行に置き、第 2 列には 2 つの硬貨を第 3 行と第 4 行に置き、同様に続けて、第 k 列には 2 つの硬貨を第 $n - 2$ 行と第 $n - 1$ 行に置く。次に、第 $k + 1$ 列には 2 つの硬貨を第 1 行と第 n 行に置く。その後、盤面の右側に $2k$ 枚の硬貨を、盤面の中央マスについて盤面の左側の硬貨と点対称となるように置く。すなわち、第 $k + 2$ 列には 2 つの硬貨を第 2 行と第 3 行に置き、第 $k + 3$ 列には 2 つの硬貨を第 4 行と第 5 行に置き、同様に続けて、第 n 列には 2 つの硬貨を第 $n - 1$ 行と第 n 行に置く（$n = 7$ の場合について、図 4.29b を参照せよ）。

$n \geq 4$ のとき、この問題を解く方法として、n **クイーン問題**（No.140）の解のうち同じマスに女王がいないようなもの 2 つを重ねることもできる。しかしながら、これは **$2n$ 枚の硬貨の問題**を解く方法としてとても勧められる方法ではない。実際、この

問題は n **クイーン問題** よりも簡単だからである。

■**コメント** サム・ロイド [Loy60, 問題 48] は、8×8 の盤面で、2 つの硬貨を盤面の中央の 2 マスに置くという条件を追加したパズルを考えた。ヘンリー・E・デュードニー [Dud58, 問題 317] は、行、列、斜めだけでなく、任意の直線上に 3 つの硬貨がないという、より厳しい条件を課した。どちらの著者も、8×8 の盤面に対して同じ解を与えているが、デュードニーによるパズルは、任意の大きさの盤面に対してはまだ解かれていない。この問題のさらなる議論については、マーティン・ガードナーによる『*Penrose Tiles to Trapdoor Chiphers*』[Gar97a]（邦題『ペンローズ・タイルと数学パズル』）の第 5 章を参照せよ。

38. テトロミノによる敷き詰め

■**解** 直線テトロミノ、正方形テトロミノ、L 字形テトロミノ、および、T 字形テトロミノによる 8×8 のチェス盤の敷き詰めを図 4.30 に示す。いずれの場合も、盤面の 4 分の 1 に対する敷き詰めが残りの 4 分の 3 で繰り返されていることに着目しなさい。

8×8 のチェス盤を Z 字形テトロミノで覆うことは不可能である。実際、盤面の角を覆うように Z 字形テトロミノを置くと、盤面の縁に沿ってもう 2 つ置かなければならず、第 1 行の残り 2 つのマスを覆うことは不可能である（図 4.30e）。

最後に、8×8 のチェス盤を T 字形テトロミノ 15 個と正方形テトロミノ 1 個で敷き詰めることは不可能である。T 字形テトロミノによって覆われるチェス盤の灰色マスの数は奇数であり、したがって奇数個の T 字形テトロミノによって覆われる灰色マスの数も奇数である。一方、1 つの正方形テトロミノは必ず 2 つの灰色マスを覆う。したがって、T 字形テトロミノ 15 個と正方形テトロミノ 1 個は、灰色マスを必ず奇数個覆う。しかしながら、8×8 における灰色マスの数は偶数である。

■**コメント** 直線テトロミノ、正方形テトロミノ、L 字形テトロミノ、および、T 字形テトロミノについては、力ずくのやり方か分割統治の戦略によって考えることができるだろう。T 字形テトロミノ 15 個と正方形テトロミノ 1 個による敷き詰めが不可能であることの証明は、疑うべくなく不変量（パリティと塗り分け）の考え方によるものである。

このパズルはの出典は、ソロモン・ゴロムによるポリノミノタイリングに関する独創性に富んだ論文 [Gol54] である。

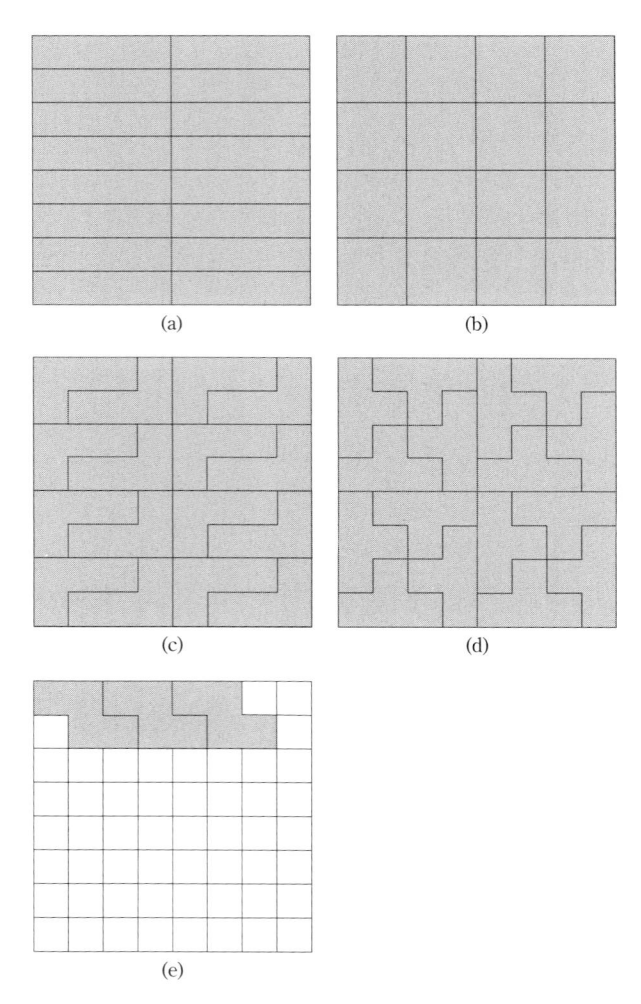

図 4.30 テトロミノによるチェス盤の敷き詰め。(a) 直線テトロミノ。(b) 正方形テトロミノ。(c) L 字形テトロミノ。(d) T 字形テトロミノ。(e) Z 字形テトロミノ（失敗）。

39. 盤面上の一筆書き

■解　図 2.11a の盤面において、すべてのマスを通るような道筋を作るのは不可能である。チェス盤（図 4.31a）のように盤面のマスに交互に色を塗ると、灰色マスが白マスより 6 つ多い。道筋が通るマスの色は交互に入れ替わるので、図 4.31a の盤面のすべてのマスを通るような道筋を作るのは不可能である。

図 2.11b の盤面の白色マスの数は灰色マスの数より 1 つ多いので、すべてのマスを通るような道筋は、白色マスから始まり白色マスで終わらなければならない。そのような道筋のうち、盤面の対称性を生かしたものを図 4.31b に示す。

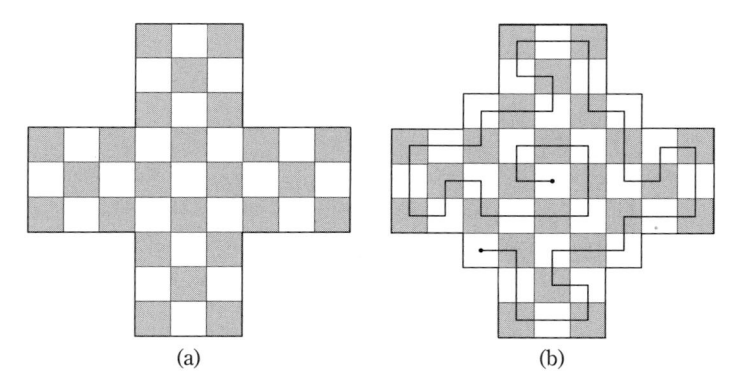

図 4.31　(a) 1 つ目の盤面に色を塗ったもの。(b) 2 つ目の盤面に色を塗ったもの、および、そのすべてのマスを通る道筋。

■コメント　これらの解は、塗り分けをうまく利用したものである。不変量の考え方（アルゴリズムの分析テクニックに関するチュートリアルを参照）の活用に当たって、塗り分けは頻繁に利用される方法である。

この問題は、頂点が盤面のマスを表し、辺が隣り合うマスを繋ぐようなグラフにおいて、**ハミルトン路**の存在を問うものである。ハミルトン閉路（**世界周遊ゲーム**（No.27）へのコメントを参照）とは違って、ハミルトン路はその開始点へ戻る必要はない。しかしながら、この要求がないことによって問題が簡単になるわけではない。任意のグラフに対してハミルトン路が存在するかどうかを決定する効率的なアルゴリズムは知られていない。

(b) は、A・スピヴァクのパズル集 [Spi02] の問題 459 に基づく。

40. 交互に並ぶ 4 つのナイト

■解 このパズルには解はない。

アルゴリズム設計戦略に関するチュートリアルで説明したように、このパズルの初期状態は、図 4.32 のグラフによってうまく表現される。

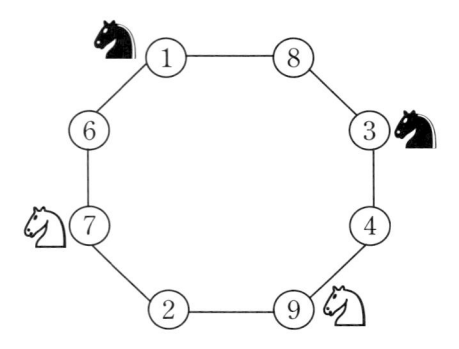

図 4.32 展開されたグラフとして表現された「交互に並ぶ 4 つのナイト」パズルの初期状態。

ナイトはそのグラフの隣の頂点へとしか移動することはできず、その時計回り（および反時計回り）の順序は保存する。すなわち、一方の色の 2 つのナイトがあり、その後にもう一方の色のナイトがある。このパズルの目標の配置では、4 つのナイトの色が交互になる必要があり、このパズルを解くことはできない。

■コメント このパズルの解は、表象変換（盤面のグラフとその展開）と不変量（ナイトの時計回りの順序）というアルゴリズム的問題解決の 2 つのテーマを有効利用している。

最初のチュートリアルで議論したガァリーニのパズルを変形した、このパズルの出典は [Fom96, 問題 2, p.39] である。この古典パズルの類似バリエーションについて、マーティン・ガードナーによる『*aha! Insight*』（邦題『aha!insight ひらめき思考』）[Gar78, p.36] において言及がある。

41. 電灯の輪

■解 反転しなければならないスイッチの数の最小数は、n が 3 で割り切れるときは $n/3$ であり、n が 3 で割り切れないときは n である。

電灯の最終状態がスイッチを反転した回数のパリティ（奇数か偶数か）にのみ依存し、スイッチの操作の順番には依存しない、ということに気付くのは難しくない。したがって、決めなければならないのは、すべての電灯を点けるためにはどのスイッチを一度反転し、どのスイッチをオフの位置のままにするかだけである。ある電灯を点けるためには、そのスイッチを反転し両隣のスイッチを最初のままにしておくか、それらの 3 つのスイッチすべてを反転する必要がある。明らかに、少なくとも 1 つのスイッチは反転しなければならない。そのスイッチ／電灯から始めて、電灯と対応するスイッチに 1 から n の番号を時計回りに付けよう。すると、最終状態において電灯 1 が点灯したままであるためには、その両隣のスイッチ（番号 2 と n）は、両方とも反転しているか、両方とも反転していないかのいずれかでなければならない。前者の場合、スイッチ 3 とスイッチ $n-1$ も反転しなければならない。これを続けていくと、すべてのスイッチが一度反転するという状況になる。

後者の場合、スイッチ 1 が反転していてスイッチ 2 とスイッチ n が反転していないとき、電灯 2 を点けたままとするにはスイッチ 3 を反転させてはならず、電灯 3 および電灯 4 と電灯 5 を点けるためスイッチ 4 を反転しなければならない。これを続けていくと、3 つごとにスイッチを反転することになり、それはすなわち $1, 4, \ldots, 3k+1, \ldots, n-2$ の番号の付いたスイッチを反転することになる。これが可能なのは、n が 3 の倍数のときであり、かつそのときに限る。そのような n の場合、この方法は $n/3$ 個のスイッチのみ反転し、その数はすべてのスイッチを反転する n 個よりも少ない。n がそれ以外の場合には、n 個すべてのスイッチを反転するのが必要な最小回数である。

■コメント 基本的に全数探索の考え方でこのパズルを解くこともできるかもしれないが、ある与えられた電灯の状態からある指定された状態へと変換するような、より一般的なバージョンを解くにはより洗練されたアプローチが必要となる。

このパズルは、「*Math Central*」という学生および数学教師向けのインターネット上のサービスにおいて、2004 年 11 月の問題として提示されたものである [MathCentral]。そのサービスは、レジャイナ大学（カナダ、サスカチュワン州レジャイナ）で管理されている。ドイツのギーセンの数学博物館に $n=7$ に対するこのパズルのデモが展示されていることも、そのサイトで言及されている。このパズルの 2 次元版である**マー**

リンの魔法陣（Merlin's Magic Squares）とライツアウト（Lights Out）は、この1次元版のパズルよりも有名である。

42. もう1つの狼と山羊とキャベツのパズル

■**解** 狼、山羊、キャベツ、およびハンターをそれぞれ、W，G，C，および H で表す。すると、このパズルには対称的な2つの解がある。

$$\text{WCWC}\ldots\text{WCHGHG}\ldots\text{HG} \quad \text{と} \quad \text{GHGH}\ldots\text{GHCWCW}\ldots\text{CW}$$

ここで重要な注目点は、W は C の隣でなければならず、G は H の隣でなければならないことである。$n = 1$ の場合、このことからすぐに、このパズルの対称的な2つの解 WCHG と GHCW が導かれる。

$n = 2$ の場合の解は、$n = 1$ の場合の解の前と後ろに WC と GH を付け加えることで得られ、WCWCHGHG と GHGHCWCW となる。一般に、$n = 1$ の場合の解の前と後ろに WC と GH を $n - 1$ 回付け加えることで、任意の n に対する2つの解が得られ、それらは上に示したものとなる。

以下の議論により、その他の解が存在しないことが示される。$n = 1$ の場合にそうであるように、任意の解において、駒の並びの両端は必ず W と G である。これは背理法によって示すことができる。逆に、そうでないような解が存在するとする。W と G はその条件が対称的であるので、一般性を失うことなく n 個の W すべてが並びの内部にあると仮定する。すると、$n + 1$ 個の C がそれらの隣になければならなくなり、それは不可能である。したがって、任意の解は W と G が両端になければならない。解の並びの内部について、それ以外の $n - 1$ 個の W は n 個の C と交互に並んで列 CWCW...C をなし、それ以外の $n - 1$ 個の G は n 個の H と交互に並んで列 HGHG...H をなす。最後に、CWCW...C と HGHG...H を条件に違反せずに W と G の間に置く方法はただ1つであり、G と W の間に置く方法もただ1つである。

■**コメント** このパズルの解は、縮小統治法をボトムアップに適用することで考えた。まず同じパズルのより小さなインスタンスを解き、そして同じパターンをなすようにそれらの解を拡張することで解を得た。

モリス・クライチックの『*Mathematical Recreations*』（邦題『100万人のパズル』）[Kra53, p.214] によると、このパズルはオブリによるものであり、彼は $n = 3$ のインスタンスを考えた。

43. 数の配置

■**解** まず、リストを昇順にソートする。次に、以下を $n-1$ 回繰り返す。最初の不等号記号が「<」のとき、最初の（最小の）数を最初の箱に入れる。そうでなければ、最初の箱に最後の（最大の）数を入れる。その後、リストから数を削除し、その数が入った箱を削除する。最後に、ただ1つの数が残ったとき、それを残っている箱に入れる。

■**コメント** 上記のアルゴリズムは、変換統治法（事前ソート）と縮小統治法（1次縮小）の2つのアルゴリズム設計戦略に基づく。すべての取り得る解を与えるわけではないことに注意せよ。

この問題は、ウェブページ「*The Math Circle*」[MathCircle] に投稿された。

44. より軽いか？より重いか？

■**解** このパズルは、2回の計量で解ける。

まず、n が奇数のとき1枚の硬貨を、n が偶数のとき2枚の硬貨をよけておく。その後、残りの偶数枚の硬貨を同じ枚数の2つのグループに分け、それぞれ天秤の皿に置く。それらが同じ重さであれば、それらすべての硬貨は本物であり、偽物の硬貨はよけておいた硬貨の中にある。したがって、そのよけておいた1枚または2枚の硬貨のグループの重さを、同枚数の本物の硬貨と比較計量する。前者が軽ければ偽物の硬貨はより軽く、そうでなければより重いことになる。

もし最初の計量の結果が均衡でなければ、より軽い方のグループをとる。その硬貨の枚数が奇数であれば、最初によけておいた硬貨（必ず本物である）から1枚加える。それらの硬貨を同じ枚数の2つのグループに分け、それらを計量する。それらが同じ重さであれば、それらの硬貨はすべて本物であり、偽物の硬貨はより重い。そうでなければ、それらの中に偽物の硬貨が含まれ、偽物の硬貨はより軽い。

このパズルを1回の計量で解くことは明らかにできないので、上記のアルゴリズムは最小回数の計量でパズルを解いている。

■**コメント** このパズルは、問題の大きさ（ここでは硬貨の枚数）にかかわらず同じ回数の基本ステップ（すなわち、2回の計量）で解ける、とてもまれな例である。そのようなパズルの本書におけるもう1つの例は、**偽造硬貨の山**（No.11）である。

このパズルは、ディック・ヘスによるパズル本 [Hes09, 問題72] およびロシアの中学生向けパズル集 [Bos07, p.41, 問題4] に掲載されている。

45. ナイトの最短経路

■**解** 最小の手数は 66 である。

ナイトは、目的に向かった直線に沿って動くことはできないが、2 回の移動ごとに対角線上に戻ることができる。したがって、開始マスと終了マスがそれぞれ (1, 1) と (100, 100) であるとすると、以下のような 66 手の移動の列

$$(1,1) - (3,2) - (4,4) - \cdots - (97,97) - (99,98) - (100,100)$$

がこの問題の解となる（2 手を 1 組とした移動の回数 k は、等式 $1 + 3k = 100$ より求められる）。

ナイトの移動の性質より、盤面上の 2 マス間の距離をいわゆる**マンハッタン距離**で測るのが都合がよい。マンハッタン距離は、それら 2 マス間の行数と列数の和で計算される。ここで、開始マスと終了マスの間のマンハッタン距離は $(100 - 1) + (100 - 1) = 198$ である。ナイトの 1 回の移動で減る距離は 3 以下であるので、ナイトは目的地に至るまでに少なくとも 66 手必要である。これにより、上で与えられた移動の列が確かに最適であることが証明される。

■**コメント** このアルゴリズムは各ステップで目的マスまでのマンハッタン距離をできるだけ減らすので、このパズルの解は「貪欲」（アルゴリズム設計テクニックのチュートリアルを参照せよ）だと考えられる。もちろん、その解は唯一ではない。**ナイトの到達範囲**パズル（No.100）は、任意の $n \times n$ の盤面におけるより一般的な質問を扱う。

46. 3 色配置

■**解** $n = 1$ のとき、問題はすでに解けている。すなわち、唯一の列にある 3 つの駒は、異なる 3 色である。$n > 1$ のとき、駒を再配置して、第 1 列の 3 つの駒が異なる 3 色となるようにできることを示す。小さくなっていく盤面に対してそのような再配置を繰り返すことで問題が解ける。

第 1 列の駒について考える。可能性は 3 通りある。(i) それら 3 つすべての駒が異なる色である、(ii) ちょうど 2 つの駒が同じ色である、(iii) それらすべてが同じ色である。場合 (i) では、明らかに第 1 列において何もする必要がない。

場合 (ii) を考える。一般性を失うことなく、同じ色の駒が赤で第 1 列の第 1 行と第

2 行にあるとし、第 3 行には白の駒があるとする（下の図を参照せよ）。盤面には青色の駒が n 個あり、それらのうち第 3 行にあるのは高々 $n-1$ 個であるので、青色の駒のうち少なくとも 1 個は第 1 行か第 2 行にある。したがって、求めるアルゴリズムでは、第 2 列から始めて青色の駒が出てくるまで第 1 行と第 2 行を走査する。青色の駒が見つかったら、その駒と第 1 列の赤色の駒を入れ替える。

　最後に、場合 (iii) を考える。一般性を失うことなく、第 1 列の 3 個の駒は赤であると仮定する。すると、3 つの行のいずれも、少なくとも 1 つ赤色以外の色の駒を必ず含むので、たとえば第 3 行を走査してそのような駒を見つけ、第 1 列の駒と交換する。すると、場合 (ii) の状況となる。

赤	青の駒を
赤	必ず含む
白	

場合 (ii)

赤	
赤	
赤	白か青の駒を必ず含む

場合 (iii)

■コメント　このパズルのアルゴリズム的解法は、アルゴリズム設計戦略のチュートリアルで議論されている、1 次縮小法と変換の考え方をうまく利用している。

　このパズルは、A・スピヴァクによるパズル集に収録されている [Spi02, 問題 670]。

47.　展示計画

■解　a. 展示を通る経路は、それぞれの部屋をちょうど 1 回通らなければならないので、それぞれの部屋に入るのと出るのには別のドアを通らなければならない。これより、入口と出口のドアを含め、最小で 17 のドアを開放する必要がある。

　b. 部屋を 4×4 のチェス盤のマス（図 4.33）のように色を塗ると、展示を通る任意の経路について、色が交互となるようにマスを通る必要があるのは明らかである。合計で 16 部屋を訪問する必要があるので、最初と最後のマスは異なる色でなければならない。開放する外側のドアの組として取り得るものは、(A1, B1), (A1, B3), (A2, B2), (A2, B4)、およびそれに対称な (A4, B4), (A4, B2), (A3, B3), (A3, B1) である。上に挙げた最初の 4 つの組それぞれに対する（いくつもの取り得る経路のうちの）1 つの経路を図 4.34 に示す。もちろん、間取り図において、経路とマスの境界の交点の位置にあるドアは開放するものと考える。

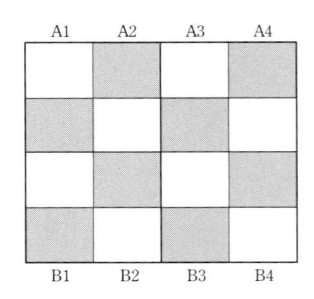

図 4.33 チェス盤のように色が塗られた 16 部屋の間取り図

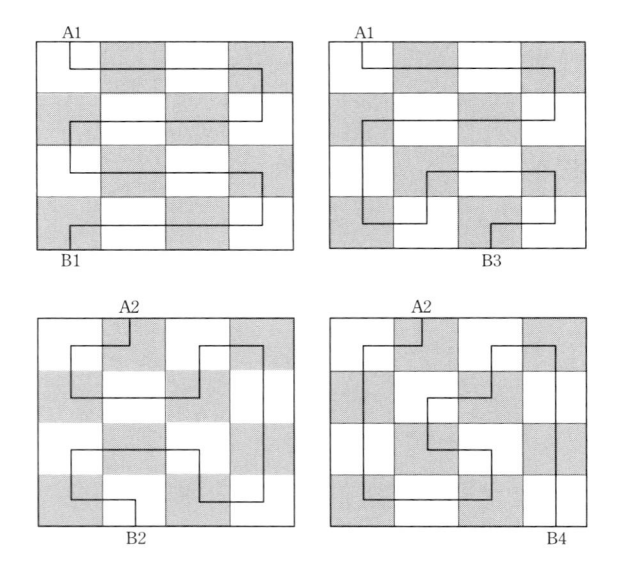

図 4.34 指定された入口と出口のドアを使って、すべての部屋を通る 4 つの経路

■コメント　このパズルは、4 × 4 のチェス盤を表すグラフにおけるハミルトン路の問題と解釈することもできるが、標準的なマスの塗り分けの議論を有効に使って直接解く方がずっと簡単である。

48. マックナゲット数

■解　a. 明らかに、1, 2, 3, 5, 7, および 11 の 6 つの数はマックナゲット数でない。

49. 宣教師と人食い人種   **143**

　b. (a) で挙げられた 6 つの値以外の、マックナゲット数であるすべての正の整数 n は、以下のアルゴリズムを用いて 4, 6, 9, 20 個のマックナゲットを含む箱の組合せとして表される。$n \leq 15$ のとき、以下の組合せとすることができる。

$4 = 1 \cdot 4,\ 6 = 1 \cdot 6,\ 8 = 2 \cdot 4,\ 9 = 1 \cdot 9,\ 10 = 1 \cdot 4 + 1 \cdot 6,$
$12 = 3 \cdot 4\ (\text{または}\ 2 \cdot 6),\ 13 = 1 \cdot 4 + 1 \cdot 9,\ 14 = 2 \cdot 4 + 1 \cdot 6,\ 15 = 1 \cdot 6 + 1 \cdot 9$

$n > 15$ のとき、$n - 4$ について同じ方法で（再帰的に）解き、その箱の組合せに 4 個のナゲットの箱を 1 つ追加する。

　再帰をしない別の方法では、$n - 12$ を 4 で割った商 k と余り r を求める（すなわち、$k \geq 0$ および $0 \leq r \leq 3$ について、$n - 12 = 4k + r$ である）。これより、n が $4k + (12 + r)$ と表される。上記の $12 + r$ に対する組合せと、4 個入りの箱 k 箱によって、合計 n 個のマックナゲットが得られる。

■**コメント**　上記のアルゴリズムは、（4 次）縮小統治法の戦略に基づく。このアルゴリズムでは、20 個入りの箱をまったく使わない（20 が 4 の倍数のためそうなった）。明らかに、上記のアルゴリズムによって得られた解のうち、任意の 4 個入りの箱 5 箱を 20 個入りの箱 1 箱に置き換えることができる。

　一般に、最大公約数が 1 であるような自然数の集合の線形結合として表すことができない最大の整数を求める問題は、**フロベニウスの硬貨交換問題**（Frobenius Coin Problem）と呼ばれる（例、[Mic09, 6.7 節] を参照）。

49. 宣教師と人食い人種

■**解**　この問題は、その状態空間グラフ（図 4.35）を作ることで解くことができる。

　初期状態の頂点から終了状態の頂点へのそれぞれ 11 辺からなる 4 つの経路が、最小の川の横断回数となる解を表す。

$$2c \to c \to 2c \to c \to 2m \to mc \to 2m \to c \to 2c \to c \to 2c$$
$$2c \to c \to 2c \to c \to 2m \to mc \to 2m \to c \to 2c \to m \to mc$$
$$mc \to m \to 2c \to c \to 2m \to mc \to 2m \to c \to 2c \to c \to 2c$$
$$mc \to m \to 2c \to c \to 2m \to mc \to 2m \to c \to 2c \to m \to mc$$

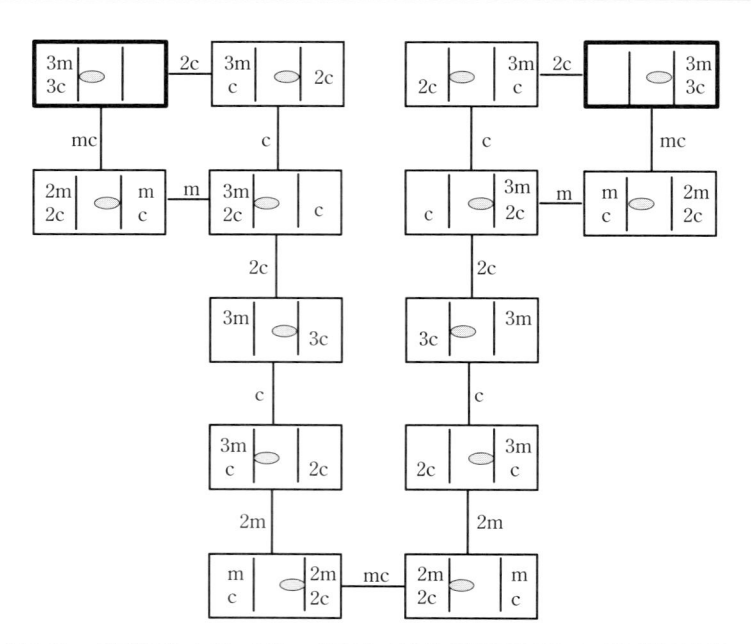

図 4.35 「宣教師と人食い人種」パズルに対する状態空間グラフ。頂点は長方形で表され、2 本の縦棒 ‖ は川を表し、影付きの楕円がボートの場所を表す。初期状態と終了状態に対応する頂点は、太線で示されている。辺のラベルは、横断する人を示す。

■**コメント**　上記の解がうまくいくためには、1 人の宣教師と 2 人の人食い人種が漕ぐことができれば十分である。

この解は状態空間グラフを作成することに基づいている。状態空間グラフを作成することは、このような問題を解く標準的な方法である。もう 1 つの図的な解法については、[Pet09, p.253] を参照せよ。

このパズルは、ヨークのアルクィン（735–804）による中世の娯楽的問題のパズル集に含まれる 3 つの川渡りパズルのうちの 1 つの 19 世紀版である。このパズルは、3 人の嫉妬深い夫問題に密接な関係がある。その問題の 2 組の夫婦のバージョンは、本書の最初のチュートリアルで解いた。さらなる参考文献や変種については、デイビッド・シングマスターによる文献解題 [Sin10, 5.B 節] を参照せよ。

50. 最後の球

■解　(a) の場合、残った球は必ず黒であり、(b) の場合は白である。

(a)　以下のことに気付くのは難しくない。袋から取り出された 2 つの球の色にかかわらず、球の数は 1 つだけ減る。袋から取り出された 2 つの球の色にかかわらず、黒の球の数のパリティが変わり、白い球のパリティは変化しない。したがって、このアルゴリズムが 20 個の黒い球と 16 個の白い球から始まったならば、袋に 1 つの球が残ったとき、それは白ではない。なぜならば、1 は奇数であるが、16 は偶数であるからである。

(b)　20 個の黒い球と 15 個の白い球から始めたならば、残った 1 つの球は必ず白である。なぜならば、最初の白い球の数が奇数であり、白い球の数のパリティは変化しないからである。

■コメント　この解は、明らかにパリティの不変量に基づいている。大部分のパズルにおいて不変量はパズルが解けないことを示すが、このパズルはそうではない。

このパズルの別の例が、ある面接質問を専門とするサイト [techInt] にある。

51. 存在しない数字

■解　1 から 100 までの連続する数字の和は $S = 1+2+\cdots+100 = 100 \times 101/2 = 5050$（この公式の導出はチュートリアルのアルゴリズム分析テクニックの項を参照）なので、列挙されなかった数字 m を当てるには、この値から列挙された数字の和 $J = 1 + 2 + \cdots + (m-1) + (m+1) + \cdots + 100$ を引けばよい。そうすれば、$m = S - J$ となる。したがって、ジルはジャックの言う数字を全部足し合わせて両者の差を計算すればよい。たとえば、列挙されなかった数字 m が 10 なら、$J = 5040$ となるので、m は 5050 − 5040 を計算して得られる。

3 桁もしくは 4 桁の数字の足し算は簡単ではないので、このアルゴリズムをより単純化して和の下 2 桁だけ計算することにもできる。この単純化が可能なのは次の事実による。J の取り得る値は下記の表の 100 通り、4950 から 5049 までの値であり、下 2 桁で区別することが可能である。つまり、次の式を使うことで列挙されなかった数字 m を容易に見つけることができる。

$$m = \begin{cases} 50 - j & 0 \leq j \leq 49 \text{ のとき} \\ 150 - j & 50 \leq j \leq 99 \text{ のとき} \end{cases}$$

ここで、j は J の下 2 桁で 0 から 99 のいずれかの数字である。

m	1	2	...	49	50	51	...	99	100
J	5049	5048	...	5001	5000	4999	...	4951	4950
j	49	48	...	1	0	99	...	51	50
$50-j$	1	2	...	49	50				
$150-j$						51	...	99	100

形式的に述べれば、上記の公式は次のモジュロ除算の性質に由来する。

$$(S - J) \bmod 100 = (S \bmod 100 - J \bmod 100) \bmod 100$$

ここで、$S \bmod 100 = 50$ および $j = J \bmod 100$ は S と J を 100 で割ったときの余りであり、S と J の下 2 桁に等しい。そして 1 から 99 の中で列挙されなかった数字 m について次の式が得られる。

$$m = m \bmod 100 = (S - J) \bmod 100 = (50 - j) \bmod 100$$
$$= \begin{cases} 50 - j & 0 \le j \le 49 \text{ のとき} \\ 150 - j & 51 \le j \le 99 \text{ のとき} \end{cases}$$

$m = 100$ であったとしても、上記の第 2 式を使うことができる。このとき、$J = 5050 - 100 = 4950$ なので $j = 50$ であり、$m = 150 - j = 100$ となる。

■コメント　この解は変換統治法戦略を使っている。列挙されなかった数字を S と J の差で表現し、さらにそれを下 2 桁で表現した。

　この、1 からある数字のうち 1 つだけ挙げなかった数字を見つける、という問題はよく知られている問題の 1 つである。この問題のあるバージョンのものがアメリカのナショナル・パブリック・ラジオが放送するラジオ番組「Car talk」の 2004 年 12 月 6 日放送の回で提示された [CarTalk]。

52.　三角形の数え上げ

■解　n 回の繰り返し後に存在する小さい三角形の数は $\frac{3}{2}(n-1)n + 1$ になる。

　最初の数回について、n 回の繰り返し後に得られる小さい三角形の数 $T(n)$ を計算

53. バネ秤を使った偽造硬貨の検出

すると以下のようになる。

n	$T(n)$
1	1
2	$1 + 3 = 4$
3	$4 + 6 = 10$
4	$10 + 9 = 19$

n 回目のステップで新しく追加される小さい三角形の数が $3(n-1)$ $(n > 1)$ であることに気付くのはそれほど難しくないだろう（そして帰納法で簡単に証明できる）。したがって、n 回の繰り返し後の小さい三角形の数は次式によって得られる。

$$1 + 3 \cdot 1 + 3 \cdot 2 + \cdots + 3(n-1)$$
$$= 1 + 3(1 + 2 + \cdots + (n-1)) = \frac{3}{2}(n-1)n + 1$$

■コメント　このパズルはアルゴリズム分析の良い題材を提供してくれる。似たような例がアルゴリズム分析テクニックのチュートリアルで取り上げられている。

このパズルは A・ガーディナーの『*Mathematical Puzzling*』から採った [Gar99, p.88, 問題 1]。

53. バネ秤を使った偽造硬貨の検出

■解　偽造硬貨を見つけるために秤を使わなければならない最小回数は $\lceil \log_2 n \rceil$ となる。

n 枚の硬貨から適当に $m \geq 1$ 枚選んだ部分集合を S とする。その総重量 W が gm に等しければ、S に含まれるすべての硬貨は本物となる。そうでないなら、S のうちの 1 枚は偽造硬貨である。したがって、前者の場合は残りの硬貨から偽造硬貨を探し、後者の場合は S の中から偽造硬貨を探すことになる。つまり、S に硬貨の半分（もしくはほぼ半分）が含まれていれば、重量の計測の後に偽造硬貨を探す対象の大きさは半分になる。最初の硬貨の集合の大きさ n が 1 になるまでこの半分に分割と計測の操作を繰り返すとすると、全部で $\lceil \log_2 n \rceil$ 回の計測が必要となる（形式的に言えば、最悪の場合に必要な計測回数は漸化式 $W(n) = W(\lceil n/2 \rceil) + 1$ $(n > 1, W(1) = 0)$ で表され、この解は $W(n) = \lceil \log_2 n \rceil$ となる）。

■コメント　上記のアルゴリズムは半減統治法（descrease-by-half strategy）に基づいている。このアルゴリズムは本書の最初のチュートリアルで紹介した**数当てゲーム**（別名 **20 の扉**）の解とほぼ同じである。

　欠陥のある硬貨を見つけるという問題は数学パズルではよく見られる問題だが、天秤ではなくバネ秤を使うものはちょっと珍しい。この問題についてのより深い議論を知りたい方は C・クリステンと F・ウォンの論文 [Chr84] を参照のこと。

54. 長方形の切断

■解　$h \times w$ マスの長方形を縦（横）に 1 回切断してできる長方形の幅（高さ）は少なくとも $\lceil w/2 \rceil$（$\lceil h/2 \rceil$）になるので、$h \times w$ マスの長方形を mn 個の 1×1 マスの正方形に切り分けるのに必要な切断回数は $\lceil \log_2 n \rceil + \lceil \log_2 m \rceil$ となる。この切断回数は次のアルゴリズムに従うことで達成できる。まず、縦方向に（できるだけ中央に近い位置を）切断することをすべての長方形の幅が 1 になるまで $\lceil \log_2 n \rceil$ 回繰り返す。次に、横方向に（できるだけ中央に近い位置を）切断することをすべての長方形（すでに幅は 1 になっている）の高さが 1 になるまで $\lceil \log_2 m \rceil$ 回繰り返す。

■コメント　1 次元版もそうだが（**棒の切断**パズル（No.30）を参照）、このパズルは半減統治法の最適性を利用している。アルゴリズム分析テクニックのチュートリアルで取り上げた、このパズルの切断の際に長方形の重ね合わせを許さないバージョン（**板チョコレートの分割**パズル）では不変条件という全く異なる考え方を使って解いていることに注意してほしい。

　このパズルが初めて登場したのはディビッド・シングマスターの文献解題 [Sin10, 6.AV 節] によると 1880 年のようだ。その最初のバージョンでは、2×4 マスの長方形を 3 回の切断で 8 個の正方形に分割するものだった。このパズルの一般的なバージョンはジェームズ・タントンの本 [Tan01] で述べられており、そこでは最小切断回数を導く式を帰納法で証明している。

55. 走行距離計パズル

■解　それぞれの質問に対する答えは 468,559 および 600,000 となる。

　最初の質問に対する答えは、すべての表示される値の数からどの桁にも 1 を含まない値の数を引くことで得られる。すべての表示される値の数は当然 10^6 である。一方、1 を含まない値の数は、6 つの欄に 9 つの数字を埋める場合の数になるので、9^6 になる。したがって、1 を含む値の数は $10^6 - 9^6 = 468{,}559$ となる。

2つ目の質問は、10個の数字が現れる回数はどれも同じであることに気付けば答えられる。つまり、1が現れる回数はすべての表示される値の各桁の数字の数の10分の1になる。したがって、答えは $0.1(6 \cdot 10^6) = 600{,}000$ となる。

■コメント　このパズルのポイントは、2つ目のチュートリアルで議論したような一般的な手法を適用するよりも、アルゴリズム特有の性質を利用することで、より容易にそのアルゴリズムを分析できることもある、という点である。

2番目の質問は2008年10月27日にアメリカのナショナル・パブリック・ラジオの番組「Car Talk」で提示されたパズルである [CarTalk]。

56. 新兵の整列

■解　シュヴェイクは命令が下記の値を最小化することだと理解したのだろう。

$$\frac{1}{n}[(h_2 - h_1) + (h_3 - h_2) + \cdots + (h_n - h_{n-1})] = \frac{1}{n}(h_n - h_1) \tag{1}$$

ここで、n は新兵の人数、h_i ($i = 1, 2, \ldots, n$) は i 番目にいる新兵の身長である。$(h_n - h_1)/n$ は負の値になり得るので、ここでの最小化は絶対値が最大の負の値にすることを意味する。そのためには h_1 と h_n が身長の最大値および最小値であればよい。その他の新兵の身長は式 (1) には影響を与えない。

もともと意図されていた命令は、もちろん、隣り合う新兵の身長差の**絶対値**の平均を最小化することである。すなわち、

$$\frac{1}{n}(|h_2 - h_1| + |h_3 - h_2| + \cdots + |h_n - h_{n-1}|) \tag{2}$$

を最小化することが求められていた。n は定数なので、$1/n$ は無視してよい。和 (2) は新兵の身長が昇順もしくは降順に並んでいるときに最小となり、$h_{max} - h_{min}$ となる。この和は、端点が h_{min} および h_{max} の区間を線分で覆ったときのその長さの総和とみなすことができる。他の並び方の場合は多少なりとも重なりが生じることから、和が $h_{max} - h_{min}$ より大きくなる。より形式的に、帰納法を用いて証明することも難しくない。

■コメント　式 (1) の左辺 $(h_2 - h_1) + (h_3 - h_2) + \cdots + (h_n - h_{n-1})$ は**畳み込み級数**（telescopic series）と呼ばれている。これは、この式が望遠鏡（telescope）を物理的に折り畳む様子と似ているからだ。アルゴリズム分析においては時として有用な数式である。

このパズルには、チェコの小説家ヤロスラフ・ハーシェク（1883–1923）の世界的に有名な小説『良き兵士シュヴェイク』（『*The Good Soldier Schweik*』）の主人公が登場する。この風刺小説において、シュヴェイクは命令を忠実に実行するにも関わらず、上官の意図とは裏腹な結果を起こしてしまう、ちょっと抜けている人物として描かれている。

57. フィボナッチのウサギ問題

■**解** 12ヶ月後、つがいのウサギが233組になる。

nヶ月の終わりのウサギのつがいの数を$R(n)$とする。明らかに、$R(0) = 1$および$R(1) = 1$となる。また、$n > 1$については、ウサギのつがいの数$R(n)$は前月のつがいの数$R(n-1)$にnヶ月の終わりに生まれたウサギのつがいの数を加えたものとなる。問題の前提から、このつがいの新生児の数は$R(n-2)$、つまり$n-2$ヶ月の終わりのウサギのつがいの数に等しい。したがって、次のような漸化式が得られる。

$$R(n) = R(n-1) + R(n-2) \ (n > 1 \text{のとき}), \quad R(0) = 1, R(1) = 1$$

次の表は、最初の13項を計算したものである。これは**フィボナッチ数**（Fibonacci numbers）と呼ばれ、この同じ漸化式で定義される。

n	0	1	2	3	4	5	6	7	8	9	10	11	12
$R(n)$	1	1	2	3	5	8	13	21	34	55	89	144	233

■**コメント** $R(n)$は標準的な**フィボナッチ級数**（Fibonacci sequence）とは少々異なる。漸化式は同じ$F(n) = F(n-1) + F(n-2)$だが、初期条件は$F(0) = 0$および$F(1) = 1$となる。なお、R_{12}はフィボナッチ数についてのよく知られた2つの公式のどちらかを使うことで求められる（例、[Gra94, 6.6節]）。

$$R(n) = F(n+1) = \frac{1}{\sqrt{5}} \left[\left(\frac{1+\sqrt{5}}{2} \right)^{n+1} - \left(\frac{1-\sqrt{5}}{2} \right)^{n+1} \right]$$

および

$$R(n) = F(n+1) = \frac{1}{\sqrt{5}} \left(\frac{1+\sqrt{5}}{2} \right)^{n+1} \quad \text{を最も近い整数に丸めた値}$$

である。

　アルゴリズムの観点から見ると、このパズルはアルゴリズムを示し、その出力を尋ねるものだ。アルゴリズム自体の設計を求めるパズルが多いアルゴリズム的なパズルの中では、このような与えられたアルゴリズムの出力を求める問題珍しい部類に属す。

　このパズルはイタリアの数学者レオナルド・ダ・ピサまたの名をフィボナッチが1202年に『Liber Abaci』(算盤の書) という本の中で紹介した (この本の、もう1つのさらに重要な貢献はヒンドゥー・アラビア数字をヨーロッパに広めたことである)。この問題に出てきた数列は、いままでに見つかった最も興味深い、最も重要な数列の1つである。この数列は数多くの興味をそそられる性質を持っているだけでなく、自然科学のさまざまな領域でしばしば不意に現れる。今日では、『Fibonacci Quarterly』(季刊フィボナッチ) というフィボナッチ数列とその応用に特化した雑誌を始め、フィボナッチ数に関する大量の本やウェブサイトがある。中でも、イギリスの数学者ロン・ノットのウェブサイト [Knott] にはフィボナッチ数に関する20のパズルが載っている。

58. ソートして、もう1回ソート

■解　答えは0。

　この予想外の結果は次の性質から導かれる。2つの n-要素の列 $A = a_1, a_2, \ldots, a_n$ と $B = b_1, b_2, \ldots, b_n$ があり、数列 A のすべての要素が、数列 B の対応する要素以下である (i.e., $j = 1, 2, \ldots, n$ について $a_j \leq b_j$ が成り立つ) とき、すべての $i = 1, 2, \ldots, n$ について、A の i 番目に小さい要素は B の i 番目に小さい要素以下になる。たとえば、以下の数列を考える。

A:　3　4　1　6
B:　5　9　5　8

このとき、A および B の最小の要素はそれぞれ1と5になり、その次に小さい要素は3と5、3番目に小さい要素は4と8、4番目に小さい要素は6と9となる。これらの値を調べる最も簡単な方法は、もちろん、この2つの数列をソートすることだ。

A':　1　3　4　6
B':　5　5　8　9

この性質を証明するために、$b'_i = b_j$、つまり B の i 番目に小さい要素で B の第 j 番目に位置する要素を考える（たとえば、$i = 3$ とすると、上記の例では $b'_3 = b_4 = 8$、すなわち 3 番目に小さい要素が B の第 4 番目に位置する）。b'_i は B の i 番目に小さい要素であることから、B には $i - 1$ 個の b'_i 以下の要素があることになる（上記の例では、5 と 5 になる）。これらの要素と b'_i について、B における元の位置を考えると、A には同じ位置に i 個のこれらの要素よりも小さい要素が存在する（例では、3、1、6）。したがって、b'_i 以下の要素は A に（少なくとも）i 個ある。これは、a'_i は A の i 番目に小さい要素とすれば、$a'_i \leq b'_i$ ということを意味する。さもなければ、先ほど上で述べたことから、A の中に a'_i よりも小さい要素が（少なくとも）i 個あることになってしまうが、これは矛盾である。

次に、最初に各行のトランプがその数字でソートされた後の各列のうち k と l ($k < l$) の列を考える。これは先ほどの A と B に相当する。列ごとにソートすると、各 $i = 1, 2, \ldots, n$ について i 番目の行は列の中で i 番目に小さい要素になる。先ほど証明した性質から、k 列のトランプの数字は必ず l 列のトランプの数字以下になる。k と l は任意なので、これは i 行がすでにソートされていることを意味する。

■コメント　もちろん、この性質はそれぞれの方向で 1 回ソートした 2 次元配列について成り立つ。ドナルド・クヌースはこの問題を『*The Art of Computer Programming*』の第 3 版（邦題『The Art of Computer Programming Volume 1 Fundamental Algorithms Third Edition 日本語版』）で練習問題として取り上げている [Knu98, p.238, 問題 27]。彼はまた、この問題の起源はハーマン・ボーナーの 1955 年の著作に端を発すると述べている（p.669）。この問題はまたピーター・ウィンクラーの 2 つ目の数学パズルの本にも収められている [Win07, p.21]。その解において、彼は次のように述べている。「これは、考えるたびに奇妙に見えたり当たり前に見えたりする、そういった類いの問題の 1 つだ。」(p.24)

59.　2 色の帽子

■解　黒の帽子が 1 つしかないとしよう。このとき、その帽子を被っている囚人は他の囚人達が白い帽子しか被っていないことに気付くだろう。少なくとも 1 つの黒い帽子があることを知っているのだから、それは自分の帽子であると分かる。他の囚人達は黒い帽子が 1 つあることを認めるが、自身の帽子の色については確かなことは分からない。したがって、最初の整列の際に、周りに白い帽子しかないように見える囚人のみが一歩前に出る。これで囚人達は解放される。

こんどは 2 つの黒い帽子があるとしてみよう。このとき、最初の整列時には誰も自身の帽子の色に確信が持てないので前に出ない。しかし、次の整列時には周囲に黒い帽子が 1 つしか見えない囚人 2 人が前に一歩出るだろう。というのも、最初の整列時に誰も一歩前に出なかったということから、囚人達は少なくとも 2 つの黒い帽子があることが分かる。周りに黒い帽子が 1 つしか見えない囚人は、自分が 2 つ目の黒い帽子を被っていると結論付けることができる。2 つの黒い帽子が見えている囚人は依然として自分の帽子の色に確信が持てないので列に留まる。

一般化すると、k 個の黒い帽子（$1 \leq k \leq 11$）があったら、最初の $k-1$ 回の整列時には誰も前に出ないだろう。しかし、k 回目の整列時には、$k-1$ 個の黒い帽子を見ることのできる囚人は先ほどと同様の論理から自分が黒い帽子を被っていることが分かり、前に一歩出ることができる。すなわち、直前の整列で誰も前に出なかったことから、少なくとも k 個の黒い帽子があることが分かるので、黒い帽子は全部で k 個でそのうちの 1 つは自分の頭に載っている、ということが分かる。同時に残った $n-k$ 人の白い帽子の囚人は（その知性によって）自分の帽子の色が推測できないので、列に留まるだろう。この賢い人々は自由を勝ち取れるのだ！

■**コメント**　この解は、縮小統治法の考え方に則って黒い帽子の数を徐々に増やしている。

この問題の変形は、紙や電子媒体でいくつか公開されている。今回紹介したバージョンは、多少言葉遣いなどは変えているが、ウィリアム・パウンドストーンの著作 [Pou03, p.85] から採った。最初期の、額に印がある 3 人の男のパズルは 1935 年頃に登場し、著名なプリンストン大学の論理学者アロンゾ・チャーチが発案した。似たような設定のより難しいパズルについては、**数字付きの帽子**パズル（No.147）を見よ。

60. 硬貨の三角形から正方形を作る

■**解**　動かす必要のある硬貨の最小枚数は $\lfloor n/2 \rfloor \lceil n/2 \rceil$ となる。このパズルの解は偶数の $n > 2$ については 2 つ、奇数の $n > 1$ については 1 つ、$n = 2$ については 3 つ存在する。

硬貨の合計枚数が n 個目の平方数 $S_n = \sum_{j=1}^{n}(2j-1) = n^2$ に等しいことから、出来上がる正方形は n 列で、各列には n 枚の硬貨が含まれることが分かる。正方形を形成するには、三角形の各列から余分な硬貨を移動させればよい。このとき、硬貨が n 枚より多い $\lceil n/2 \rceil$ 列から、硬貨が n 枚より少ない $\lfloor n/2 \rfloor$ 列に移動させるのが自然だろう。これは、$2n-1$ 枚の硬貨を含む最も長い列（すなわち斜辺）から硬貨が 1 枚しかない

列に硬貨を $n-1$ 枚移動させ、隣りの $2n-3$ 枚の硬貨を含む列から硬貨が 3 枚の列へ硬貨を移動させ、というように続けていけば達成できる。n が偶数の場合、奇数の場合それぞれについて、この移動を図 4.36 と図 4.37 に示した（この図では、三角形の斜辺を水平になるように置いてある）。1 手につき 1 枚の硬貨を、短くしなければならない列から長くしなければならない列へ移動させるアルゴリズムは、明らかに、最少手数で問題を解く。

図 4.36　S_4 枚の硬貨についての 2 つの解法。+ と - は、硬貨の移動先と移動元を表す。動かない硬貨は黒いドットで表現した。

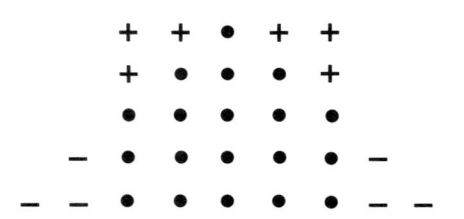

図 4.37　S_5 枚の硬貨の解法

このような変形を行うのに必要な硬貨の移動回数、$M(n)$、は以下のように計算される。

$$M(n) = \sum_{j=1}^{\lfloor n/2 \rfloor}(n-(2j-1)) = \sum_{j=1}^{\lfloor n/2 \rfloor} n - \sum_{i=1}^{\lfloor n/2 \rfloor}(2j-1)$$
$$= n\lfloor n/2 \rfloor - \lfloor n/2 \rfloor^2 = \lfloor n/2 \rfloor(n - \lfloor n/2 \rfloor) = \lfloor n/2 \rfloor \lceil n/2 \rceil$$

より少ない手数で正方形を得ることができそうな解は、三角形の直角を挟む辺のどちらかに平行な奇数番目の列で正方形を形成するものがある。しかし、この解法では偶数番目の列の硬貨すべてを移動させなければならず、移動回数は以下のようになる。

61. 対角線上のチェッカー

$$\bar{M}(n) = \sum_{j=1}^{n-1} j = (n-1)n/2 > \lfloor n/2 \rfloor \lceil n/2 \rceil \ (n > 2)$$

$n = 2$ の場合は、$\bar{M}(2) = M(2) = 1$ となるが、それとは別に 3 番目のかなり他と異なった解法が存在する（図 4.38）。

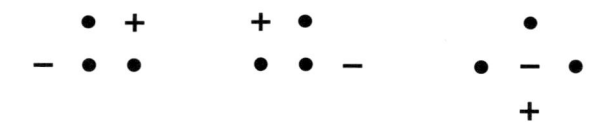

図 4.38　S_2 枚の場合の 3 つの解法

■**コメント**　このパズルの 1 例が、セルゲイ・グラバチャクによって Puzzles.com [Graba] で公開されている。

61. 対角線上のチェッカー

■**解**　$n-1$ が 4 の倍数もしくは n が 4 の倍数のとき、このパズルは解を持つ。必要な手数は $(n-1)n/4$ となる。

　チェッカーの現在地から一番下の目的地までの距離を、チェッカーより下にあるマス数の和によって測る。初期状態では、この距離は $(n-1)+(n-2)+\ldots+1 = (n-1)n/2$ であり、すべてのチェッカーが目的地に到着した時点では 0 となる。どの移動によっても、この距離はちょうど 2 減るので、その偶奇は不変である。したがって、この問題が解を持つには、$(n-1)n/2$ が偶数である必要がある。

　$(n-1)n/2$ が偶数になる必要十分条件は $n-1$ が 4 の倍数、もしくは n が 4 の倍数となることである。実際、$(n-1)n/2 = 2k$ とすれば $(n-1)n = 4k$ となり、n と $n-1$ のどちらかは奇数であることから、もう片方が 4 の倍数にならなければならない。逆に、$n-1$ もしくは n が 4 の倍数なら、$(n-1)n/2$ が偶数となることは自明である。

　以上から、解を持つには、$n = 4k$ もしくは $n = 4k+1$ $(k \geq 1)$ であることが必要条件となる。この条件は十分条件でもあることは、次のアルゴリズムで問題が解けることから分かる。まず列順に（1 列目と 2 列目、3 列目と 4 列目、というように）組にして $\lfloor (n-2)/2 \rfloor$ 組のチェッカーを可能な限り下まで移動させる。その後、奇数列のチェッカーを列順に（すなわち、1 列目と 3 列目、5 列目と 7 列目、というように）組にして $\lfloor n/4 \rfloor$ 組のチェッカーを 1 マス下に移動させる（n か $n-1$ が 4 の倍数なら、

それぞれ n と $n-1$ より小さい奇数の数は偶数になることに注意)。アルゴリズムの様子を図 4.39 と図 4.40 に示す。

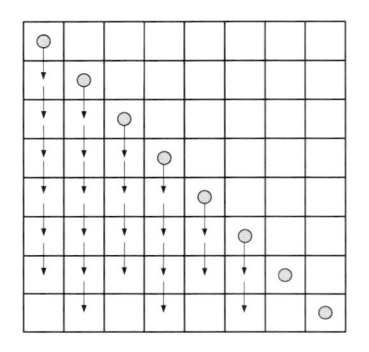

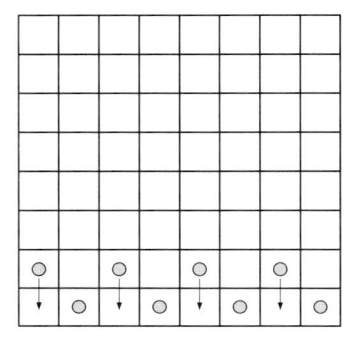

図 4.39　$n = 8$ 個の対角線上のチェッカーを 2 個ずつ動かして一番下まで移動させる。

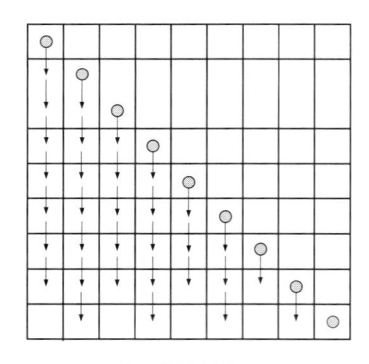

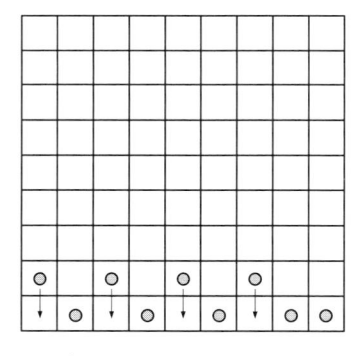

図 4.40　$n = 9$ 個の対角線上のチェッカーを 2 個ずつ動かして一番下まで移動させる。

この問題を解くアルゴリズムは、上記も含め、どれも 1 回の繰り返しで初期状態と目的状態の距離を 2 ずつ減らす。したがって、どのアルゴリズムも実行手数は $(n-1)n/4$ になる。

■コメント　このパズルは和の公式と、不変条件の考え方の 1 つであるパリティを利用している。いずれもアルゴリズム分析テクニックのチュートリアルで触れている。

このパズルは [Spi02] の問題 448 を一般化したものである。オリジナルの問題では、このパズルの $n = 10$ に相当する問題を扱っている。

62. 硬貨拾い

■解　ヒントで述べているように、この問題は動的計画法を使って解くことができる。$C[i, j]$ を、ロボットが i 行 j 列のマス (i, j) に集めることのできる硬貨の最大枚数としよう。このマスに到達するには、隣接する上のマス $(i-1, j)$ もしくは隣接する左のマス $(i, j-1)$ から来るはずである。また、これらのマスに集めることのできる硬貨の最大枚数は、それぞれ $C[i-1, j]$ および $C[i, j-1]$ となる（もちろん、第 1 行のマスには上のマスはないし、第 1 列のマスには左のマスはない。それらについては、$C[i-1, j]$ および $C[i, j-1]$ は 0 とする）。したがって、マス (i, j) に集めることのできる硬貨の最大枚数は、これらの値の大きい方の値に、そのマスに置いてある硬貨の枚数、0 か 1、を足したものとなる。すなわち、$C[i, j]$ は以下の式で求められる。

$$C[i, j] = \max\{C[i-1, j], C[i, j-1]\} + c_{ij} \quad (1 \leq i \leq n, 1 \leq j \leq m) \tag{1}$$

ここで、マス (i, j) に硬貨があれば $c_{ij} = 1$、そうでなければ $c_{ij} = 0$ となる。また、$1 \leq j \leq m$ については $C[0, j] = 0$、$1 \leq i \leq n$ については $C[i, 0] = 0$ とする。

この式を使って、動的計画法でお馴染みの方法により、$C[i, j]$ の値を行ごと、あるいは列ごとに計算していき、$n \times m$ の表を埋めることができる。図 4.41a のような硬貨の配置に対して、この方法を適用した結果を図 4.41b に示す。

取得硬貨枚数を最大化する実際の経路を計算するには、式 (1) において、上のマスと左のマス、どちらのマスの硬貨の最大枚数が多かったかをはっきりさせなければならない。前者の場合は経路は上のマスからになるし、後者の場合は左からになる。同数の場合は、解は 1 つに定まらず、両方が正解になる。たとえば、図 4.41a のような配置が与えられた場合、解の経路は図 4.41c のように 2 つになる。

■コメント　このパズルは [Gin03] のパズルをやさしくしたものである。この問題は動的計画法の良い応用例と言えるだろう。

63. プラスとマイナス

■解　このパズルが解を持つ必要十分条件は n もしくは $n+1$ が 4 で割り切れることである。

この問題は、1 から n までの n 個の整数を和が等しい互いに素な 2 つの集合（互いに共通な要素を持たない集合）に分割する、という問題と等価である。片方はプラス

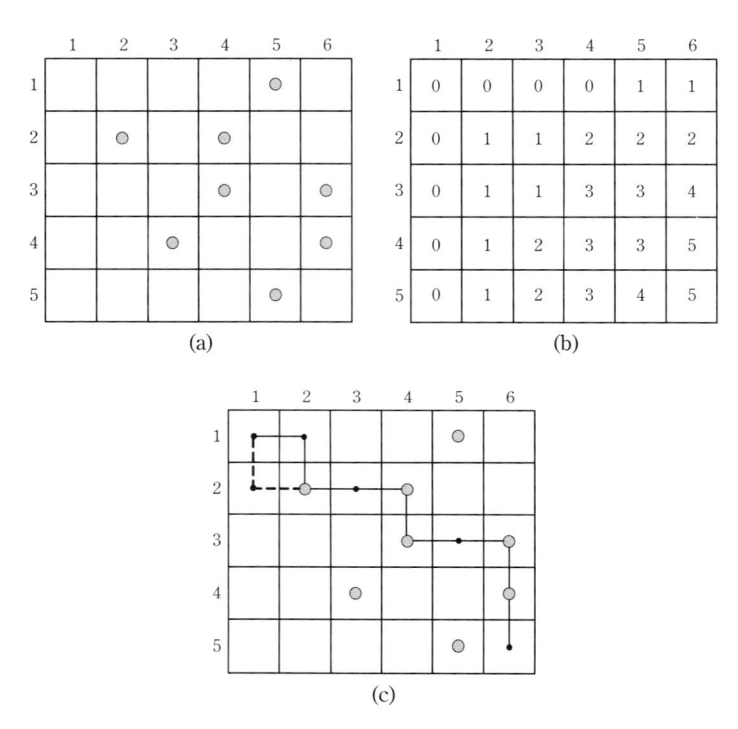

図 4.41 (a) 硬貨の初期配置。(b) 動的計画法を適用した結果。(c) 取り得る硬貨の最大枚数、5 枚を集めることができる 2 つの経路。

記号が前置されている数字の集合、もう片方はマイナス記号が前置されている数字の集合と捉えれば元の問題の解が得られる。$S = 1 + 2 + \cdots + n = n(n+1)/2$ であるから、この部分集合の和は S の半分に等しい。これは、このパズルが解を持つ必要条件の 1 つが、$n(n+1)/2$ が偶数ということを意味する。以下に示すように、この条件はまた解が存在するための十分条件でもある。

$n(n+1)/2$ が偶数である必要十分条件は n が 4 の倍数もしくは $n+1$ が 4 の倍数であることである。実際、$n(n+1)/2 = 2k$ とすれば $n(n+1) = 4k$ であり、n もしくは $n+1$ のどちらかが必ず奇数であることから、偶数の方が 4 の倍数にならなければならないことが分かる。

n が 4 で割り切れるなら、1 から n までの整数を連続する 4 個の整数ごとに $n/4$ のグループに分け、各グループの 1 番目と 4 番目の数字の前にプラスを、2 番目と 3 番

目の数字の前にマイナスを配置することで、和を 0 にすることができる。

$$(1 - 2 - 3 + 4) + \cdots + ((n-3) - (n-2) - (n-1) + n) = 0 \tag{1}$$

$n+1$ が 4 で割り切れるなら、$n = 4k - 1 = 3 + 4(k-1)$ となるので、最初の 3 個の数字だけ特別扱いすれば、先ほどと同じ考え方を使うことができる。

$$(1+2-3)+(4-5-6+7)+\cdots+((n-3)-(n-2)-(n-1)+n) = 0 \tag{2}$$

以上から、このパズルは以下のアルゴリズムで解くことが可能となる。まず $n \bmod 4$（n を 4 で割った余り）を計算する。余りが 0 に等しければ、式 (1) のように "+" と "−" を配置すればよい。余りが 3 なら、"+" と "−" を式 (2) のように配置すればよい。余りがそれ以外なら「解は存在しない」と出力する。

■**コメント** この問題は、有名なパズルのアルゴリズム版である。この問題には 1 から n までの整数の和の公式やパリティなど、いくつかの重要な要素を含んでいる。ちなみに、このパズルを整数の適当な数列に対して行う問題は**分割問題**（Partition Problem）と呼ばれ、効率的なアルゴリズムがないことで知られている。より正確に言えば、ほとんどの計算機科学者はその存在を信じていない。というのは、この問題は NP 完全であることが知られているからだ。

64. 八角形の作成

■**解** 各点に対して左から右へ順に 1 から n まで番号を振る。水平方向の位置が等しい点に対しては下の位置にある点を先にする。こうしても、問題の一般性は失われない（より形式的に述べれば、平面上の点をそのデカルト座標系の第 1 軸でソートする）。最初の 8 点を $P_1,\ldots,P_8$ とし、P_1 と P_8 を結ぶ直線を引く。このとき、2 つの場合が考えられる。他のすべての 6 点 $P_2,\ldots,P_7$ がこの直線の同じ側にある（図 4.42a）か、両側に散らばる（図 4.42b）か、である。前者の場合、$P_1,\ldots,P_8$ を番号順に繋いでいけば八角形を作ることができる。このとき P_1 と P_8 を結ぶ線分もまた八角形の一辺となる。後者の場合、この直線上もしくは直線より上に位置する点で八角形の上部を構成し、この直線上もしくは直線より下に位置する点で八角形の下部を構成することができる[*1]（図 4.42b）。

[*1] 訳注：問題文の「どの 3 点も同一直線上にはない」という制約から、ここで直線上の点はすなわち P_1 および P_8 に他ならない。

(a)　　　　　　　　　　(b)

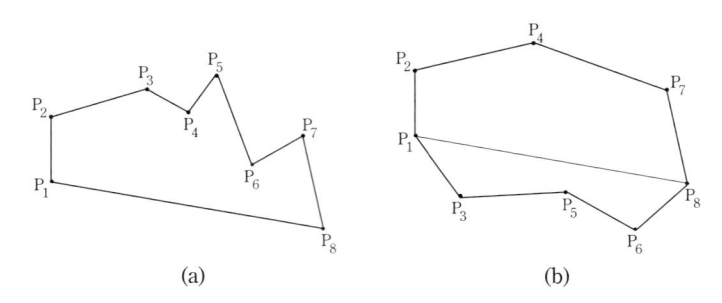

図 4.42　与えられた 8 点が頂点になるような八角形を作る

　残る 1,992 点はすべてこの八角形の右に存在するか、あるいは、ただ一番左の点 P_9 のみが八角形の一番右の点 P_8 の垂直上方向に存在するはずである。したがって、同じ方法を使うことで、次の 8 点 $P_9, \ldots, P_{16}$ が各頂点になるような八角形を形成可能である。このとき、この 2 番目の八角形は最初の八角形と交差しない。この操作を、それぞれ 8 点ごとに順に行うことで問題を解くことができる。

■コメント　この解では、事前ソート、分割統治法、縮小統治法の考え方を利用している。このアルゴリズムは計算機科学で有名な、点集合の凸包 (convex hulls) を構成する quickhull と呼ばれるアルゴリズムに似ている ([Lev06, 4.6 節] を参照)。

65.　ビット列の推測

■解　次のようなビット列を使って n 回の質問でコード $b_1 b_2 \ldots b_n$ を推測できる。

$$000\ldots0, 100\ldots0, 110\,0,\ldots, 11\ldots10$$

まず、最初のビット列に対する答え a_1 から求めるコードに含まれる 0 の数が分かる。次に、2 番目のビット列に対する答えを a_2 とする。1 番目と 2 番目のビット列の違いは 1 桁目だけであるから、それぞれに対応する一致したビットの数、a_1 と a_2 の差は 1 になるが、この 2 つの数の大小からコードの第 1 ビットを求めることができる。すなわち、$a_1 < a_2$ なら $b_1 = 1$ となり、$a_1 > a_2$ なら $b_1 = 0$ となる（たとえば、コードが 01011 なら、$a_1 = 2, a_2 = 1$ となる。このとき、$a_1 > a_2$ なので $b_1 = 0$ と分かる）。残る $n - 2$ 回の質問でも同様の手順を繰り返すことで、問題としているコードのビット列 $b_3, \ldots, b_{n-1}$ が分かる。最後の b_n については、最初の質問で判明した 0 の数から

導くことができる。つまり、コードの最初の $n-1$ ビットにおける 0 の数と一致すれば、$b_n = 1$ となるし、そうでなければ $b_n = 0$ となる。

実際は、任意の n-ビット列から始めて 1 ビットずつ値を変えながら n 回の質問をすることで同じように答えを求めることができる。

■コメント　このパズルは有名なマスターマインド（Mastermind）というボードゲームと非常に似ているが、デニス・シャシャの著作から取った [Sha07]。上記の解法は縮小統治法の考え方に基づいている。この解法はすべての n について最適解ではない。たとえば、任意の 5-ビットコードは 00000、11100、01110、00101 の 4 つのビット列で判定可能である（シャシャの著作の pp.105–106）。与えられた n について最小の質問回数を与える一般的な式は知られていない。

66. 残る数字

■解　50 よりも小さい正の奇数が答えになり得る。

最初に黒板上に記されている数字の和は $1 + 2 + \ldots + 50 = 1275$ となり、これは奇数である。任意の a と b を $|a - b|$（ここで、$a \leq b$ としても一般性は失わないので、そう仮定する）で置き換えると、以下のように総和は $2a$ だけ減る。

$$S_{\text{new}} = S_{\text{old}} - a - b + |a - b| = S_{\text{old}} - b - a + b - a = S_{\text{old}} - 2a$$

このことから、以前の和が奇数なら、新しい和もまた奇数でなければならないことが分かる。したがって、1275 から始めてこの操作を何回繰り返しても偶数は現れない。

さらに、黒板上の数字は常に非負であり、任意の非負の a と b について $|a - b|$ は必ず a と b のうち大きい値以下になる。

次に、指定された操作を 49 回繰り返すと 1 から 49 までの奇数のうち任意のものを黒板上に残せることを示す。まず、k をその最後に残った数字としよう。最初に $k + 1$ から 1 を引くことで、この数字が得られる。続いて、残る連続する整数を以下のような組にして操作を適用する。

$$(2, 3), (4, 5), \ldots, (k - 1, k), (k + 2, k + 3), \ldots, (49, 50)$$

この結果、上記の数字に替わって 24 個の数字の 1 が得られる。さらにそれらに操作を適用することで 12 個の 0 が得られ、これに操作を 11 回適用することで 1 つの 0 のみになる。最後に、最初に得られた k と 0 に対して操作を適用すると k が得られる。

67. ならし平均

■解 最初の水が入っている花瓶の水を、残る空の花瓶 9 つで順に半分ずつに分けていくと、最後には $a/2^9$ リットルになる。この量が、最小値となる。m を、現在の花瓶すべての中で最小の水の量とする（初期状態では、$m = a$ であり、目標はこれを最小にすること）。2 つの数字の平均は、必ず 2 つのうち小さい方の値以上になるので、m が減少するのは、m リットルの花瓶と空の花瓶の間で水を分けあったときのみとなる。それぞれの空の花瓶を使って水を分けあった後は、もう空の花瓶はないので、m を減らすことはできない。したがって、得ることができる m の最小値は $a/2^9 = a/512$ リットルとなる。

■コメント このパズルは貪欲法で解くことができる。その解が正しいことはチュートリアルで述べた単一変数項を使うことで示される。

このパズルは、1984 年のレニングラード数学オリンピックで出題された後、言葉使いは違うが、雑誌「クヴァント」(*Kvant*) の記事の中で演習問題として取り上げられている [Kur89, 問題 6]。

68. 各桁の数字の和

■解 1 から 10^n までの整数に現れる各桁の数字の和は $45n10^{n-1} + 1$ になる。したがって、$n = 6$ とすれば、答えは 27,000,001 となる。

ひとまず最後の 10^n は和に含めないとすると考えやすい。最初に 1 から $10^n - 1$ までの整数の数字の和を求めて、最後に 10^n が寄与する分の 1 を足せばよい。最初に求める和を $S(n)$ としよう。また、10^{n-1} より小さい整数すべての先頭を 0 で詰めて、どの整数も n 桁にする。

$S(n)$ を計算する簡単な方法の 1 つは、0 と $10^n - 1$、1 と $10^n - 2$、2 と $10^n - 3$ というように整数の組を作る方法だ。この組に含まれる数字の和はどれも $9n$ になる（この組を作るやり方は、アルゴリズム分析チュートリアルの 1 から n までの整数の和を求める公式を導くときにも使った）。このような組は $10^n/2$ 組あるので、和 $S(n)$ は $9n \cdot 10^n/2 = 45n \cdot 10^{n-1}$ となる。

もう 1 つの解法として、本書の**走行距離計パズル**（No.55）を解くのに使ったのと

同じ方法を使うこともできる。先ほどと同様に、それぞれの整数の桁を揃えたとすると、n 桁の整数がぜんぶで 10^n 個あることになる。このとき、10 個の数字が現れる回数はどれも等しく $n \cdot 10^n / 10 = n \cdot 10^{n-1}$ 回になる。したがって、その数字の和は以下のようになる。

$$0 \cdot n \cdot 10^{n-1} + 1 \cdot n \cdot 10^{n-1} + 2 \cdot n \cdot 10^{n-1} + \cdots + 9 \cdot n \cdot 10^{n-1}$$
$$= (1 + 2 + \cdots + 9) n \cdot 10^{n-1} = 45n \cdot 10^{n-1}$$

3 つ目の解法は、$S(n)$ の漸化式を作る方法だ。まず、$S(1) = 1 + 2 + \cdots + 9 = 45$ は明らかである。一方、n 桁の数字の最上位（左端）の桁に現れる 10 個の数字それぞれについて、それより下位の数字の和は $S(n-1)$ であり、最上位の桁に現れる数字が和に寄与する分は $10^{n-1}(0 + 1 + 2 + \cdots + 9) = 45 \cdot 10^{n-1}$ であるから、以下のような漸化式が得られる。

$$S(n) = 10S(n-1) + 45 \cdot 10^{n-1} (n > 1 \text{ のとき}), S(1) = 45$$

この式を後退代入して解くと（アルゴリズム分析のチュートリアルを見よ）、$S(n) = 45n \cdot 10^{n-1}$ となる。

以上から、$n = 6$ については、$S(6) = 45 \cdot 6 \cdot 10^{6-1} = 27{,}000{,}000$ となるので、求める答えは 27,000,001 になる。

■コメント　数字の和が同じになるように整数の組を作る方法は、表象変換もしくは、Z・ミカルウチと M・ミカルウチがその著書 [Mic08, pp.61–62] で行ったように、不変条件と考えることができる。また、この組を作る方法は B・A・コルデムスキーも使っている [Kor72, p.202]。漸化式を使う方法は 1 次縮小戦略の応用である。

69. 扇の上のチップ

■解　n が奇数もしくは 4 の倍数のとき、そしてそのときに限り、解が存在する。

最初に、この条件が解が存在するための必要条件であることを示す。それには、n が奇数でないなら、n が 4 の倍数のときにしか解を持たないことを示せばよい。まず適当な領域を選び、そこから始めて、たとえば時計回りに、それぞれの領域に 1 から n まで番号を振る。ここで、チップが乗っている領域の番号を合計したものを S としよう（同じ領域に複数のチップがあった場合は、その数だけ領域の番号を足すとする。1 枚のチップにつき 1 回ということだ）。n が偶数なら、2 枚のチップを隣の領域

に移しても S のパリティは変わらない。なぜなら、1 枚のチップを隣の領域に移すと S の偶奇は必ず反転し、2 枚を移動させたら偶奇は保存されるからだ。この問題に解があるなら、つまりすべてのチップをある領域 j ($1 \leq j \leq n$) に集めることができるなら、そのとき $S = nj$ となり、これは偶数になる。というのも、ここでは n は偶数と仮定しているからだ。したがって、初期状態でも $S = 1 + 2 + \cdots + n = n(n+1)/2$ は偶数のはずだ。すなわち、$n(n+1)/2 = 2k$ となる。このことから、$n(n+1) = 4k$ であり、$n+1$ は奇数だから、n は 4 の倍数でなければならない。

次に、この条件が十分条件であることを示す。n が奇数なら、すべてのチップを真ん中の領域（すなわち、$j = (1+n)/2$）に集めることができる。中央の領域からの距離が等しいチップ 2 枚（領域 1 と領域 n、2 と $n-1, \ldots, j-1$ と $j+1$）を同時に動かして真ん中の領域に到達するまで繰り返せばよい。一方、n が 4 の倍数なら、たとえば、最初にすべての奇数番の領域のチップを 1 度に 2 枚ずつ時計回りに隣の偶数番の領域に動かせばよい（n は 4 の倍数なので、n より小さい奇数は必ず偶数個ある）。そうすれば、領域 2 にある 2 枚のチップを領域 n まで移動させることができる。同様に領域 4 にある 2 枚のチップ、領域 6 にある 2 枚のチップ、というようにすべてのチップを最後の領域に移せる。

■コメント　このパリティを利用するパズルは [Fom96, p.124] の問題 2 を一般化したものである。

70. ジャンプにより 2 枚組を作れ I

■解　まず、硬貨の枚数が奇数のときは解がないことは自明である。最終状態ではどの硬貨も 2 枚組になっていなければならないから硬貨の全枚数は必然的に偶数となる。$n = 2, 4, 6$ には、すべての可能な手を挙げてみると解がないことが分かる。$n = 8$ の場合、いくつか解がある。そのうちの 1 つは（バックトラックによって容易に見つけられるのだが）以下のようなものだ。左から 4 枚目の硬貨を 7 枚目の硬貨の上に、6 枚目を 2 枚目の上に、1 枚目を 3 枚目の上に、5 枚目を 8 枚目の上に移動させればよい。8 より大きな偶数枚数の硬貨（すなわち、$n = 8 + 2k$ ただし $k > 0$）について考えると、どの場合も $8 + 2k - 3$ 枚目の硬貨を右端の $8 + 2k$ 枚目の硬貨の上に移動させれば、2 枚少ない場合、すなわち大きさが 2 だけ小さいインスタンス（$n = 8 + 2(k-1)$）に帰着できる。この操作を k 回繰り返すと、$n = 8 + 2k$ のインスタンスは硬貨が 8 枚のインスタンスに帰着される。この解はすでに上に述べている。

このアルゴリズムで求められた解は、1 手で 1 つの組を作ることから分かるように、最少手数である。

■**コメント** 上記のアルゴリズムではバックトラックと縮小統治法の考え方が使われている。

このパズルへの言及で最も古いものは、ディビッド・シングマスターの文献解題 [Sin10, 5.R.7 節] によると、1727 年の日本人によるものである。このパズルはボールとコクセター [Bal87, p.122] やマーティン・ガードナー [Gar89] によって議論されている。マーティン・ガードナーはこのパズルを「昔からある素晴らしい硬貨パズルの 1 つ」と述べている (p.12)。

71. マスの印付け I

■**解** このパズルが解を持つ条件は、$n = 4$ に加えて、$n = 9$ 以外の $n > 6$ である。

$n = 1, 2, 3$ についてパズルが解を持たないのは自明である。$n = 4$ については、問題文の中で解が与えられている。$n = 5$ については解がない。これは背理法で証明できる。5 つの印付けられたマスがあるとして、それぞれの隣接する偶数個のマスに印が付いているとしよう。このうち最も左にある印付きマスのうち一番上にあるものについて考えよう。このマスに隣接する右と下のマスには印が付いていなければならない。一方、最も左にある印付きマスのうち一番下にあるマスに隣接する上と右のマスにも印が付いていなければならない。そのような配置のうち考えられるものは図 4.43 の 2 つである。しかし、印が 5 つの配置は求められている条件、どの印付きのマスにも正の偶数個の隣接する印付きマスがなければならない、という条件を満たしていない。また、印が 4 つの配置も、この条件を満たしながら、もう 1 つ印を付けることは不可能である。似たような分析を $n = 6$ および $n = 9$ について行えば、それらについてこのパズルが解を持たないことが分かる。

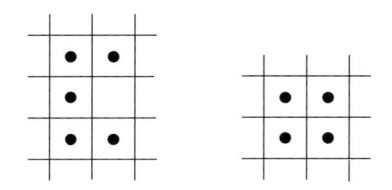

図 4.43 $n = 5$ のとき、左端の一番上と一番下の印付きマスが、偶数個の印付きマスと隣接するという条件を満たす 2 つの配置

$n = 7$ と $n = 11$ のときの解は図 4.44a と 4.44b に示す。後者の解は、単純に大きい方の四角形に 2 つの印付きマスを追加することで、任意の奇数の $n > 11$ に拡張可能である。$n = 13$ のときの解を図 4.44c に示した。

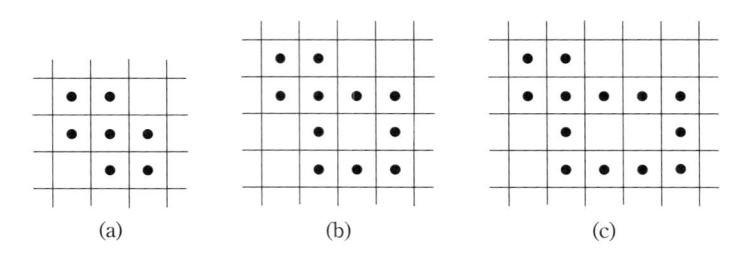

図 4.44 (a) $n = 7$, (b) $n = 11$, (c) $n = 13$ のときの「マスの印付け I」パズルの解

偶数の $n > 6$ については、図 4.45 ($n = 8$ および $n = 10$ の解) に示すような長さ $(n - 2)/2$、高さ 3 の枠のような図形を作ることで解を得ることができる。

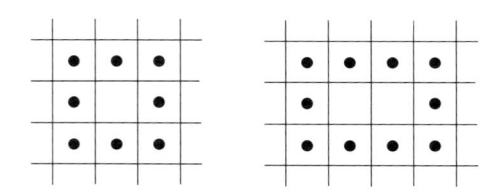

図 4.45 $n = 8$ と $n = 10$ の「マスの印付け I」の解

■コメント 上記の解法はインクリメンタル・アプローチ (ボトム・アップの縮小統治法戦略) に基づいている。n の中には他の解法で解けるものも多い。隣接する印付きのマスが奇数という条件の場合はどうなるか、というのは次の問題**マスの印付け II** (No.72) で取り上げる。

このパズルは B・A・コルデムスキーの最後の著作 [Kor05, pp.376–377] に収められている。

72. マスの印付け II

■解 このパズルは n が偶数のとき解を持つ。

$n = 2$ のときの解は図 4.46a に示されるように自明である。その右端に隣接する印

付きのマスを 2 つ加える（それぞれ水平方向と垂直方向）と $n = 4$ の解になる（図 4.46b）。この操作を繰り返すと（ただし右端のマスと隣り合う垂直方向のマスは先ほどとは逆の下側にする）$n = 6$ の解になる（図 4.46c）。このようにして、偶数の n について解を得ることができる。

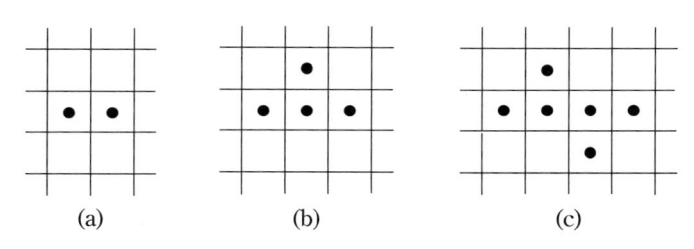

図 4.46　(a) $n = 2$, (b) $n = 4$, (c) $n = 6$ の「マスの印付け II」パズルの解

　次に、n が奇数のときは隣接する印付きのマスを奇数にすることは不可能なことを示そう。もし可能ならば次のような矛盾が発生する。まず、印付きのマスが共有している辺の数を数えると、それらはどれも 2 回数えられるので、合計は偶数となる。一方で、この数は奇数でなければならない。というのも、奇数を奇数回加えても奇数だからだ。

■**コメント**　n が偶数のときの解はインクリメンタル・アプローチ（ボトム・アップの縮小統治法戦略）に基づいている。n が奇数のときに解がないことを証明する方法は有名な**握手補題**（Handshaking Lemma）と呼ばれる数学の定理の証明と同じである。この定理は、あるグループ内で奇数人の人々と握手した人の数は偶数でなければならない、というものである（例、[Ros07, p.599]）。この問題に当てはめると、握手した人は印付きのマスと辺を共有しているマスに相当する。

　このパズルは B・A・コルデムスキーの最後の著作 [Kor05, pp.376–377] に載っている。

73.　農夫とニワトリ

■**解**　ゲームの格子を、8 × 8 のチェス盤の各マスの中心を結んだものとみなすと分かりやすい（図 4.47a）。雄鶏の捕獲が起きるのは農夫の手番のときで、両者が（水平方向もしくは垂直方向に）隣り合っているときであるが、このとき、両者のいるマスの色は異なるはずである。初期状態では、両者は同じ色のマスにいる。各手番で、両

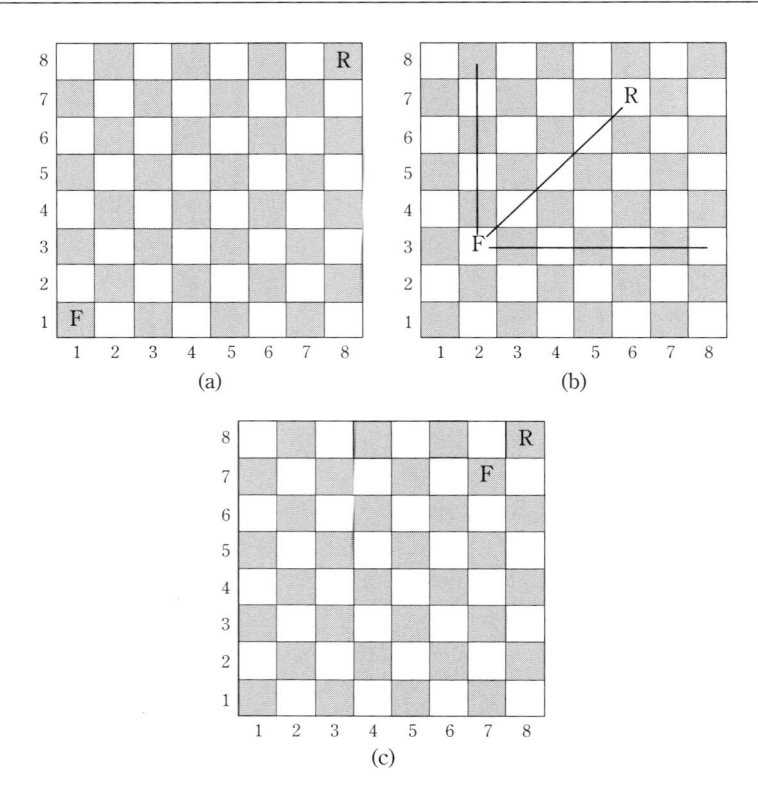

図 4.47 「農夫とニワトリ」ゲーム。(a) 初期状態、(b) 農夫の戦略、(c) 雄鶏の最後の手番

者は必ずいまのマスと違う色のマスに移動するので、農夫が先番のときは捕獲できないことが分かる。

農夫が後番なら、農夫は常に雄鶏の斜め方向にいるように動きつつ近付いていくことで、雄鶏を角に追い詰めることができる。農夫と雄鶏の位置を、マスの行番号 i と列番号 j を使ってそれぞれ (i_F, j_F)、(i_R, j_R) として、農夫の位置 (i_F, j_F) と $(8, j_F)$、$(8, 8)$、$(i_F, 8)$ でできる長方形を考えると、雄鶏は常にその長方形の内部におり、そこから逃げることはできない（図 4.47b）。長方形は、農夫の移動のたびに農夫が移動した方向に縮んでいき、最後には雄鶏は右上の各に追い詰められる（図 4.47c）。

よりきちんとした形で農夫の移動を表すには $i_R - i_F$、すなわち農夫のいるマス (i_F, j_F) と雄鶏のいるマス (i_R, j_R) の行方向の距離を計算し、次に列方向の距離 $j_R - j_F$

を求め、両者のうち大きい方を求めればよい。

$$d = \max\{i_R - i_F, j_R - j_F\}$$

農夫は常に d を減らすように動く。つまり、列方向の距離 $j_R - j_F$ が行方向の距離 $i_R - i_F$ より大きいなら右に動き、逆なら上に移動する（雄鶏が移動した後は、必ず行方向の距離と列方向の距離が等しくなることはない）。

農夫の位置から右上の隅までのマンハッタン距離（$(8 - i_F) + (8 - j_F)$）は農夫が 1 回動くたびに 1 減るので、12 手後には図 4.47c のようになる。ここからは、次の農夫の手番で雄鶏を捕まえることができる。したがって、雄鶏が図 4.47a の初期状態から先に移動するなら、どちらの駒も 13 手動いたところでゲームが終わるもちろん、雄鶏がこの避けようのない運命を早く迎えようと考えたとすれば、最短で 7 手で農夫の隣りのマスまで移動することができる。

■コメント　この解法では、不変条件の考え方を使ってどちらが先番でなければならないかを示し、捕まえるための戦略を求めるときは貪欲法を使っている。格子をチェス盤とみなす問題の変形もポイントだが、ここではそれほど重要ではない。

この問題は、本書の 2 つ目のチュートリアルに出てきた**トウモロコシ畑の鶏パズル**を一般化したものだ。似たようなパズルは多くのパズル集に収められており、たとえば [Gar61, p.57] や [Tan01, 問題 29.3] がある。

74. 用地選定

■解　x と y の最適値は、それぞれ $x_1, \ldots, x_n$ と $y_1, \ldots, y_n$ の中央値になる。

この問題は明らかに、水平方向の距離 $|x_1 - x| + \cdots + |x_n - x|$ と垂直方向の距離 $|y_1 - y| + \cdots + |y_n - y|$ を、それぞれ独立に最小化する問題と等価である。したがって、異なる入力に対する同じ問題が 2 つあることになる。

$|x_1 - x| + \cdots + |x_n - x|$ を最小化する問題を解くにあたって、$x_1, \ldots, x_n$ が昇順になっていると仮定する（もしそうでないなら、最初にソートしてから名前を付け替えればよい）。また、$|x_i - x|$ を数直線上の点 x_i と x の距離、と捉えると分かりやすい。以下では、n が偶数と奇数の場合それぞれに分けて考える。

n を偶数としよう。まず $n = 2$ の場合を考える。x が x_1 と x_2 を端点とする区間に含まれている（端点も含む）なら、$|x_1 - x| + |x_2 - x|$ は $x_2 - x_1$ に等しい。x がこの区間の外にある場合は、$|x_1 - x| + |x_2 - x|$ は常に $x_2 - x_1$ より大きくなる。さらに、n が偶数のとき、最小化する和を次のように変形できることを考えると、この値が最小に

なる条件は、x がそれぞれ x_1 と x_n を端点とする区間、x_2 と x_{n-1} を端点とする区間 $\ldots x_{n/2}$ と $x_{n/2+1}$ を端点とする区間に含まれているときである。

$$|x_1 - x| + |x_2 - x| + \cdots + |x_{n-1} - x| + |x_n - x|$$
$$= (|x_1 - x| + |x_n - x|) + (|x_2 - x| + |x_{n-1} - x|)$$
$$+ \cdots + (|x - x_{n/2}| + |x_{n/2+1} - x|)$$

この区間列の各区間はどれも1つ前の区間に含まれるので、x が最後の区間に含まれることが、和が最小になる必要十分条件である。すなわち、$x_{n/2} \leq x \leq x_{n/2+1}$ となる x が、そしてそのような値のみが、この問題の解となる。

次に、n が奇数の場合を考えよう。$n = 1$ については自明である（$|x_1 - x|$ を最小化するには $x = x_1$ でなければならない）ので、$n = 3$ の場合を考えよう。和

$$|x_1 - x| + |x_2 - x| + |x_3 - x| = (|x_1 - x| + |x_3 - x|) + |x_2 - x|$$

が最小になるのは $x = x_2$ のときである。なぜなら、$|x_1 - x| + |x_3 - x|$ と $|x_2 - x|$ の両方が最小になるからである。同じ論法を奇数の n すべてに適用できる。すなわち、

$$|x_1 - x| + |x_2 - x| + \cdots + |x - x_{\lceil n/2 \rceil}| + \cdots + |x_{n-1} - x| + |x_n - x|$$
$$= (|x_1 - x| + |x_n - x|) + (|x_2 - x| + |x_{n-1} - x|) + \cdots + |x - x_{\lceil n/2 \rceil}|$$

が最小になるのは $x = x_{\lceil n/2 \rceil}$ すなわち、x より左側にある点の数と x より右側になる点の数が等しくなるような点の位置である。

偶数の n についても、中央の点 $x_{\lceil n/2 \rceil}$（$x_1, \ldots, x_n$ の $\lceil n/2 \rceil$ 番目の点）が解になっていることに注意すれば、n が偶数の場合も奇数の場合も、解は $x_1, \ldots, x_n$ の中央値となる。

■**コメント** この解は変換統治法の考え方を利用している。パズルの問題を n 個の与えられた数字の真ん中の数字を求めるという数学的な問題に帰着させている。数学者は、そのような値を**中央値**（median）と呼ぶ。この値は統計学では大変重要なものだ。効率的に中央値を探す問題は**選択問題**（selection problem）と呼ばれている。単純な方法は、数字を昇順にソートして $\lceil n/2 \rceil$ 番目の数字を選ぶというものだが、さらに高度なより効率的なアルゴリズムもある。例、[Lev06, pp.188–189] や [Cor09, 9.2 節および 9.3 節] を参照してほしい。

75. ガソリンスタンドの調査

■解 ガソリンスタンド n を 2 回訪れる必要があるので、問題文の条件に合った経路を選ぶ限り、ガソリンスタンド $n-1$ は 2 回以上訪れなければならない。したがって、他の中間にあるガソリンスタンドも等しく 2 回以上訪れなければならない。問題文で与えられた条件から、ガソリンスタンド 1 も 2 回訪れなければならないので、ガソリンスタンドを訪れる回数は少なくとも $2n$ となる。これは与えられた条件を満たす経路の最短長は $(2n-1)d$ であることを意味する。ここで、d は隣り合うガソリンスタンドの距離である。n が偶数なら、偶数番号のガソリンスタンドに着いたら 1 つ前のガソリンスタンドに戻る、という戦略をとることで、経路の長さがこの最短長になる。つまり、以下のような順番でガソリンスタンドを訪れればよい。

$$1, 2, 1, 2, 3, 4, 3, 4, \ldots, n-1, n, n-1, n$$

$n=8$ の場合について、この経路を図 4.48 に示した。

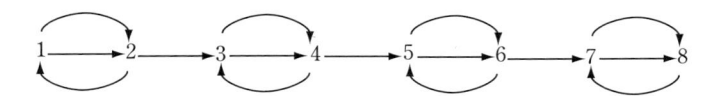

図 4.48 $n=8$ の場合の「ガソリンスタンドの調査」パズルの解

n が奇数のとき、条件を満たしつつガソリンスタンド $2, \ldots, n-1$ を 2 回ずつ訪れる経路は存在しないことを帰納法で示す。まず $n=3$ のとき、条件を満たす経路では、ガソリンスタンド 2 を最低 3 回訪れないといけないことは明らかである。さて、奇数の $n \geq 3$ について、中間にあるガソリンスタンド $2, \ldots, n-1$ をちょうど 2 回ずつ訪れるような経路が存在しないとする。ここで、背理法を使って、このことがガソリンスタンドの数が $n+2$ のときも成り立つことを示す。そのような経路があるとしたら、経路の終点はガソリンスタンド $n+2$ のはずである。そうでなければ、ガソリンスタンド $n+1$ を 3 回以上訪れなければならなくなってしまう。さらに、その経路の終わりに訪れるガソリンスタンドは、$n+1, n+2, n+1, n+2$ となり、$n+1$ も $n+2$ もこれより前には訪れていないはずである。しかし、これより前の経路について考えると、その経路はガソリンスタンドの数が n のときの条件を満たす経路になっており、中間のガソリンスタンド $2, \ldots, n-1$ は 2 回ずつ訪れていることになる。これは前提と矛盾する。したがって、$n+2$ のときも中間にあるガソリンスタンド $2, \ldots, n-1$ を

ちょうど2回ずつ訪れるような経路が存在しないことが証明された。

以上から、n が奇数の場合は条件を満たす経路における中間のガソリンスタンドの訪問回数は3回以上になることが示せた。したがって、n が奇数の場合の解は以下のようになることが分かる。

$$1, 2, \ldots, n-1, n, n-1, \ldots, 2, 1, 2, \ldots, n-1, n$$

■**コメント** このパズルはヘンリー・E・デュードニーの著作にある「踏み石（Stepping Stones）」というパズル [Dud67, 問題522] やサム・ロイドの「レンガ箱運びの問題（Hod Carrier's Problem）」[Loy59, 問題88] を一般化したものである。両者とも、$n = 10$ の場合を問題にしている。

76. 効率良く動くルーク

■**解** 任意の $n > 1$ に対して、必要な最少手数は $2n - 1$ である。

最適な移動の1つは、左上角から始めて、できるだけ遠くに進んでから曲がるという貪欲戦略によるものである。8×8 の盤面の場合、その結果は図4.49a に示される移動となる。$n \times n$ の盤面において、そのような移動の手数は $2n - 1$ である。

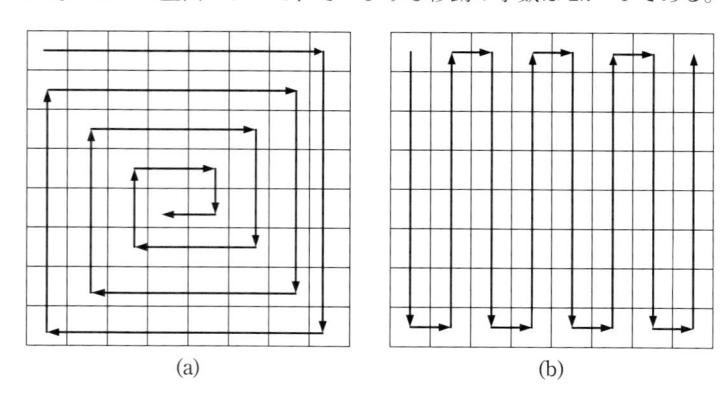

図4.49 8×8 の盤面においてルークが最少手数で巡回する経路。(a) 貪欲法による解。(b) もう1つの解。

$n > 1$ のとき、$n \times n$ の盤面のすべてのマスを通るルークの巡回には少なくとも $2n - 1$ 手かかることを証明しよう。すべてのマスを通る任意の巡回には、必ず、盤面

のすべての列に沿った手か、すべての行に沿った手のいずれかがある（ある列に沿った手がないならば、行方向の移動によってその列のすべてのマスを通ることになるある行に沿った手がないならば、列方向の移動によってその行のすべてのマスを通ることになる）。したがって、すべてのマスを通る巡回は、n 回の垂直方向の移動に加えて列を切り替えるための $n-1$ 回の水平方向の移動を間に入れたものか、n 回の水平方向の移動に加えて行を切り替えるための $n-1$ 回の垂直方向の移動を間に入れたものとなる。これにより、$n \times n$ の盤面のすべてのマスを通る任意のルークの巡回には少なくとも $2n-1$ 手かかることが証明され、上記の巡回が最適であることが証明される。

解は上記の1つだけではない。8×8 の盤面におけるもう1つの解を図 4.49b に示す。もちろん、$n > 1$ のとき、任意の $n \times n$ の盤面において同様の巡回が可能である。

■コメント　上記の1つ目の解は貪欲戦略に基づくものである。貪欲アルゴリズムの場合によくあるように、ここで最も難しいのは、アルゴリズムそのものよりもそのアルゴリズムの正しさの証明である。

この問題は、E・ギクによる『*Mathematics on a Chessboard*』（チェス盤上の数学）[Gik76, p.72] で議論されている。

77. パターンを探せ

■解　数が 10 進数であるとすると、最初の9つの積において明らかなパターンが見られる。

$$1 \times 1 = 1, \quad 11 \times 11 = 121, \quad 111 \times 111 = 12321,$$
$$1111 \times 1111 = 1234321, \ldots, 111111111 \times 111111111 = 12345678987654321$$

しかしその後、繰り上がりのためそのパターンは破綻する。

$$1,111,111,111 \times 1,111,111,111 = 1234567900987654321, \text{など。}$$

（もちろん、1 の数が増えたとき、別のパターンが現れる可能性がないわけではない。）
数が 2 進数であるとすると、

$$\underbrace{11\ldots1}_{k} \times \underbrace{11\ldots1}_{k} = \underbrace{11\ldots1}_{k-1}00\underbrace{\ldots0}_{k}1$$

となる。ただし、$k = 1$ のとき 01 と 1 が等しいとみなす。確かに、$\underbrace{11\ldots1}_{k} = 2^k - 1$ であり、ゆえに

$$\underbrace{11\ldots1}_{k} \times \underbrace{11\ldots1}_{k} = (2^k - 1)^2 = 2^{2k} - 2 \cdot 2^k + 1 = 2^{2k} + 1 - 2^{k+1}$$

である。

$$2^{2k} + 1 = 1\underbrace{00\ldots00}_{k}\underbrace{\ldots01}_{k} \quad \text{また} \quad 2^{k+1} = 1\underbrace{00\ldots0}_{k+1}$$

であるので、以下のようになる。

$$2^{2k} + 1 - 2^{k+1} = \underbrace{11\ldots1}_{k-1}\underbrace{00\ldots0}_{k}1$$

■コメント　このパズルの 10 進数の方の出典は [Ste09, p.6] である。

78. 直線トロミノによる敷き詰め

■解　問題となっている敷き詰めは常に可能である。

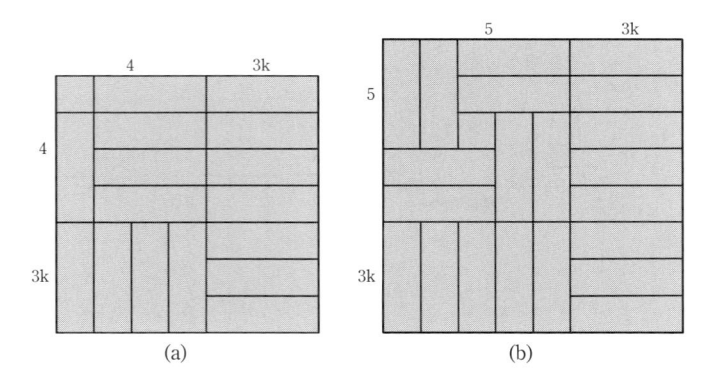

図 4.50　(a) $n = 4 + 3k$ と (b) $n = 5 + 3k$ の場合の直線トロミノと 1 つのモノミノによる $n \times n$ の正方形の敷き詰め

78. 直線トロミノによる敷き詰め

まず、$n \bmod 3 = 1$ および $n > 3$ である場合、すなわち、$k \geq 0$ について $n = 4 + 3k$ である場合を考える。正方形は3つの部分領域に分割することができる（分割統治の考え方の使い方に注意しなさい）。それらは、左上隅にある 4×4 の正方形、$4 \times 3k$ の長方形、および、$3k \times (4 + 3k)$ の長方形である（図4.50a 参照）。4×4 の正方形において、モノミノを置いた残りの部分を直線トロミノで敷き詰め可能にするには、正方形の角のいずれかにモノミノを置くことが必要である。その他の2つの長方形（$k > 0$ のとき）の敷き詰めは自明である。なぜなら、いずれもその1辺が $3k$ であるからである。

同様に、$n \bmod 3 = 2$ および $n > 3$ である場合、すなわち、$k \geq 0$ について $n = 5 + 3k$ である場合、図4.50b に示されるように盤面を敷き詰めることが可能である。

■**コメント**　この敷き詰めのアルゴリズムは、3次縮小戦略を応用したものと考えることもできる。$(n-3) \times (n-3)$ の正方形を敷き詰めできたならば、$n \times n$ の正方形を敷き詰める簡単な方法がある。

ソロモン・ゴロムによるポリオミノによる敷き詰めに関する独創性に富んだ論文 [Gol54] において、8×8 のチェス盤を直線トロミノで敷き詰める問題が紹介されている。特に彼は、モノミノが図4.51 に示された4つの位置のうちのいずれかに置かれたとき、かつそのときに限り、盤面の敷き詰めが可能であることを証明した。

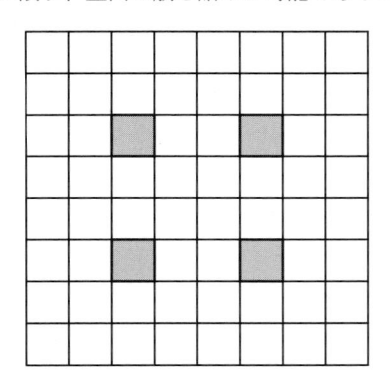

図4.51　直線トロミノによる 8×8 の盤面の敷き詰めにおいて、モノミノが取り得る4つの位置（灰色で示される）。

79. ロッカーのドア

■**解** n 回の通過の後に開いているドアの数は $\lfloor \sqrt{n} \rfloor$ である。

最初にすべてのドアは閉まっているので、最後に通った後にドアが開いているのは、状態の変わる回数が奇数のときであり、かつそのときに限る。j ($1 \leq j \leq n$) 回目の通過の際にドア i ($1 \leq i \leq n$) の状態が変わるのは、i が j で割り切れるときであり、かつそのときに限る。したがって、ドア i の状態の変わる回数は、その約数の数に等しい。i が j で割り切れるとき、すなわち $i = jk$ のとき、i は k でも割り切れることに注意せよ。よって、i が完全平方数でなければ、i のすべての約数は組にできる（たとえば $i = 12$ のとき、そのような組は 1 と 12、2 と 6、3 と 4 である。$i = 16$ のとき、4 には組をなす他の約数がない）。これより、i の約数の個数が奇数となるのは、それが完全平方数であるとき、すなわち正の整数 l について $i = l^2$ であるときであり、かつそのときに限る。したがって、最後に通った後、完全平方数の位置にあるドアは開いており、また開いているのはそれらだけである。n 以下のそのような位置の数は $\lfloor \sqrt{n} \rfloor$ であり、それらの位置は 1 から $\lfloor \sqrt{n} \rfloor$ の正の整数を 2 乗したものである。

■**コメント** このパズルは 1953 年 4 月発刊の「*Pi Mu Epsilon Journal*」(p.330) にある。それ以降、印刷物（例、[Tri85, 問題 141]; [Gar88b, pp.71–72]）やインターネット上の多くのパズル集にこのパズルが見られる。

80. プリンスの巡回

■**解** このパズルは、任意の n に対して解がある。

8×8 の盤面におけるプリンスの巡回を図 4.52 に示す。

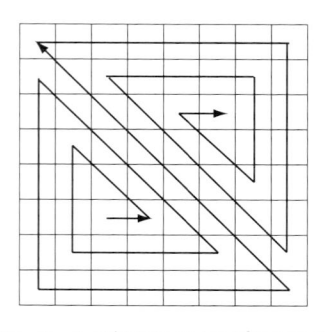

図 4.52　8×8 の盤面におけるプリンスの巡回

その巡回は、3つの部分からなると考えられる。それらは、盤面の右下角から左上角への対角線、対角線より上のマスをすべて通る左上角から終点までのうずまき状の路、および、対角線より下のマスをすべて通る対称なうずまき状の路の3つである。

$n > 1$ のとき、任意の $n \times n$ の盤面に対してそのような路が構成できることを確認するのは簡単である。$n = 1$ のとき、このパズルには自明な解がある。

このパズルの解は一意ではない。$n = 6$、7、8 に対する別解を図 4.53 に示す。それらは $n = 3k$、$n = 3k + 1$、$n = 3k + 2$ の一般の場合も表している。

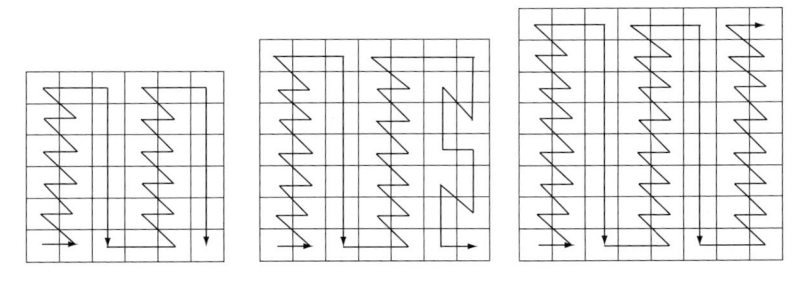

図 4.53　$n = 3k$、$n = 3k + 1$、$n = 3k + 2$ に対する、$n \times n$ の盤面のプリンスの巡回

■コメント　どちらの解も、分割統治戦略の応用と考えることができる。

このパズルを考えたきっかけは、10×10 の盤面において閉じた（再入可能な）プリンスの巡回が存在するかを問う質問であった。その質問は、ロシアの物理と数学の学校向けの問題集に含まれていた [Dyn71, 問題 139]。

81. 有名人の問題再び

■解　この問題は、$n > 1$ について $3n - 4$ 回以下の質問をするアルゴリズムで解ける。

本書の最初のチュートリアルで議論した単純なバージョンとは異なり、ここではグループに有名人がいることを仮定することができない。それでも、以下のように、同じアルゴリズム的考え方が使える。$n = 1$ のとき、定義よりその 1 名の人は有名人である。$n > 1$ のとき、グループから A と B の 2 人選び、A が B を知っているかどうかを A に質問する。A が B を知っているならば、有名人となり得る人から A を除く。A が B を知っていないならば、B をこのグループから除く。有名人になり得る残りの $n - 1$ 人のグループについて、再帰的に問題を解く。$n - 1$ 人のグループに有名人がいないという結果が返ったとすると、より大きな n 人のグループにも有名人はいない。なぜならば、最初の質問で除かれた人が有名人でないことが分かっているから

である。特定された有名人が、A でも B でもなく C だとすると、最初の質問で除かれた人を知っているかを C に質問する。その答えが「いいえ」であれば、最初の質問で除かれた人が C を知っているかを質問する。この質問の答えが「はい」であれば C を有名人として返し、そうでなければ「有名人はいない」を返す。$n-1$ 人のグループで見つかった有名人が B のとき、B が A を知っているかを質問するだけである。その答えが「いいえ」であれば B を有名人として返し、そうでなければ「有名人はいない」を返す。$n-1$ 人のグループで見つかった有名人が A のとき、B が A を知っているかを質問する。その答えが「はい」であれば A を有名人として返し、そうでなければ「有名人はいない」を返す。

最悪の場合に必要となる質問の回数 $Q(n)$ についての漸化式は以下のとおりである。

$$Q(n) = Q(n-1) + 3 \quad (n > 2 \text{ のとき}), \quad Q(2) = 2, \quad Q(1) = 0$$

前進代入、後退代入、または、等差数列の一般項の式を使うことでこの漸化式を解くことができる。その解は、$n > 1$ に対して $Q(n) = 2 + 3(n-2) = 3n - 4$、および、$Q(1) = 0$ である。

■コメント　このアルゴリズムは、1 次縮小による問題解法についての極めて良い例である。ウディ・マンバーは彼の本 [Man89, 5.5 節] の中で、そのアルゴリズムと計算機による実装を議論している。彼は、この問題が S・O・アンデラにより初めて作られたことを突き止め、またキングとスミス・トーマスによる論文 [Kin82] に上記のアルゴリズムのさらなる改良があることを指摘している。

82.　表向きにせよ

■解　最悪の場合にこのパズルを解くのに必要な操作の最小回数は $\lceil n/2 \rceil$ である。

硬貨の列は、表のブロックと裏のブロックとが交互になったものと考えることができる。それらのブロックは、同じ向きの硬貨 1 枚以上 n 枚以下からなる。任意の連続する硬貨を引っくり返すことで減らすことができる裏のブロックの数は高々 1 である。なぜならば、裏のブロックを 2 つ以上引っくり返すと、同時にそれらの間の表のブロックもすべて引っくり返るからである。したがって、裏のブロックがなくなるまでに必要な操作の回数は、少なくとも最初の列に含まれる裏のブロックの数である。その数は、0（すべて表からなる列）以上、$\lceil n/2 \rceil$（裏から始まり、表裏が交互になっている列）以下である。このパズルを最小の操作回数で解くアルゴリズムは、単純にそのときの列において最初の裏のブロックに含まれる硬貨をすべて引っくり返し、そ

の操作を裏の硬貨がなくなるまで続けるというものである。そのアルゴリズムでは、最悪の場合、$\lceil n/2 \rceil$ 回の繰り返しが必要となる。

■**コメント** 上記のアルゴリズムは、1 次縮小戦略の応用と考えることもできる。このパズルは、L・D・カーランドチクと D・B・フォミーンによる単一変数項についての「クヴァント」(*Kvant*) 論文でも用いられている。単一変数項として、硬貨の列のうちの TH と HT の組の数を考えた。それは、どのような操作を行っても高々 2 つしか変わらない。HT...HT という 100 枚の硬貨からなる列に対するこのパズルが、[Fom96, p.194, 問題 90] にある。

83. 制約付きハノイの塔

■**解** このパズルを解く最少手数は $3^n - 1$ である。

$n = 1$ のときには、唯一の円盤を、まず元の杭から中央の杭へと動かし、次にそこから目標の杭へと動かす。$n > 1$ のときには、以下のようにする。

- $n - 1$ 枚の円盤を再帰的に、元の杭から目標の杭へ中央の杭を通して動かす。
- 最も下の円盤を元の杭から中央の杭へと動かす。
- $n - 1$ 枚の円盤を再帰的に、目標の杭から元の杭へ中央の杭を通して動かす。
- 中央の杭にある円盤を目標の杭へと動かす。
- 再帰的に、$n - 1$ 枚の円盤を元の杭から目標の杭へ中央の杭を通して動かす。

このアルゴリズムを図示したものが図 4.54 である。

円盤を動かす回数 $M(n)$ についての漸化式は

$$M(n) = 3M(n-1) + 2 \quad (n > 1 \text{ のとき}), \quad M(1) = 2$$

である。$M(n)$ の値の最初のいくつかは、以下の表のとおりである。

n	$M(n)$
1	2
2	8
3	26
4	80

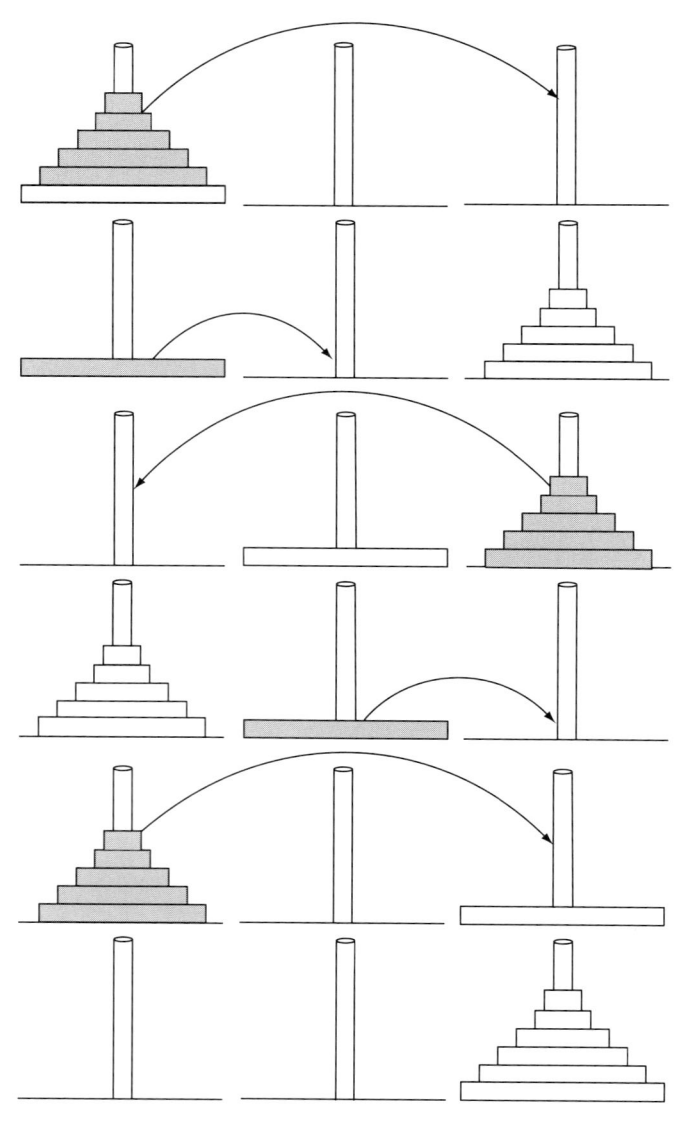

図 4.54 「制限のあるハノイの塔」パズルの再帰アルゴリズム

83. 制約付きハノイの塔

これらから、その解を表す式が $M(n) = 3^n - 1$ であることが予想できる。漸化式に代入することにより、それが正しいことが検証できる。

$$M(n) = 3^n - 1 \quad \text{と} \quad 3M(n-1) + 2 = 3(3^{n-1} - 1) + 2 = 3^n - 1$$

別の方法として [Lev06, 2.4 節] で説明されている標準的な後退代入法によって漸化式を解くこともできる。

上記のアルゴリズムが最少手数で問題を解くことを証明することは難しくない。$A(n)$ を、このパズルを解くあるアルゴリズムにおける円盤の移動回数とする。

$$A(n) \geq 3^n - 1 \quad (n \geq 1 \text{ のとき})$$

であることを帰納法により証明する。$n = 1$ の場合、$A(1) \geq 3^1 - 1$ が成り立つ。n 枚 ($n \geq 1$) の円盤について不等式が成り立つと仮定し、$n+1$ 枚の円盤の場合を考える。最大の円盤を動かせるようになる前に、n 枚のより小さな円盤はすべて目標の杭になければならない。帰納法の仮定により、それには円盤の移動が少なくとも $3^n - 1$ 回必要である。最大の円盤を中間の杭へと動かすには、少なくとも 1 回の移動が必要である。その後、最大の円盤を目標の杭へと動かすためには、n 枚のより小さな円盤が左の杭になければならず、帰納法の仮定により、それには円盤の移動が少なくとも $3^n - 1$ 回必要である。最大の円盤を中央の杭から右の杭へと動かすには少なくとも 1 回の移動が必要であり、$n - 1$ 枚の円盤を左の杭から右の杭へと動かすためには再び $3^n - 1$ 回の移動が少なくとも必要である。まとめると、円盤の移動の総回数は不等式

$$A(n+1) \geq (3^n - 1) + 1 + (3^n - 1) + 1 + (3^n - 1) = 3^{n+1} - 1$$

を満たし、これにより証明が完了する。

■**コメント** ハノイの塔パズルの古典バージョンでは、左の杭と右の杭との間で円盤を直接動かすことができるので、ハノイの塔パズルを最少手数 $2^n - 1$ で解くことができる。上記のアルゴリズムは、同じ円盤の配置が繰り返し現れることがないという条件のもとで、ハノイの等パズルを最大手数で解くものである(「Tower of Hanoi, the Hard Way」(ハノイの塔、難しい方法)というページ [Bogom] を参照せよ)。

基本的な設計戦略に関して、このアルゴリズムは疑いなく 1 次縮小戦略に基づく。しかし、古典バージョンと異なり、大きさ $n-1$ の問題を 2 回でなく 3 回解く。

ハノイの塔パズルのこのバージョンの問題は、R・S・スコアラー等による 1944 年の論文 [Sco44] で言及されている。

84. パンケーキのソート

■解 パンケーキが n 枚（$n \geq 2$）のとき、この問題は $2n - 3$ 回の反転で解くことができる。

　縮小統治戦略により、以下のようなアルゴリズムの概略が導かれる。問題が解けるまで、以下のステップを繰り返す。まだ最終的な位置にないような最大のパンケーキを、1 回の反転によって一番上にする。もう 1 回反転することで、それを最終的な位置に移す。この概略をより詳細に実現したものを以下に示す。

　パンケーキの積み重ねの下から数えて、最終的な位置にあるようなパンケーキの枚数を k とし、k を 0 に初期化する。$k = n - 1$ となるまで、すなわち、問題が解けるまで、以下を繰り返す。下から k 番目よりも上にあるパンケーキの中で、そのすぐ下のパンケーキよりも大きいもののうち、最大のものを見つける（そのようなパンケーキがなければ、問題は解けている）。この最大のパンケーキが積み重ねの一番上になければ、フライ返しをそのパンケーキの下に差し入れて反転し、そのパンケーキを一番上にする。下から $(k + 1)$ 番目から始めて、上向きに調べていき、一番上のパンケーキよりも小さい最初のパンケーキを見つける。それが下から j 番目のパンケーキであるとする（$(k + 1)$ 番目から j 番目までのすべてのパンケーキは、適切な順序に並んでいることに注意しなさい。なぜなら、現在一番上のパンケーキは、順序通りに並んでいない最大のパンケーキを選んだものであるからである）。j 番目のパンケーキの下にフライ返しを差し入れ反転することで、最終的な位置にあるパンケーキの枚数を少なくとも 1 つ増やす。最後に、k の値を j で置き換える。

　図 2.20 に示された例に対するアルゴリズムの最初のステップを図 4.55 に示す。

　このアルゴリズムが行う反転の回数は、n をパンケーキの枚数（$n \geq 2$）として、最悪の場合 $W(n) = 2n - 3$ である（明らかに、$W(1) = 0$ である）。この式は、以下の漸化式から導かれる。

$$W(n) = W(n - 1) + 2 \quad (n > 2 \text{ のとき}), \quad W(2) = 1$$

　初期条件 $W(2) = 1$ は正しい。なぜならば、大きい方のパンケーキが上にあるとき、1 回の反転で問題を解くことができ、大きい方のパンケーキが下にあるときには、反転する必要はないからである。n 枚（$n > 2$）のパンケーキの任意の積み重ねを考える。このアルゴリズムは、2 回以下の反転によって最大のパンケーキを一番下にし、その最大のパンケーキは、その後の反転で動かされることはない。したがって、n 枚のパンケーキの任意の積み重ねに対して必要な反転の総回数は、$W(n - 1) + 2$ で抑え

84. パンケーキのソート

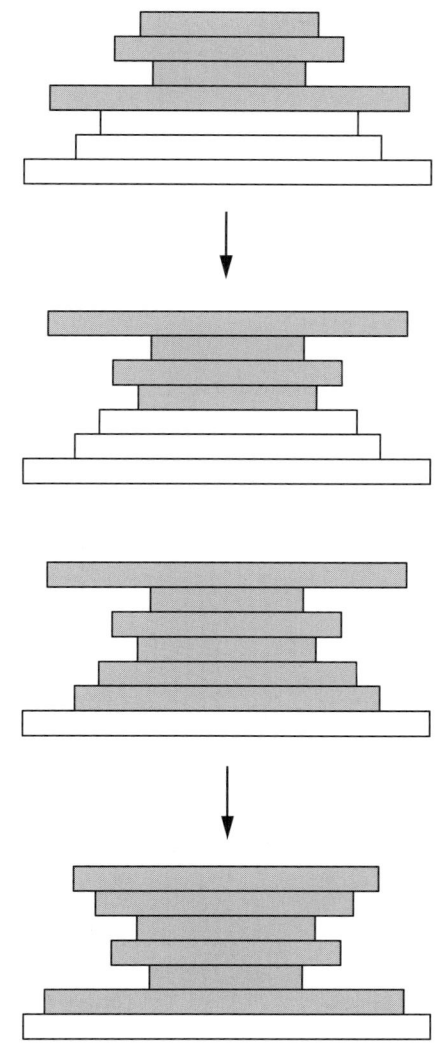

図 4.55 「パンケーキのソート」アルゴリズムにおいて最初のステップで行われる 2 回の反転

られる。実際，n 枚のパンケーキの積み重ねを以下のように構成すると，この上限になる。最悪の場合となる $n-1$ 枚のパンケーキの積み重ねを上下反転し，最大のパンケーキを一番上のパンケーキのすぐ下に挿入する。そのように作った積み重ねに対して，アルゴリズムは 2 回の反転によって，最悪の場合となる $n-1$ 枚のパンケーキの積み重ねへと問題を帰着することとなる。

上記の漸化式は等差数列となるので，第 n 項を明示的に与える以下の式が得られる。

$$W(n) = 1 + 2(n-2) = 2n - 3 \quad （n \geq 2 \text{ のとき}）$$

■コメント　上記のアルゴリズムは縮小統治戦略の素晴らしい例であり，そこでは問題の大きさが不規則に小さくなる。すなわち，定数でもなく，定数倍でもない。しかしながら，このアルゴリズムは最適ではない。最悪の場合に必要な反転の最小回数は $(15/14)n$ から $(5/3)n$ までの間にあるが，その正確な値は知られていない。

アレクサンダー・ボゴモルニによるウェブサイト「Interactive Mathematics Miscellany and Puzzles」（対話型数学雑記とパズル）[Bogom] の「Flipping pancakes」（パンケーキをひっくり返す）のページに，この問題を可視化したアプレットがある。また，このパズルに関する興味深い事実も掲載されている。特に，マイクロソフトの創始者であるビル・ゲイツによる唯一の研究論文がこの問題に関するものであるという言及がある。

85.　噂の拡散 I

■解　最小のメッセージ数は $2n-2$ である。

これを達成する方法はいくつもある。たとえば，1 人を指名して，それを人 1 として，それ以外のすべての人が知っている内容を書いたメッセージを人 1 に送る。これらすべてのメッセージを受信した後，人 1 はすべての噂を自分の知っている噂と組み合わせ，その組み合わせたメッセージを他の $n-1$ 人すべてに送る。

以下の貪欲アルゴリズムにおいて必要となるメッセージ数も同数となる。その貪欲アルゴリズムは，メッセージを送る度に，知られている噂の総数が最大となるようにする。人に 1 から n の番号を付け，最初の $n-1$ 個のメッセージは，1 から 2，2 から 3，以降同様にする。最終的に，初期状態において人 $1, 2, \ldots, n-1$ が知っていた噂を組み合わせたメッセージが人 n に送られる。その後，n の噂のすべてを組み合わせたメッセージが，人 n から人 $1, 2, \ldots, n-1$ に送られる。

このパズルを解くのに必要なメッセージの最小数が $2n-2$ であることは、1人増えたとき少なくとも2通のメッセージが必要なことから導かれる。それらは、まさに上記のアルゴリズムのように、その追加された人からのメッセージと追加された人へのメッセージの2通である。

■**コメント** このパズルは、1971年のカナダ数学オリンピックにて出されたものである [Ton89, 問題 3]。このパズルに似た問題は、通信ネットワークを取り扱う専門家にとってとても重要であることは明らかだ。

86. 噂の拡散 II

■**解** $n=1、2、3$ のとき、それぞれ 0、1、3 回の会話が必要であることは明らかである。任意の $n \geq 4$ について、$2n-4$ 回の会話でこのパズルの目標を達成するアルゴリズムの1つは以下のとおりである。$n=4$ のとき、4回の会話が必要である。たとえば、P_1 と P_2、P_3 と P_4、P_1 と P_4、および、P_2 と P_3 である。$n>4$ のとき、$n=4$ に対する解を次のように拡張することができる。まず、人 $P_5, P_6, \ldots, P_n$ のそれぞれが P_1 と話し、次に P_1 が P_2 と話し、P_3 が P_4 と話し、P_1 が P_4 と話し、P_2 が P_3 と話し、最後に、P_1 が人 $P_5, P_6, \ldots, P_n$ のそれぞれと2回目の話をする。このアルゴリズムを図示したものが図 4.56 である。このアルゴリズムにおける会話の総数は、$n \geq 4$ のとき $2(n-4)+4=2n-4$ である。

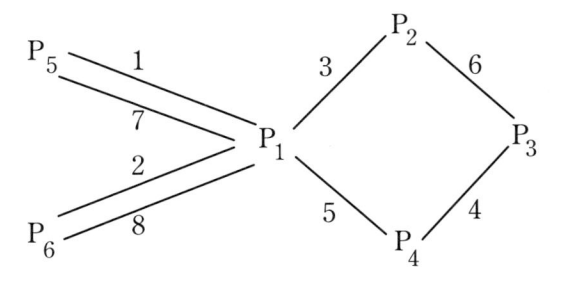

図 4.56 $n=6$ の場合の、二者間通話による最適な噂の拡散：頂点は会話の参加者を表し、頂点をつなぐ辺のラベルによって会話の逐次的な順序が示される。

■**コメント** 上記のアルゴリズムは、$n=4$ に対する解を、縮小統治の考え方をボトムアップに使って拡張したものである。$2n-4$ 回の会話でこのパズルを解くアルゴリズムを考案することは難しくないが、$n \geq 4$ に対してこの数が最小であることを証

明することはずっと難しい。その証明については、C・A・J・ハーケンスによる論文 [Hur00] を参照せよ。その論文には、上記のアルゴリズムや他の参考文献が書かれている。D・ニーデルマンは、彼の本 [Nie01, 問題 55] の中で別のアルゴリズムを与えており、このパズルの説明の前置きとして「このパズルが有名になるのは間違いない」と述べている。

87. 伏せてあるコップ

■解　任意の奇数 n には解がない。n が偶数のとき、この問題は n 回の操作で解くことができ、それが必要な最小の操作回数である。

n が奇数のとき、1 回の操作で反転されるコップの数 $n-1$ は偶数である。したがって、伏せてあるコップの数のパリティは、その初期状態と同様、常に奇数のままである。よって、伏せてあるコップの数が偶数 0 となる最終状態には到達できない。

n が偶数のとき、次の n 回の操作によって、この問題を解くことができる。$i = 1, 2, \ldots, n$ について、i 番目のコップ以外のすべてのコップを反転する（コップに 1 から n の番号がついていると仮定する）。

$n = 6$ の場合に、このアルゴリズムを適用した例を示す。伏せてあるコップを 1 で表し、それ以外のコップを 0 で表す。次の操作の際に反転しないコップを太字で表す。

　　111111 → 1**0**0000 → 00**1**111 → 111**0**00 → 0000**1**1 → 11111**0** → 000000

任意の連続する 2 回の操作は、コップの状態に何も影響を与えないか、ちょうど 2 つのコップの状態を変化させる。したがって、n 回未満の操作によってこの問題を解くアルゴリズムはない。

■コメント　このパズルは、2 つの状態をとる物があってそれらをある状態から別の状態へと変換する、有名な問題の 1 つである。そのような問題を解くにはパリティが有効であり、また問題が解けるときには縮小統治戦略が使われる。

このパズルは、チャールズ・トリグによる『*Mathematical Quickies*』[Tri85, 問題 22] に掲載されている。

88. ヒキガエルとカエル

■解 このパズルを解くアルゴリズムにおけるスライドとジャンプの回数は、以下のようにして求めることができる。1 匹のヒキガエルと 1 匹のカエルがすれ違うためには、ジャンプが 1 回必要である（どちらがジャンプしたかは、ここでは問題でない）。したがって、n 匹のヒキガエルと n 匹のカエルがすれ違うためには、ジャンプが n^2 回必要である。さらに、ヒキガエル同士は互いに飛び越えることができないので、1 匹目のヒキガエルは $n + 1$ マス移動して $n + 2$ へと移動し、2 匹目のヒキガエルは $n + 1$ マス移動して $n + 3$ へと移動し、他も同様である。それらを足し合わせると、すべてのヒキガエル達が最終的な場所へと移動するのに $n(n + 1)$ マス移動しなければならない。同様の論法で、カエル達も最終的な場所へと移動するのに $n(n + 1)$ マス移動しなければならない。これらを足すと、すべてのヒキガエルとカエルはのべ、$2n(n + 1)$ マス移動しなければならない。1 回のジャンプでは 2 マス移動し、ジャンプは n^2 回であるので、スライドの回数は $2n(n + 1) - 2n^2 = 2n$ となる。

このパズルを解く対称な 2 つのアルゴリズムがある。1 つは最後のヒキガエルのスライドから始まり、もう 1 つは最初のカエルのスライドから始まる。一般性を失うことなく、前者について説明する。アルゴリズムは、本質的には全数探索の考え方で得られる。交互に移動すると明らかに手詰まりとなってしまうため、その移動は一意に定まる。特に、スライドとジャンプとの選択肢があるときは、必ずジャンプを行う。図 4.57 と図 4.58 に、それぞれ $n = 2$ と $n = 3$ の場合のアルゴリズムを図示する。それらの図には、盤面の状態と移動が示されている。S と J はスライドとジャンプを示し、T と F の添字はそれぞれヒキガエルとカエルのどちらが移動したかを示す。実際のところ、ジャンプするのがヒキガエルかカエルかは常に一意に定まるため、添字を付ける必要がない。

それぞれの移動を表す $2n + n^2$ 個の文字からなる文字列を用いて、そのアルゴリズムを表現することができる。

$$S_T J S_F J J \ldots S \underbrace{J \ldots J}_{n-1} S \mid \underbrace{J \ldots J}_{n} \mid S \underbrace{J \ldots J}_{n-1} \ldots J J S_F J S_T$$

上記の文字列は回文となっている。すなわち、右から左に読んでも左から右に読んでも同じである。文字列の左部分（垂直な線から左）の移動を行うと、ヒキガエルとカエルが交互になった TFTF...TF に加えて偶数か奇数かで空白のマスがそれぞれ後ろか前にある形になる。その部分は、T（ヒキガエル）と F（カエル）が交互に添字と

マス

移動数	1	2	3	4	5	移動
1	T	T		F	F	S_T
2	T		T	F	F	J
3	T	F	T		F	S_F
4	T	F	T	F		J
5	T	F		F	T	J
6		F	T	F	T	S_F
7	F		T	F	T	J
8	F	F	T		T	S_T
	F	F		T	T	

図 4.57　「ヒキガエルとカエル」パズルの $n = 2$ のときの解

マス

移動数	1	2	3	4	5	6	7	移動
1	T	T	T		F	F	F	S_T
2	T	T		T	F	F	F	J
3	T	T	F	T		F	F	S_F
4	T	T	F	T	F		F	J
5	T	T	F		F	T	F	J
6	T		F	T	F	T	F	S_T
7		T	F	T	F	T	F	J
8	F	T		T	F	T	F	J
9	F	T	F	T		T	F	J
10	F	T	F	T	F	T		S_T
11	F	T	F	T	F		T	J
12	F	T	F		F	T	T	J
13	F		F	T	F	T	T	S_F
14	F	F		T	F	T	T	J
15	F	F	F	T		T	T	S_T
	F	F	F		T	T	T	

図 4.58　「ヒキガエルとカエル」パズルの $n = 3$ のときの解

してついた n 個の S（スライド）の間に、1から $n-1$ まで個数の増える J（ジャンプ）が挿入されている。n 個の J からなる文字列の中央部分の移動を行うと、形が FTFT...FT に変わる。文字列の右部分では、左部分の移動を逆順に行って、課題を完了する。

89. 駒の交換

■**コメント** このパズルを、m 匹のヒキガエルと n 匹のカエルからなる問題へ一般化するのは簡単である。そのとき、必要な移動の総数は $mn + m + n$ となり、そのうち mn はジャンプとなり、$m + n$ はスライドとなる。ヒキガエルとカエルを分けている空白マスの数が 1 より多い問題もある。

ボールとコクセター [Bal87, p.124] は、リュカ（Lucas）による本 [Luc83, pp.141–143] がこのパズルの起源であると記している。このパズルの他の参考文献については、ディビッド・シングマスターによる文献解題 [Sin10, 5.R.2 節] を参照せよ。そこには、**羊と山羊** および **ウサギと亀** という別の名前が示されている。アレクサンダー・ボゴモルニのウェブサイト [Bogom] には、このパズルを可視化した素晴らしいアプレットがあり、「Toads and Frogs puzzle: theory and solution」（ヒキガエルとカエルパズル：理論と解）というページで、その解について議論している。

89. 駒の交換

■**解** このパズルは、**ヒキガエルとカエル**パズル（No.88）を 2 次元にしたものである。中央の列に対して 1 次元のアルゴリズムを適用すると、このパズルを解くことができる。アルゴリズムによって盤面のある行に空白マスが最初にできたとき、同じアルゴリズムを適用することで、その行の駒を交換することができる。したがって、1 次元の**ヒキガエルとカエル**パズルを解くアルゴリズムが、各行に 1 回、中央の列に 1 回、全部で $(2n + 2)$ 回適用される。1 次元のアルゴリズムでは、$2n + 1$ マスからなる列に対して n^2 回のジャンプと $2n$ 回のスライドが行われるので、2 次元のアルゴリズムでは、$n^2(2n + 2)$ 回のジャンプと $2n(2n + 2)$ 回のスライドが行われ、移動の総数は $2n(n + 1)(n + 2)$ である。

■**コメント** この解は明らかに、変形統治戦略に基づいている。ある 2 次元の問題をその 1 次元の問題に帰着することは、一般的によく知られた問題解決手法である。もちろん、そのような帰着が常に可能であるとは限らない。

ボールとコクセター [Bal87, p.125] は、リュカによる本 [Luc83, p.144] がこのパズルの起源であると記している。他の参考文献については、ディビッド・シングマスターによる文献解題 [Sin10] の「Frogs and Toads」の節を参照せよ。アレクサンダー・ボゴモルニのウェブサイト [Bogom] の「Toads and Frogs puzzle in two dimensions」（2 次元のヒキガエルとカエル）ページには、このパズルを可視化した素晴らしいアプレットがある。

90. 座席の再配置

■解 初期状態の座席順に、子供に 1 から n の番号を振ると、この問題は、隣り合う 2 つの要素を交換することで $1, 2, \ldots, n$ のすべての順列を生成するという問題に帰着される。これらの順列を得るには、まず $1, 2, \ldots, n-1$ のすべての順列を再帰的に生成して、その後 $1, 2, \ldots, n-1$ の順列のそれぞれについて n をすべての位置に挿入する。任意の連続する順列の組について、2 つの隣り合う要素の入れ替え以外同じであることを保証するため、n を挿入する向きを交互に変える必要がある。

それまでに生成した順列に対して n を挿入する向きは、左から右、右から左のいずれでもよい。最終的に都合が良いのは、まず $12\ldots(n-1)$ に右から左へと移動しながら n を挿入し、$1, 2, \ldots, n-1$ の新しい順列を処理する度に向きを変えるという方法である。$n \leq 4$ について、ボトムアップにこのアプローチを適用する例を図 4.59 に示す。

初期状態	1
1に右から左へ2を挿入	12　21
12に右から左へ3を挿入	123　132　312
21に右から左へ3を挿入	321　231　213
123に右から左へ4を挿入	1234　1243　1423　4123
132に右から左へ4を挿入	4132　1432　1342　1324
312に右から左へ4を挿入	3124　3142　3412　4312
321に右から左へ4を挿入	4321　3421　3241　3214
231に右から左へ4を挿入	2314　2341　2431　4231
213に右から左へ4を挿入	4213　2413　2143　2134

図 4.59　ボトムアップな順列生成

■コメント このアルゴリズムは、1 次縮小戦略のうってつけの例である。計算機科学において、このアルゴリズムを再帰を使わずに定義したものは、1962 年ごろに独立に発表した 2 人の研究者の名前をとってジョンソン=トロッターアルゴリズムとし

91. 水平および垂直なドミノ　　　　　　　　　　　　　　　　　　　　　　**191**

て知られている。マーティン・ガードナー [Gar88b, p.74] によると、実際には、このアルゴリズムはポーランド人の数学者ヒューゴー・スタインハウスによりそろばん問題 (abacus problem) [Ste64, 問題 98] を解くために発見されていた。隣り合う要素の交換により順列を生成する問題は、D・H・レーマーによる論文 [Leh65] から、**レーマーのモーテル問題**（Lehmer's Motel Problem）と呼ばれることもある。彼は、重複を許す複数の数の順列について、より一般的な問題を考慮している。

91. 水平および垂直なドミノ

■**解**　そのような敷き詰めが可能であるのは、n が 4 で割り切れるときであり、かつそのときに限る。

　n が奇数のとき、$n \times n$ の盤面は奇数個のマスからなる。ドミノによる敷き詰めによって覆われる領域は必ず偶数個のマスとなり、したがって、そのような盤面をドミノによって敷き詰めることは不可能である。

　n が 4 で割り切れるとき、すなわち、$n = 4k$ のとき、盤面を $4k^2$ 個の 2×2 の正方形に分割することができる。$4k^2$ は偶数なので、2×2 の半数を水平方向のタイルで敷き詰めし、残りの半数を垂直方向のタイルで敷き詰めることで、求める敷き詰めを得ることができる。

　n が偶数であるが 4 で割り切れないとき、すなわち、m を奇数として $n = 2m$ であるとき、$n \times n$ の盤面を同数の水平方向と垂直方向のドミノで敷き詰めることは不可能である。これを証明するため、盤面の行を交互に 2 色で塗る（その例については、図 4.60 を参照）。水平方向のタイルは必ず同じ色の 2 マスを覆い、垂直方向のタイルは必ず異なる色のマスを覆うことに注意しなさい。$t = m^2$ として、水平方向のタイル

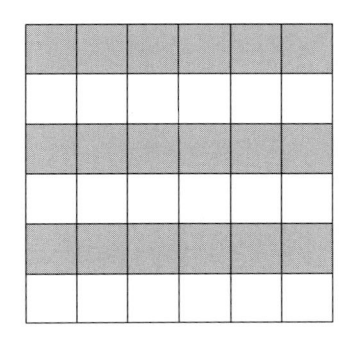

図 4.60　n が偶数であるが 4 で割り切れないときの、$n \times n$ の盤面の色付け

t 個と垂直方向のタイル t 個によって、盤面の $n^2 = 4m^2$ マスを覆いたい。色を付けた盤面において、ある色のマスが $2m^2$ 個あり、もう 1 つの色のマスが $2m^2$ 個ある。垂直方向のドミノはそれぞれの色について m^2 個のマスを覆うので、水平方向のドミノによって覆う必要のあるマスはそれぞれの色について m^2 個となる。しかし、2 色のうちのいずれについてもこれは不可能である。なぜなら、m^2 が奇数であるのに、ドミノによって覆われるマスの数は必ず偶数であるからである。

■コメント　この解は、敷き詰めのパズルにおける典型的なものである。敷き詰め可能であるときは、容易に敷き詰め可能な領域へと盤面を分割することで敷き詰めが得られる。敷き詰めが不可能であるときには、不変量を用いた議論が行われ、パリティか盤面塗り分けが用いられることが多い。アルゴリズム分析テクニックに関する本書のチュートリアルにもそのような例がある。

　この敷き詰めパズルは有名である。たとえば、アーサー・エンゲルによる『*Problem-Solving Strategies*』（問題解決の戦略）[Eng99, p.26, 問題 9] に掲載されている似た問題を参照せよ。

92. 台形による敷き詰め

■解　このパズルが解を持つのは、n が 3 で割り切れないとき、かつそのときに限る。三角形の領域（図 4.61) の底辺から始めて層ごとに小さな三角形を数えると、以下の式を得る。

$$T(n) = [n + 2(n-1) + 2(n-2) + \cdots + 2 \cdot 1] - 1$$
$$= n + 2(n-1)n/2 - 1 = n^2 - 1$$

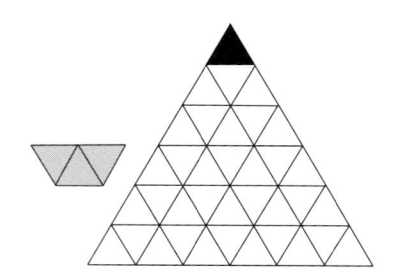

図 4.61　$n = 6$ のとき、台形のタイル（灰色）によって敷き詰める領域

92. 台形による敷き詰め

台形のタイルは 3 つの小さな三角形からなるので、敷き詰め可能であるためには $n^2 - 1$ が 3 で割り切れなければならない。$n^2 - 1$ が 3 で割り切れるのは、n が 3 で割り切れないときであり、かつそのときに限る。これは、$n = 3k$、$n = 3k + 1$、$n = 3k + 2$ の場合を考えることで、すぐに証明できる。

この条件が敷き詰め可能であるための必要条件であるだけでなく十分条件でもあることを示す前に、小さな三角形を取り除いていない $n = 3k$ の領域を台形によって敷き詰めることができることを証明しよう。これは、k に関する帰納法によって簡単に証明できる。$k = 1$ のとき、その領域は 3 つの台形によって敷き詰めできる（図 4.62a）。$k \geq 1$ として、$n = 3k$ のときに台形による敷き詰めが可能ならば、$n = 3(k+1)$ のときにも敷き詰め可能であることを証明しよう。領域の辺を $3 : 3k$ に分割する点を通る、底辺に平行な直線を考える（図 4.62b）。この直線によって、領域は直線の下の台形と直線の上の正三角形とに分割される。前者は、大きさ 3 の正三角形 $(k+1) + k$ 個に分割でき、したがって台形のタイルによって敷き詰めできる。後者は、帰納法の仮定より敷き詰めることができる。

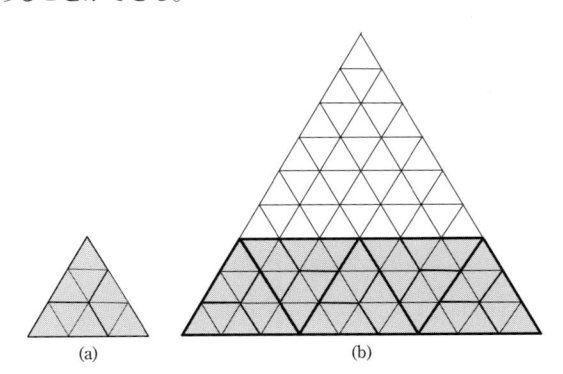

図 4.62 (a) $n = 3$ のとき、三角形全体の台形による敷き詰め。(b) $n = 3k$、$k > 1$ のときの、三角形全体の再帰的な敷き詰め。

さて、辺の大きさが $n = 3k + 1$ である正三角形から一番上の正三角形が切り取られた場合を考える。その領域の一方の横の辺に沿って $2k$ 個の台形を配置すると（この例については図 4.63a を参照）、残りのタスクは辺の大きさが $3k$ である正三角形の敷き詰めとなり、それは上記に示したとおり可能である。$n = 3k + 2$ のとき、その底辺に沿って $2k + 1$ 個の台形を配置することで、この問題を $n = 3k + 1$ の問題に帰着することができる（この例については図 4.63b を参照）。

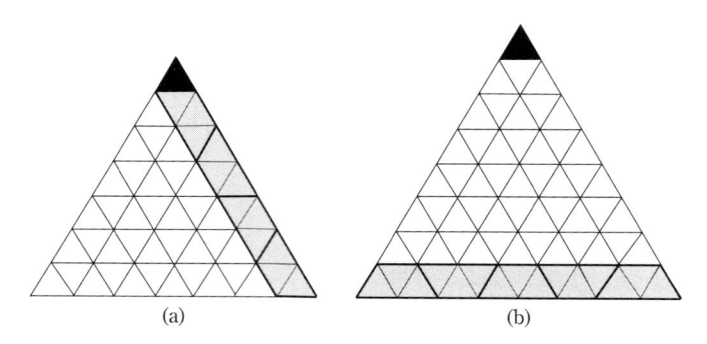

図 4.63　(a) $n = 7$ と (b) $n = 8$ の場合における、正三角形の領域の敷き詰めの最初のステップ

■**コメント**　上記の解は、不変量、縮小統治、および、変形統治の考え方を有効に利用している。

興味深いことに、$n = 2^k$ のときには以下の分割統治アルゴリズムによってもこのパズルを解くことができる。$n = 2$ のとき、領域は1つの台形のタイルと合同である。$k > 1$ として $n = 2^k$ のとき、1つ目のタイルの長い方の底辺を、その領域の底辺の中央に置く。次に、領域の元となる正三角形の3辺の中点を結ぶ3本の直線を引く。これにより、その領域は4つの合同な部分領域に分割され、その部分領域は元の領域と相似であり、ちょうど半分の大きさである（図 4.64a）。よって、それらはいずれも同じアルゴリズムで、すなわち、再帰的に敷き詰めできる。$n = 8$ の場合について、このアルゴリズムを図 4.64b に示す。本書の最初のチュートリアルで議論した、1マス

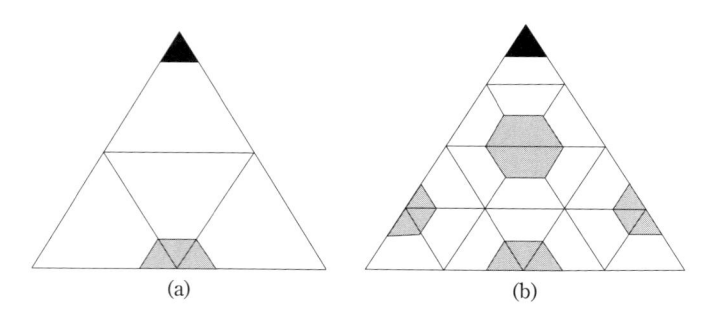

図 4.64　(a) 三角形の領域の、大きさ半分の相似な領域への分割。(b) $n = 8$ の場合の、分割統治による敷き詰めの図示。

欠けた $2^n \times 2^n$ の領域のトロミノによる敷き詰めに対するアルゴリズムと明らかに似ている。

ローランド・バックハウスは、ノッティンガム大学におけるアルゴリズム的問題解決の講義 [Backh] において、このパズルの $n = 2^k$ の場合について扱っている。

93. 戦艦への命中

■**解** 戦艦（4×1 または 1×4 の長方形）に当たることを保証するのに必要な弾の最小数は 24 である。そのような解の 1 つを図 4.65 に示す。

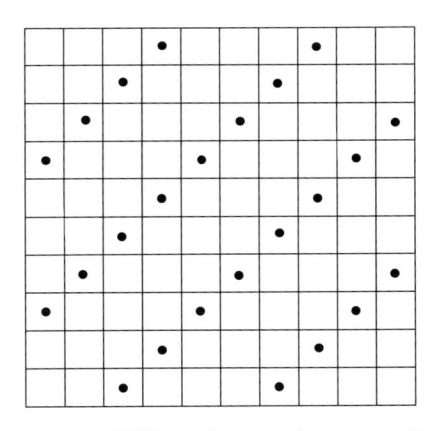

図 4.65　「戦艦への命中」パズルの 1 つの解

24 発より少ない弾数では戦艦に当たることが保証できないことは、図 4.66 から示される。この図は、戦艦の取り得る 24 の位置を示しており、それぞれの戦艦に 1 発命中させることが必要である。

■**コメント**　このパズルは、どちらかというとまれな状況における最悪の場合を分析する考え方を説明している。ロシアの論文誌「クヴァント」[Gik80] の記事では、図 4.67 に示す別の 24 発の解が与えられている。

8×8 の盤面に対しては最小で 21 発の弾が必要である。この解は、10×10 の盤面の場合よりも前に、ソロモン・ゴロムによるポリオミノに関する本の初版 [Gol94] で与えられている。

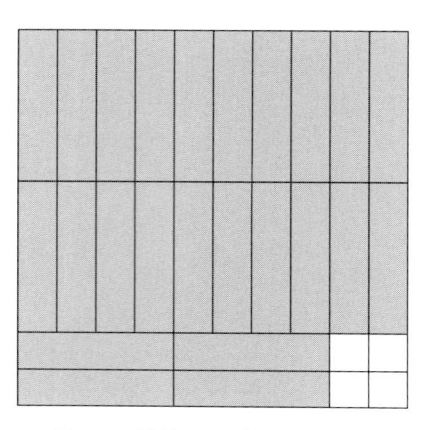

図 4.66 戦艦の取り得る 24 の位置

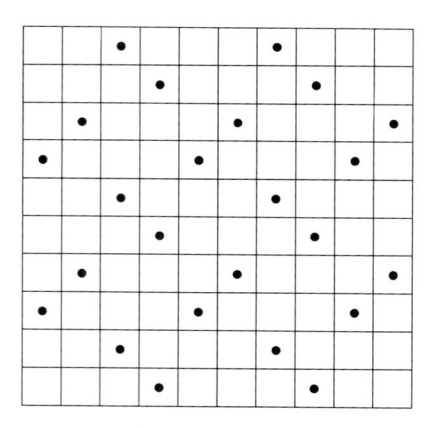

図 4.67 「戦艦への命中」パズルの別解

94. ソート済み表における探索

■**解** まずはじめに配列の右上角のカードをめくり、その数と探す数とを比較する。それらの数が同じであれば、問題は解けた。もし、探す数がカードの数より小さいならば、探す数は最後の列にはないので、左の列のカードへと移動する。探す数がカードの数よりも大きいならば、探す数は最初の行にはないので、下の行のカードへと移

動する。探す数が見つかるか、カードの表の外に出るまでこの操作を繰り返すことで、問題を解くことができる。

アルゴリズムによってめくられるカードの列は、右上角から始まり左または下へ進むジグザグな線となる。そのような線のうち最も長いものは左下角で終わるものであり、全部で 19 枚のカードがめくられる。水平方向の線分は 9 以下であり、また垂直方向の線分も 9 以下であるので、その線が最長である。

■コメント　このアルゴリズムは、1 次縮小戦略を適用したものである。なぜなら、繰り返し毎に、探す数を含み得る行の数か列の数のいずれかが減るからである。

このパズルは、技術面接を対象とした印刷物やウェブページで多く見られる（例、[Laa10, 問題 9.6]）。

95.　最大と最小の重さ

■解　硬貨を、$\lfloor n/2 \rfloor$ 個の 2 枚組に分け、n が奇数のときには 1 枚の硬貨をよけておく。各組について、それらの硬貨を計量し、それら 2 枚のうち軽い硬貨と重い硬貨を求める（重さが同じであるときには、任意の方法でその均衡を破ってよい）。それらの軽い方の硬貨 $\lfloor n/2 \rfloor$ 枚から、天秤を $\lfloor n/2 \rfloor - 1$ 回使って最も軽い硬貨を見つける。その後、重い方の硬貨 $\lfloor n/2 \rfloor$ 枚から最も重い硬貨を見つける。n が偶数のとき、これで問題は解けた。n が奇数のとき、それまでに見つかった最も軽い硬貨と最も重い硬貨とよけておいた硬貨とを計量し、全体で最も軽い硬貨と最も重い硬貨を決定する。

計量の総回数 $W(n)$ は以下の式によって与えられる。n が偶数のとき、

$$W(n) = \frac{n}{2} + 2(\frac{n}{2} - 1) = \frac{3n}{2} - 2$$

であり、n が奇数のとき、

$$W(n) = \lfloor \frac{n}{2} \rfloor + 2(\lfloor \frac{n}{2} \rfloor - 1) + 2 = 3\lfloor \frac{n}{2} \rfloor = 3\frac{n-1}{2} = \frac{3n}{2} - \frac{3}{2}$$

である。偶数の場合の式と奇数の場合の式は以下の式へと一本化できる。

$$W(n) = \lceil \frac{3n}{2} \rceil - 2$$

これは簡単に確かめられる。n が偶数のとき、$\lceil 3n/2 \rceil - 2 = 3n/2 - 2$ である。$n = 2k+1$ が奇数のとき、$\lceil 3n/2 \rceil - 2 = \lceil 3(2k+1)/2 \rceil - 2 = \lceil 3k + 3/2 \rceil - 2 = 3k = 3(n-1)/2 = 3n/2 - 3/2$ である。

■**コメント** 分割統治戦略を適用して、本質的に同じアルゴリズムを得ることもできる。硬貨を同数の（もしくはほぼ同数の）2 つのグループに分け、最も軽い硬貨 2 つと最も重い硬貨 2 つを見つける。そして、全体で最も軽い硬貨と最も重い硬貨を決定するため、2 枚の軽い硬貨と 2 枚の重い硬貨を計量する。

このパズルは計算機科学では良く知られており、通常は n 個の数から最大と最小の要素を見つける問題である。比較に基づく任意のアルゴリズムにおいて、最悪の場合に比較の最小回数が $\lceil 3n/2 \rceil - 2$ であることが証明されている（[Poh72] を参照）。

96. 階段形領域の敷き詰め

■**解** S_2 は、1 つのトロミノによって明らかに敷き詰めできる。さらに、$n > 2$ のとき問題の敷き詰めが可能であるのは、$k > 1$ として $n = 3k$ であるか $n = 3k + 2$ であるときであり、かつそのときに限る。

トロミノによる S_n の敷き詰めが存在するためには、S_n に含まれるマスの総数が 3 で割り切れなければならないのは明らかだ。S_n に含まれるマスの総数は、n 番目の三角数

$$T_n = 1 + 2 + \cdots + n = \frac{n(n+1)}{2}$$

に等しい。k が偶数であるとすると（すなわち、$k = 2m$）、$n = 3k$ のとき $T_n = 6m(6m+1)/2 = 3m(6m+1)$ は 3 で割り切れる。k が奇数であるとすると（すなわち、$k = 2m+1$）、$n = 3k$ のとき $T_n = (6m+3)(6m+4)/2 = 3(2m+1)(3m+2)$ も 3 で割り切れる。同様に k を偶数または奇数として、$n = 3k+1$ のとき T_n が 3 で割り切れないことを確かめることができる。最後に、$n = 3k+2$ のとき、k が偶数、奇数いずれの場合も T_n は 3 で割り切れる。

S_3 では最初の段に直角トロミノを置かなければならないし、S_5 では最初と最後の段に直角トロミノを置かなければならない（図 4.68）。これらから、これらの領域を直角トロミノで敷き詰めることができないことが分かる。

次に $n = 3k$（$k > 1$）として、任意の階段形領域 S_n を直角トロミノにより敷き詰めできることを、以下の再帰アルゴリズムで示す。S_6 と S_9 の敷き詰めを図 4.69 に示す。

k を 2 よりも大きな偶数として $n = 3k$ であるとき（すなわち、$m > 1$ として $n = 6m = 6 + 6(m-1)$ のとき）、階段形領域 S_n は、階段形領域 S_6 と $S_{6(m-1)}$ および $6 \times 6(m-1)$ の長方形に分割できる。S_6 の敷き詰めは図 4.69 に示され、$S_{6(m-1)}$ は再帰的に敷き詰めることができる。長方形は、2 つの直角トロミノで敷き詰めできる 3×2 の小長方

96. 階段形領域の敷き詰め

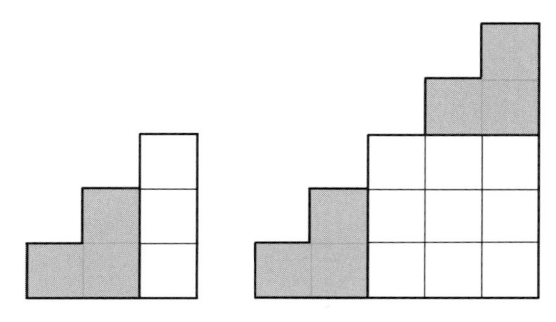

図 4.68 S_3 と S_5 の敷き詰めは不可能

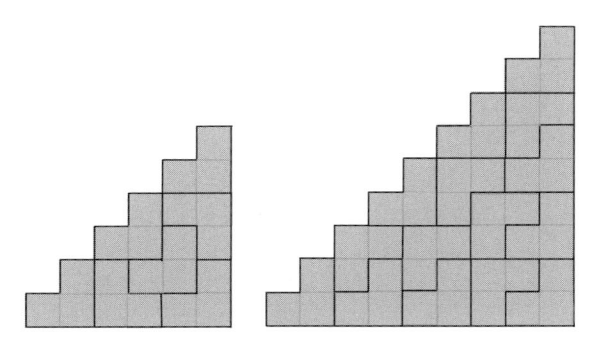

図 4.69 S_6 と S_9 の敷き詰め

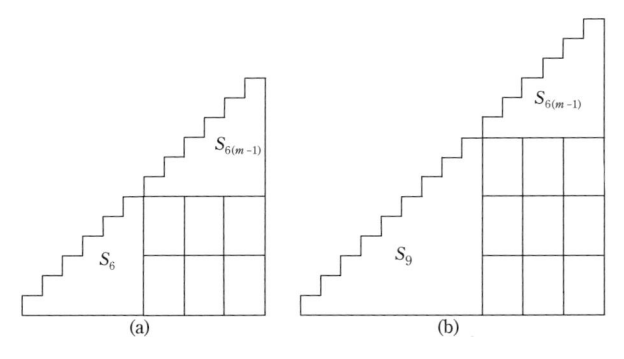

図 4.70 (a) $S_{6+6(m-1)}$ と (b) $S_{9+6(m-1)}$ の敷き詰め

形に分割できるため、敷き詰めできる（図 4.70a）。

k を 3 より大きな奇数として $n = 3k$ であるとき（すなわち、$m > 1$ として $n = 6m + 3 = 9 + 6(m − 1)$ のとき）、階段形領域 S_n は、階段形領域 S_9 と $S_{6(m−1)}$ および $9 \times 6(m − 1)$ の長方形に分割できる。S_9 の敷き詰めは図 4.69 に示され、$S_{6(m−1)}$ は上に示すように敷き詰めできる。長方形は、2 つの直角トロミノで敷き詰めできる 3×2 の小長方形に分割できるため、敷き詰めできる（図 4.70b）。

したがって、$n = 3k$ および $k > 1$ として、任意の階段形領域 S_n を敷き詰めるアルゴリズムを得た。

最後に、$n = 3k + 2$ および $k > 1$ として、任意の階段形領域 S_n が直角トロミノによって敷き詰めできることを以下に示す。S_n を、S_2 と S_{3k} および $2 \times 3k$ の長方形に分割することができる（図 4.71）。S_2 は 1 つのトロミノによって敷き詰めされ、S_{3k} は上記のアルゴリズムによって敷き詰めでき、長方形はそれぞれ 2 つの直角トロミノによって敷き詰めできる 2×3 の長方形に分割することで敷き詰めできる。

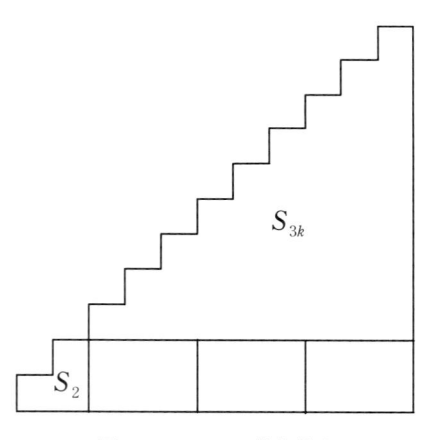

図 4.71　S_{3k+2} の敷き詰め

■**コメント**　この解では、いくつかのアルゴリズムの設計と分析の考え方を使っている。それらは、三角数の式、不変量（$T_n \bmod 3 = 0$）、分割統治（領域分割）、および（6 次）縮小統治である。

このパズルの $n = 8$ の場合の問題が A・スピヴァクによる本にある [Spi02, 問題 80]。

97. 上部交換ゲーム

■解　このゲームは、有限回の繰り返しで必ず終了する。

　キングが山の一番上になるのは高々 1 回である。なぜなら、キングが山の一番上になると、そのアルゴリズムはキングを 13 番目の位置に移動させ、（それより小さな値を持つ）他のカードはキングをそこから移動させることができないからである。同様に、クイーンが山の一番上になるのは高々 2 回である。最初に一番上になって 12 番目の位置に移動した後、キングのみがその位置から移動させることができるが、その回数は高々 1 回である。ジャックが一番上になるのは高々 4 回である。ジャックが最初に出た後で、その最終的な位置から動かせるのはキングかクイーンだけであり、それらが一番上になるのは高々 $1 + 2 = 3$ 回である。一般に、値が i $(2 \leq i \leq 13)$ であるカードが山の一番上になるのは高々 $1 + (1 + 2 + \cdots + 2^{12-i}) = 2^{13-i}$ 回であり、これは帰納法により形式的に証明できる。ここで、$(1 + 2 + \cdots + 2^{12-i}) = 2^{13-i} - 1$ が、i より大きな値を持つカードが一番上になる回数の上界である。特に、エースが一番上になって終わるまでに、他のカードが一番上になるのは高々 $2^{12} - 1$ 回である。実際のところ、一番長いゲームは 80 手かかる。そのようなゲームは、計算機プログラムによって作られた [Knu11, p.721]。

■コメント　これは、任意の取り得る入力に対してパズルの手続きが有限回の操作で停止するかどうかを証明することを目標とするアルゴリズム的パズルの例である。

　このゲームは、1986 年よりプリンストン大学で働くイギリス人数学者ジョン・H・コンウェイによって発明され命名された [Gar88b, p.76]。もちろん、トランプのカードを使う上部交換ゲームを、1 から n までの値の書かれた任意の n 枚（$n \geq 1$）のカードからなる集合へと拡張することができる。

98. 回文数え上げ

■解　解は 63,504 である。

　このパズルのヒントで示唆されているように、CAT I SAW をつづる場合の数を数えることから始める。そのような文字列は、中央の C から始まり、ダイヤモンドの対角線によって分けられる 4 つの三角形のどれかに含まれる。それらの三角形の 1 つを図 4.72 に示す。三角形の中で CAT I SAW をつづる文字列の数は、いつものように動的計画法を適用して求めることができる（アルゴリズム設計戦略に関するチュートリアルを参照せよ）。三角形の斜辺に平行な直線ごとに、対象の文字の左隣りと下

隣りの数を足すことで計算でき、これらの数はパスカルの三角形をなす。三角形の斜辺、すなわちダイヤモンドの境界上にある数の和は、2^6 に等しい。

```
            W                    W₁
           W A W                 A₁W₆
          W A S A W              S₁A₅W₁₅
         W A S I S A W           I₁S₄A₁₀W₂₀
        W A S I T I S A W        T₁I₃S₆A₁₀W₁₅
       W A S I T A T I S A W     A₁T₂I₃S₄A₅W₆
      W A S I T A C A T I S A W  C₁A₁T₁I₁S₁A₁W₁
       W A S I T A T I S A W
        W A S I T I S A W
         W A S I S A W
          W A S A W
           W A W
            W
```

図 4.72　ダイヤモンド形の文字の配置と、C から始めて三角形の中で CAT I SAW をつづる場合の数

すると、ダイヤモンド形において CAT I SAW とつづる文字列の総数は、式 $4 \cdot 2^6 - 4$ で与えられる（ダイヤモンド形の対角線に沿って重複して数えた分を相殺するため、4 を引く必要がある）。これより、**WAS IT A CAT I SAW** とつづる場合の総数は、式 $(4 \cdot 2^6 - 4)^2 = 63{,}504$ で与えられる。

■**コメント**　この解では、動的計画法に加え、2 つの対称性を有効に利用して、与えられた形の 4 分の 1 について回文の半分を数え上げている。

このパズルの出典は、『*Mathematical Puzzles of Sam Loyd*』（邦題『サムロイドによる数学パズル』）[Loy59, 問題 109] である。また、このパズルの文字 C を文字 R に変えたものが、デュードニーによる『*The Canterbury Puzzles*』（邦題『カンタベリー・パズル』）[Dud02, 問題 30] にある。デュードニーはまた、ダイヤモンド形の配置において、長さ $2n+1$ 文字（$n > 0$）からなる回文を読み上げる場合の数についての一般式 $(4 \cdot 2^n - 4)^2$ を与えている。

99. ソートされた列の反転

■**解** 任意の奇数 n に対して、カードを $(n-1)^2/4$ 回交換することでこのパズルを解くことができ、それが最小回数である。任意の偶数 n に対しては、解がない。

許された交換を複数回行ってできることは、いずれも偶数位置にあるカードを入れ替えるか、いずれも奇数位置にあるカードを入れ替えるかだけである。したがって、n が偶数のとき、最大の数が書かれた最初のカードを、偶数位置である最終地点へと移動させることはできない。

n が奇数のとき（$n = 2k - 1, k > 0$）、**バブルソート**や**挿入ソート**のようなソートアルゴリズムを、まず奇数位置の数に対して適用し、次に偶数位置の数に適用すると、この問題を解くことができる。これらのアルゴリズムはいずれも、順序の正しくない隣接要素を交換していく。たとえば、バブルソートを奇数位置の数に適用すると、最初の数と 3 番目の数が交換され、次に 3 番目と 5 番目が交換され、同様に続けて、最終的に最大の数が最終地点へと行き着く。次に 2 回目のパスで、奇数位置にある 2 番目に大きな数が、「泡が上がる」ようにその最終地点へと行き着く。そのようなパスが $k - 1$ 回行われると、奇数の位置の数はソートされる。

完全に降順になっている大きさ s の配列に対してバブルソートを行うと、$(s-1)s/2$ 回の交換が行われる。したがって、奇数位置のカードに対して $(k-1)k/2$ 回の交換が行われ、また、偶数位置のカードに対して $(k-2)(k-1)/2$ 回の交換が行われる。それらの合計は

$$(k-1)k/2 + (k-2)(k-1)/2 = (k-1)^2 = (n-1)^2/4$$

となる。

この交換の回数をさらに減らすことができない理由は以下のとおりである。奇数位置のカードと偶数位置のカードからなる逆順にソートされた 2 つの列において、隣り合う要素のみ交換することができる。この操作を行うと、**転倒**、すなわち順序の正しくない要素の組、の数が 1 だけ減る。要素数 s の完全に降順である列における転倒数は $(s-1)s/2$ である。なぜなら、最初の要素はその後ろにある $s-1$ 個の要素よりも大きく、2 番目の要素は $s-2$ 要素よりも大きく、以降同様にとなる。それらの総和から、転倒数は $(s-1) + (s-2) + \cdots + 1 = (s-1)s/2$ となる。よって、転倒数を 1 ずつ減らす操作を用いるとき、必要な最小の交換回数もこれと同じ数となる。

■**コメント** このパズルの主題は、パリティと反転である。

このパズルは、[Dyn71] の問題 155 を拡張したものである。その問題では、$n = 100$ の場合のみを考慮していた。

100. ナイトの到達範囲

■**解** $n \geq 3$ のとき解は $7n^2 + 4n + 1$ であり、$n = 1$ と 2 のとき解はそれぞれ 8 と 33 である。

$n = 1$、2、3 手でナイトが到達可能なマスを図 4.73 に示す。図から読み取れるように、n 手でナイトが到達可能なマスの数 $R(n)$ は、$n = 1$、2、3 に対して $R(1) = 8$、$R(2) = 33$、$R(3) = 76$ である。数学的帰納法を用いて以下のことを証明することは難しくはない。任意の $n \geq 3$ である奇数について、n 手で到達可能なマスはいずれも、

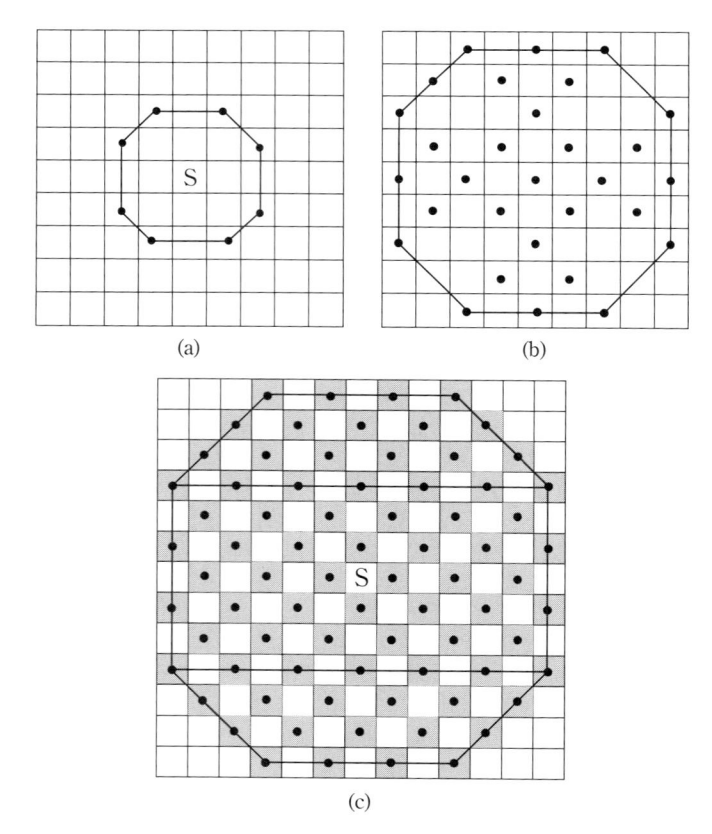

図 4.73 マス S から始めて、(a) 1 手、(b) 2 手、(c) 3 手でナイトが到達できるマス

開始マスの色と異なる色であり、開始マスを中心とし水平および垂直な辺が $2n+1$ マスからなる八角形内にある（$n=3$ の場合について、図 4.73c を参照）。任意の $n \geq 3$ である偶数について、違いはマスの色だけであり、開始マスと同じ色となる。$n \geq 3$ に対する $R(n)$ の式を導出するには、八角形をたとえば、中央 $(2n+1) \times (4n+1)$ の長方形と長方形の上下にある合同な 2 つの台形とに分割する。長方形には、到達可能なマスが $2n+1$ 個ある行が $n+1$ あり、それらの間に、到達可能なマスが $2n$ 個ある行が n ある。台形に含まれる到達可能なマスの数は、等差数列の項の和に関する公式を適用して求められる。

$$2[(n+1)+(n+2)+\cdots+2n] = 2\frac{n+1+2n}{2}n = (3n+1)n$$

これよりすぐに、$n \geq 3$ において到達できるマスの総数を与える以下の式が導かれる。

$$R(n) = (2n+1)(n+1) + 2n^2 + (3n+1)n = 7n^2 + 4n + 1$$

■コメント　この問題は、E・ギクによる『*Mathematics on the Chessboard*』（チェス盤上の数学）[Gik76, pp.48–49] にある。

101.　床のペンキ塗り

■解　図 4.74 に示すアルゴリズムを使えば、合計 $13 + 11 + (1 + 1 + 3 + 1) = 30$ 回の塗り替えで宮殿の半分の部屋が市松模様になる。残り半分は対角線に関して対称なので、同じように行うことができる。したがって、60 回の塗り替えで与えられた仕事を終えることができる。

■コメント　この解は対称性を利用しており、分割統治法の応用とみなせる。
　このパズルは『*Mathematical Circles*』（邦題『やわらかな思考を育てる数学問題集』）の問題 32 に基づいている [Fom96, p.68]。

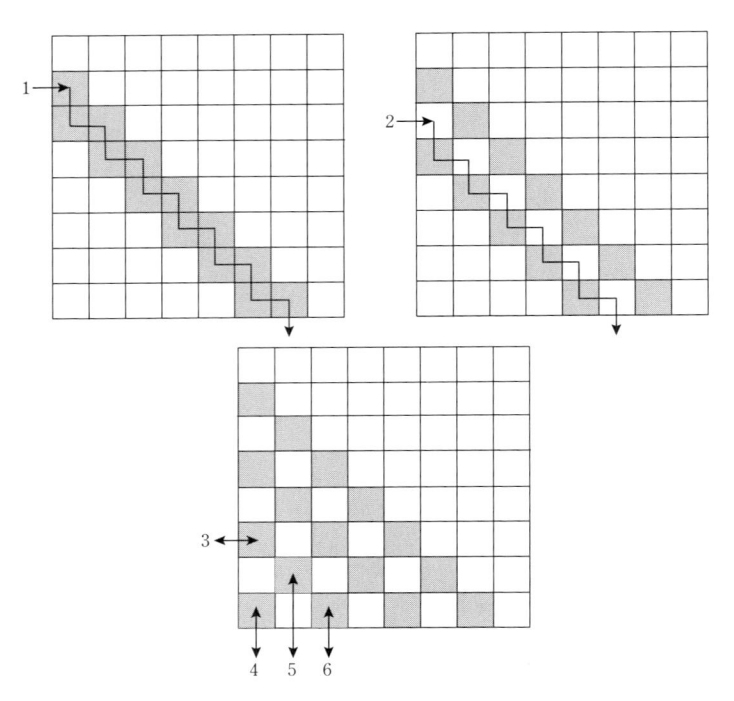

図 4.74 「床のペンキ塗り」パズルの解：数字は対角線の下側部分を塗り替えるときの実行順序を表す。

102. 猿とココナツ

■**解** 答えは 15,621。

最初にあったココナツの数を n としよう。また、1 番目、2 番目、3 番目、4 番目、5 番目の船員が隠したココナツの数をそれぞれ a, b, c, d, e とし、f を翌朝船員それぞれが受け取ったココナツの数とする。そうすると、以下の連立方程式が得られる。

102. 猿とココナツ

$$n = 5a + 1$$
$$4a = 5b + 1$$
$$4b = 5c + 1$$
$$4c = 5d + 1$$
$$4d = 5e + 1$$
$$4e = 5f + 1$$

この連立方程式を解く簡単な方法は、それぞれの式の両辺に 4 を足すことだ。そうすると、以下のようになる。

$$n + 4 = 5(a + 1)$$
$$4(a + 1) = 5(b + 1)$$
$$4(b + 1) = 5(c + 1)$$
$$4(c + 1) = 5(d + 1)$$
$$4(d + 1) = 5(e + 1)$$
$$4(e + 1) = 5(f + 1)$$

辺々掛け合わせると次式が得られる。

$$4^5(n + 4)(a + 1)(b + 1)(c + 1)(d + 1)(e + 1)$$
$$= 5^6(a + 1)(b + 1)(c + 1)(d + 1)(e + 1)(f + 1)$$

すなわち、以下のようになる。

$$4^5(n + 4) = 5^6(f + 1)$$

解が整数なら $n + 4$ も $f + 1$ も 5^6 と 4^5 で割り切れる必要がある。したがって、$n + 4 = 5^6$ と $f + 1 = 4^5$ が式を満たす最小の自然数となる。すなわち、n の最小値は $5^6 - 4 = 15{,}621$ である（他の未知数 a, b, c, d, e, f も正の整数になる）。

■**コメント** この解は 1958 年に南アフリカの高校生 R・ギブソンによって考えられた。

最初のチュートリアルで述べたように、パズルの中には算数の問題として解けるものがある。上記の解はこの典型例だろう。

このパズルのいくつかの違うバージョンも昔から知られている。ディビッド・シングマスターの文献解題 [Sin10, 7.E 節] では、数十ページがこれに割かれている。マーティン・ガードナーは自身のコラム「サイエンティフィック・アメリカン」および著書 [Gar87, 9 章] でこの問題に触れている。その中でこのパズルの歴史をめぐる興味深い逸話と、4 つの仮想的なココナツを加えて計算を簡単にするという巧妙な解法を含むいくつかの解が述べられている。

103. 向こう側への跳躍

■解　答えは「できない」。

盤を市松模様に塗り分けてみよう（図 4.75）。

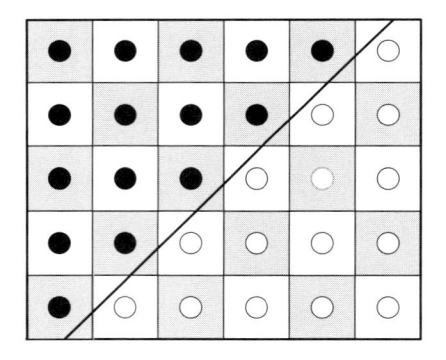

図 4.75　「向こう側への跳躍」パズルの盤の塗り分け

駒が占める 15 マスのうち、9 つが黒色だが、目的地には 6 つしか黒色のマスがない。駒は移動しても載っているマスの色が保存されることから、このパズルは解けないことが分かる。

■コメント　このパズルは不変条件の考え方に基づいている。この問題はマーティン・ガードナーが『The Last Recreations』（最後のレクリエーション）[Gar97b, pp.335–336] の問題を読者からの指摘を受けて少し修正したものだ。なお、ガードナーは、このパズルはもともと IBM のトーマス・J・ワトソン研究所に所属していたマーク・ウェグマンに由来すると述べている。

104. 山の分割

■解　a. 積の総和は分け方に関わらず $(n-1)n/2$ になる。

　小さい n について、n 個の駒からなる山を n 個の山に分けて積の総和を求める、という作業を何回か行うと、結果が分け方に依らないのではないかという仮説が浮かんでくる。そして、この積の総和を $P(n)$ で表すと、いわゆる**三角数**（triangular numbers）（自然数の最初のいくつかを足したもの）のパターンが現れてくることに気付くだろう。これは、山を分けるときに必ず駒を 1 つだけの山を作る、という単純な分け方を考えれば、次のような漸化式が得られることからも正しいことが分かる。

$$P(n) = 1 \cdot (n-1) + P(n-1) \ (n > 1), P(1) = 0$$

これを解くと、

$$P(n) = (n-1) + P(n-1) = (n-1) + (n-2) + P(n-2) = \ldots$$
$$= (n-1) + (n-2) + \cdots + 1 + P(1) = (n-1)n/2$$

となる。

　$P(n)$ が本当に $n(n-1)/2$ に等しく、山の分け方に依らないことの証明をする。$n = 1$ のとき、$P(1) = 0$ となる。ここで、$1 \le j < n$ について仮定が正しいとして、$j = n$ の場合も正しいことを示す。実際、最初の n 個の駒からなる山が k 個の山と $n - k$ 個の山に分けられたとする（$1 \le k < n$）と、先ほどの仮定からこれらの山を分割したときの積の総和はそれぞれ $k(k-1)/2$ および $(n-k)(n-k-1)/2$ となる。したがって、以下の式が得られる。

$$P(n) = k(n-k) + k(k-1)/2 + (n-k)(n-k-1)/2$$
$$= \frac{2k(n-k) + k(k-1) + (n-k)(n-k-1)}{2}$$
$$= \frac{2kn - 2k^2 + k^2 - k + n^2 - 2nk + k^2 - n + k}{2}$$
$$= \frac{n^2 - n}{2} = \frac{n(n-1)}{2}$$

b. 和の総和は $n(n+1)/2 - 1$ となる。

　最初の山に n 個の駒が含まれているとき、最終的に得られる和の総和の最大値を

$M(n)$ とする。このとき、以下の漸化式が成り立つ。

$$M(n) = n + \max_{1 \leq k \leq n-1}[M(k) + M(n-k)]\,(n > 1), \quad M(1) = 0 \tag{1}$$

いくつかの n について $M(n)$ を計算してみると、$k = 1$ のときに和の総和が最大化できそうに思える。すなわち、以下の式が予想できる。

$$M(n) = n + M(n-1)\,(n > 1), \quad M(1) = 0$$

この解は後退代入によって容易に得られる。

$$M(n) = n + M(n-1) = n + (n-1) + M(n-2) = \ldots$$
$$= n + (n-1) + \cdots + 2 + M(1) = n(n+1)/2 - 1$$

強力な帰納法を使えば $M(n) = n(n+1)/2 - 1$ が式 (1) を満たすことを示すのは難しくない。まず $M(1) = 0$ は自明。そこですべての $1 \leq j < n$ について $M(j) = j(j+1)/2 - 1$ を仮定する。次に $M(n) = n(n+1)/2 - 1$ が $M(n) = n + \max_{1 \leq k \leq n-1}[M(k) + M(n-k)]$ を満たすことを示そう。仮定から、次式が得られる。

$$M(n) = n + \max_{1 \leq k \leq n-1}[M(k) + M(n-k)]$$
$$= n + \max_{1 \leq k \leq n-1}[k(k+1)/2 - 1 + (n-k)(n-k+1)/2 - 1]$$
$$= n + \max_{1 \leq k \leq n-1}[k^2 - nk + (n^2+n)/2 - 2]$$

2 次式 $k^2 - nk + (n^2 + n)/2 - 2$ が最小になるのは $1 \leq k \leq n-1$ の真ん中、すなわち $n/2$ のときなので、区間の端、すなわち $k = 1$ もしくは $k = n-1$ のときに最大になる。したがって、

$$n + \max_{1 \leq k \leq n-1}[k^2 - nk + (n^2+n)/2 - 2] = n + [1^2 - n \cdot 1 + (n^2+n)/2 - 2]$$
$$= n(n+1)/2 - 1,$$

となるので、$M(n) = n(n+1)/2 - 1$ が式 (1) を満たすことを帰納法により証明できた。

■コメント 問題 (a) は不変条件の考えに基づいている(詳細はケニス・ローゼンの『*Discrete Mathematics and Its Applications*』(離散数学とその応用) [Ros07, p.292, 問題 14] を参照のこと)。問題 (b) は動的計画法の雰囲気がする問題となっている。

105. MU パズル

■**解** この 4 つのルールを適用して MI を MU にすることは不可能である。

与えられたルールを見てみると、得られる文字列は必ず M から始まっており、これが文字列の中の唯一の M であることが分かる（この事実はルール 2 の影響を理解する上で重要となる）。

ここで、得られる文字列の中の I の数に着目して n で表すとする。初期の文字列 MI については $n = 1$ となるが、これは 3 で割り切れない。一方、ルール 2 と 3 は n を 3 だけ増加もしくは減少させる。どちらの操作の前後でも 3 で割り切れない n が 3 の倍数になることはない。しかし、目標の文字列 MU は $n = 0$ であり、3 で割り切れる。したがって、3 で割り切れない $n = 1$ の文字列 MI から始めてこの文字列を得ることはできない。

■**コメント** このパズルの解はアルゴリズムの分析テクニックのチュートリアルで述べた不変条件の考え方を使っている。これらのルールを適用することで、どのような文字列を得ることができるかという問題は計算機科学の観点からも重要である。たとえば、高水準のプログラミング言語はこういったルールによって定義されている。

このパズルの初出は、ダグラス・ホフスタッターの『*Gödel, Escher, Bach*』（邦題『ゲーデル, エッシャー, バッハ：あるいは不思議の環』）[Hof79] で、形式体系の一例として紹介されている。

106. 電球の点灯

■**解** 押しボタンに 1 から n まで番号を振る。このとき、以下の再帰的な手順で解くことができる。$n = 1$ で電灯が点灯していないなら、ボタン 1 を押せばよい。$n > 1$ で電灯が点灯していないなら、ボタン 1 から $n - 1$ にこのアルゴリズムを適用する。それでも電灯が点かないのなら、n を押せばよい。それでも電灯が点かないのなら、再度ボタン 1 から $n - 1$ にこのアルゴリズムを適用する。

最悪時にボタンを押す回数は次の漸化式で与えられる。

$$M(n) = 2M(n-1) + 1 \ (n > 1), \ M(1) = 1$$

この漸化式の解は $M(n) = 2^n - 1$ となる（同じ漸化式が出てくる 2 番目のチュートリアルの**ハノイの塔**を参照せよ）。

別解として、スイッチは 2 種類の状態を取り得るので、これをビットで表してスイッチの初期状態を 0、もう片方の状態を 1 として、n ビット列でボタンの状態を表して考える解もある。このビット列の取り得る値の数は 2^n である。このうちの 1 つは初期状態であり、電灯を点灯するスイッチの状態が残りの 2^n-1 のうちの 1 つにある。最悪時には、これらすべての状態を調べなければならない。これを調べるためにボタンを押す回数を最小にするには、スイッチを押すたびに新しい状態になるようにしなければならない。

n 桁の 0 が並ぶビット列から始めて、1 度に 1 つのビットだけを変えることで、残りの 2^n-1 個のビット列を生成するアルゴリズムはいくつか知られている。一番有名なのは**交番二進グレイ符号**（binary reflected Gray code）と呼ばれる方法で、次のようなものである。$n=1$ なら、0 と 1 のリストを返す。$n>1$ なら、このアルゴリズムで $n-1$ 桁のビット列のリストを生成してそのコピーを取る。片方のリストに含まれるビット列すべての先頭には 0 を付け加え、もう片方のリストに含まれるビット列の先頭には 1 を付け加える。最後に、後者のリストを逆順に並べ替えたものを前者のリストの後ろにつなげる[*2]。たとえば、$n=4$ の場合、以下のようなビット列が生成される。

0000　0001　0011　0010　0110　0111　0101　0100
1100　1101　1111　1110　1010　1011　1001　1000

パズルに戻ると、スイッチに左から右へ 1 から n まで番号を振り、得られたグレイ符号のビット列のリストを参考にボタンを押していけばよい。すなわち、該当するビット列を直前のビット列と比較して 1 つだけ値が異なる場所を調べ、それが i 番目ならボタン i を押せばよい。たとえば、4 つのスイッチの場合は、以下の順にボタンを押すことになる。

121312141213121

■**コメント**　最初の解は、1 次縮小戦略に基づいている。2 番目の解では 2 つの戦略を利用している。表象変換（スイッチの状態をビット列で表す）と 1 次縮小戦略（グレイ符号の生成）だ。

このパズルは 1938 年に J・ローゼンバウムによって提案され解かれた [Ros38]。これはアメリカでグレイ符号に特許が認められる数年前の話である。マーティン・ガー

[*2] 訳注：言葉では分かりにくいと思うが、n 桁のビット列が $2n$ 個含まれるリストから $n+1$ 桁のビット列が $2n+2n=2(n+1)$ 個含まれるリストを生成している。最後にリストの片割れを逆順にすることで、リスト内の各要素間で 1 ビットだけ値が異なるようにしている点に注意。

ドナーは自身のグレイ符号に関するコラムでこのパズルについて触れている [Gar86, p.21]。コラムではグレイ符号の応用として 2 つの重要なパズルに触れている。**9 連環**と**ハノイの塔**である。ドナルド・クヌースは、グレイ符号に関するかなり入り組んだ歴史について触れた後に、フランス人のルイス・グロスが最初の発明者であると結論付けて、彼の 1872 年の著書で 9 連環について触れているのが初出としている [Knu11, pp. 284–285]。

107. キツネとウサギ

■**解**　s が偶数ならキツネはウサギを捕まえられる。奇数なら捕まえられない。

キツネとウサギが n 回目の移動をするときにいることができるマス $F(n)$ と $H(n)$ を考え、そのマス番号のパリティに注目する。$n = 1$ については、$F(1) = 1$, $H(1) = s$ である。各移動においてキツネは 1 マス、ウサギは 3 マス移動するので、マス番号の偶奇は移動ごとに反転する。つまり、キツネとウサギが初期状態でいるマス番号の差の偶奇は保存される。したがって、ウサギが最初にいるマス s が奇数なら、キツネの移動直前のマス番号とウサギのいるマス番号の差は偶数のままなので、キツネはウサギの隣にいることは決してない。

また、ウサギがどこにも移動できずに負けるということもありえない（もっとも盤の長さが 11 より短ければ起こり得るが）。$s = 3$ なら、ウサギは最初の 2 回の移動で右に飛ぶことでマス 9 に移動することができる。キツネがこの間にマス 3 に移動しているなら、これは $s = 7$ の状態と同じ状況になる。もしキツネが最初にマス 2 に移動してからマス 1 に戻ったとすると、$s = 9$ と同じ状況になる。同様にして、$s = 5$ のときはウサギは最初にマス 8 に移動することで $s = 7$ と同じ状況に持ち込める。では、$s = 7$ の場合、すなわち $F(1) = 1$ かつ $H(1) = 7$ のときはどうか。キツネがマス 2 に移動したらウサギはマス 4 に移動する。続いてキツネがマス 1 に戻ったらウサギはマス 7 に戻ればよい。キツネがマス 3 に移動したときもウサギはマス 7 に戻ればよい（マス 1 に行ってはいけない。次にキツネがマス 4 に移動したらウサギは移動先がなくなる）。以降は、キツネがマス 6 に来るまでは、ウサギはマス 7 とマス 10 の間を行ったり来たりしていればよい。キツネがマス 6 に来たら、キツネを飛び越えてマス 4 に移動し、今度はマス 1 とマス 4 の間を行ったり来たりできる。キツネがマス 5 まで戻ってきたらマス 7 に戻れば、後は同様である。したがって、キツネは決してウサギを捕まえることはできない。s が 9 以上 27 以下の奇数の場合は、$s = 7$ と同様の戦略を使うことができる。$s = 29$ のときは、最初の移動でマス 26 に移動することで、キツネがマス 1、ウサギがマス 25 にいるのと類似した状態に持ち込める。

s が偶数なら、キツネは常に右に移動することでウサギが自身の隣に来るように仕向けられる。ウサギはキツネの右から動き始め、両者の差は常に奇数となる。差が 1 なら、キツネは次の移動でウサギを捕まえられる。差が 3 なら、キツネはただ右に移動すればよい。ウサギは自ら左に飛んでキツネの左隣に移動して次の番で捕まるか、右に飛ぶかのどちらかしかない。差が 5 以上なら、ウサギは右にも左にも飛べる。しかし、どの場合においても、ウサギは次の番で捕まるか、あるいはキツネとウサギの差が最初より 1 マス分縮まった状態（キツネが左端のマスにいて、ウサギが右側のどこか奇数のマスにいる状態）になってしまう。キツネがマス 26 に移動するまでウサギを捕まえられなかったとしても、次の番で必ずウサギを捕まえられる[*3]。

■**コメント** この解はアルゴリズム設計と分析の 2 つの考えを使っている。パリティと縮小統治法だ。

このパズルは似たゲーム [Dyn71, p.74, 問題 54] を少し変形したものである。

108. 最長経路

■**解** ポスト間の距離を 1 とすると、最長経路の長さは $n \geq 2$ のとき次式で与えられる。

$$\frac{(n-1)n}{2} + \left\lfloor \frac{n}{2} \right\rfloor - 1$$

ポストに 1 から順に n まで番号を付ける。貪欲法に従って解くと、奇数の n については $1, n, 2, n-1, \ldots, \lceil n/2 \rceil$、偶数の n については $1, n, 2, n-1, \ldots, n/2, n/2+1$ が得られる。これは、最後の経路を最後のポストとポスト 1 を結ぶ経路で置き換えることでより長くできる（図 4.76 に $n = 5$ および $n = 6$ のときのこの経路を示した）。このように修正した貪欲法の解が本当に最長かどうかの証明は難しくないが、面倒である。証明の詳細はヒューゴー・スタインハウスの『*One Hundred Problems in Elementary Mathematics*』（初等数学の 100 題）[Ste64] を参照のこと。

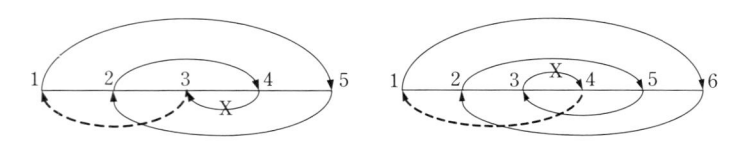

図 4.76 $n = 5$ と $n = 6$ について、貪欲法で得られた解を修正した経路

[*3] 訳注：ウサギは必ずキツネの右にいる（キツネを飛び越えて左側に行こうとしても捕まってしまう）ので、マス 28、30 のどれかにいるはずだが、どの場合も次で捕まってしまう。

$n = 5$ の最長経路は $3 \to 1 \to 5 \to 2 \to 4$、$n = 6$ の最長経路は $4 \to 1 \to 6 \to 2 \to 5 \to 3$ となる。$n > 4$ については、解は一意ではないが、どの最長経路も n が奇数なら真ん中の 3 点のいずれか、n が偶数なら真ん中の 2 点のいずれかが始点もしくは終点になる。

■コメント　このパズルは、貪欲法が、最適でないものの容易に修正可能な解を与えてくれる良い例だ。

上で述べたように、このパズルはヒューゴー・スタインハウスの『*One Hundred Problems in Elementary Mathematics*』（初等数学の 100 題）[Ste64, 問題 64] に由来している。また、マーティン・ガードナーの「サイエンティフィック・アメリカン」のコラム [Gar71, pp.235, 237–238] でも紹介されている。

109.　ダブル n ドミノ

■解　a. ダブル n ドミノには $(0, j)$ の駒 $(0 \leq j \leq n)$ が $n+1$ 個、$(1, j)$ の駒 $(1 \leq j \leq n)$ が n 個、…、(n, n) の駒が 1 個ある。したがって、駒の総数は $(n + 1) + n + \cdots + 1 = (n + 1)(n + 2)/2$ 個になる。

b. すべての k $(0 \leq k \leq n)$ について、k の目と k 以外の目からなる駒が n 個あり、両方が k の目の駒が 1 つある。つまり、表面に k の目が記されている駒の片割れの数は $n + 2$ になる。したがって、目の数の総和は $\sum_{k=0}^{n} k(n + 2) = n(n + 1)(n + 2)/2$ になる。

c. n が正の偶数のとき、そしてそのときに限り、求めるドミノの輪を構成できる。この輪の隣接するドミノの駒は互いに接する駒の半分の目が一致しなければならないので、すべての $0 \leq k \leq n$ について、k の目を持つ駒の数は偶数でなければならない。(b) の解より、k の目を持つ駒の数は $n + 2$ なので、すべての k についてこの値が偶数となる必要がある。n が奇数のときはそのような輪は構成できない。

n が正の偶数なら、次のように輪を構成できる。まず $n = 2$ のとき、輪は以下のものしかない。

$$R(2): (0,0)(0,1)(1,1)(1,2)(2,2)(2,0)$$

$n = 2s$ $(s > 1)$ なら、まずダブル $(2s - 2)$ ドミノの駒をすべて用いて輪 $R(2s - s)$ を再帰的に構成する。その後に、残っているドミノの駒 (i, j)（ここで、$j = 2s - 1$ もしくは $2s$ かつ $0 \leq i \leq j$）を使って鎖を作る。たとえば、以下のような 4 つ組を連ねて最後に $(2s, 0)$ を付け加えればよい。

$$(2t, 2s - 1)(2s - 1, 2t + 1)(2t + 1, 2s)(2s, 2t + 2) \quad (t = 0, 1, \ldots, s - 1)$$

最後に、先ほど作った輪 $R(2s-2)$ の $(0,0)$ と $(0,1)$ の間にこの鎖を挿入すればダブル $2s$ ドミノの輪が完成する。

別解として、この問題を頂点が $n+1$ の完全グラフにオイラー閉路が存在するか、という問題に読み替える方法もある。まず、頂点 i ($0 \le i \le n$) は i の目を表し、頂点 i と j の間の辺は i の目と j の目を持つ n ドミノを表すとする。目が同じドミノの駒（ダブル）はとりあえず除外して考え、ダブル以外の駒でリングを構成した後に該当する目で接しているところに挿入するか、そうでなければループ（頂点から出て自身に接続する辺）として表現することもできる。このようなグラフのオイラー閉路がすなわち n ドミノの輪を形成し、逆もまたしかりであることは自明だろう。よく知られている定理（本書のアルゴリズム分析のチュートリアルでも触れた）によれば、連結グラフがオイラー閉路を持つ必要十分条件はすべての頂点の次数が偶数であることである。これは問題の n が偶数であることと対応している。オイラー閉路を見つけるアルゴリズムについては、**一筆書きパズル**（No.28）で解説されている。

■**コメント** このパズルにはいくつかのテーマが含まれている。パリティ、縮小統治法、別解では別の問題への帰着を用いている。ラウス・ボール [Bal87, p.251] は、この別解はフランスの数学者ガストン・タールに由来すると述べている。彼は、この解を用いてダブル n ドミノの異なる並べ方の数を調べた。

110. カメレオン

■**解** 答えは「ならない」。

異なる色のカメレオンが出会うと、それぞれの色のカメレオンの数が 1 ずつ減り、第 3 の色のカメレオンの数が 2 増える。つまり、最初の 2 色のカメレオンの間では差が変わらず、第 3 の色のカメレオンの数が他よりも 3 増える。したがって、それぞれのカメレオンの数の差を 3 で割った余りは常に変わらないということになる。初期状態のカメレオンの数の差は、4、1、5 なので、それらを 3 で割った余りは 1、1、2 となる。しかし、すべてのカメレオンが同じ色になったのなら、その差のうち 1 つは 0 になり、当然、3 で割った余りも 0 になるはずである。

■**コメント** このパズルは珍しい不変条件の考えを基にしている。このパズルの変形は、いくつかのパズルの本に載っている（たとえば [Hes09, 問題 24] や [Fom96, p.130, 問題 21]）。

111. 硬貨の三角形の倒立

■解　$T_n = n(n+1)/2$ 枚の硬貨からなる三角形を倒立させるのに必要な硬貨の移動回数の最小値は $\lfloor T_n/3 \rfloor$ となる。

　三角形を最短手順で倒立させるには、三角形のどこかの硬貨の行を新しく作る倒立三角形の底辺として利用しなければならない。k（$1 \leq k \leq n$）番目の行がそうなったとしよう（行の番号は上から下に振っているとする。したがって、k 行目には硬貨が k 枚含まれている）。さて、この行を底辺にして倒立三角形を作るための最短移動回数を考えよう。まず、$n-k$ 枚の硬貨がこの列に移動してこなければならない。これは最下段の行のうち左端の $\lceil (n-k)/2 \rceil - 1$ 枚と右端の $\lfloor (n-k)/2 \rfloor$ 枚をそれぞれ、k 行の両端に移動させるのが簡単だろう。これによって、最下段には $n - (\lceil (n-k)/2 \rceil + \lfloor (n-k)/2 \rfloor) = n - (n-k) = k$ 枚の硬貨が残る。その次に、$n-k-2$ 枚の硬貨を $k+1$ 行に移動させる。これもまた、下から 2 段目の行の左端の $\lceil (n-k)/2 \rceil - 1$ 枚と右端の $\lfloor (n-k)/2 \rfloor - 1$ 枚を $k+1$ 行目の両端に移動させればよい。この操作を繰り返して、$n - \lfloor (n-k)/2 \rfloor$ 番目の行の左端の $\lceil (n-k)/2 \rceil - \lfloor (n-k)/2 \rfloor$ 枚（これは $n-k$ が偶数か奇数かにより 0 もしくは 1 になる）を $k + \lfloor (n-k)/2 \rfloor$ 番目の行の右端に移動させるまで続ける。最後に、1 から $k-1$ 行目までの硬貨を上下さかさまにして、作りかけの三角形の下側に移動させればよい。

　図 4.77 に、$n-k$ が偶数の場合の解が示されている。$n-k$ が奇数のときは、上記の解と対を成す別解として、各行の左端ではなく右端から余りの 1 枚を移動させる方法もある。両者について、図 4.78 に示した。

　この手順に必要な手数、$M(k)$ が k 行目を底辺にして三角形を倒立させる最小手順であることは自明である。というのも、それぞれの硬貨の移動によって長くしなければならない行が 1 枚分長くなり、短くしなければならない行が 1 枚分短くなっているからである。$M(k)$ の値は以下のようになる。

$$M(k) = \sum_{j=0}^{\lfloor (n-k)/2 \rfloor} (n-k-2j) + \sum_{j=1}^{k-1} j = \sum_{j=0}^{\lfloor (n-k)/2 \rfloor} (n-k) - \sum_{j=0}^{\lfloor (n-k)/2 \rfloor} 2j + \sum_{j=1}^{k-1} j$$

$$= (n-k)\left(\left\lfloor \frac{n-k}{2} \right\rfloor + 1\right) - \left\lfloor \frac{n-k}{2} \right\rfloor \left(\left\lfloor \frac{n-k}{2} \right\rfloor + 1\right) + \frac{(k-1)k}{2}$$

$$= \left(\left\lfloor \frac{n-k}{2} \right\rfloor + 1\right)\left\lceil \frac{n-k}{2} \right\rceil + \frac{(k-1)k}{2}$$

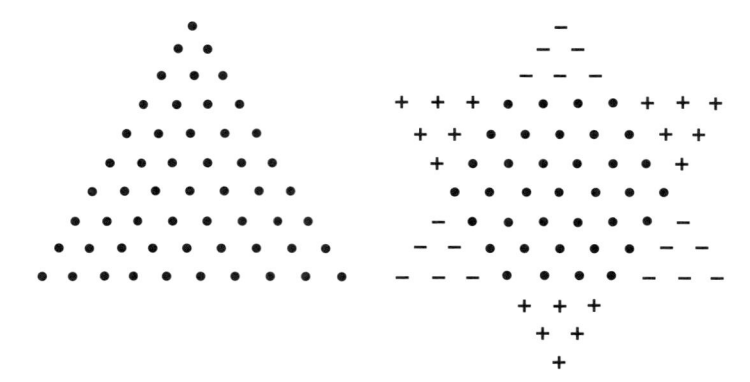

図 4.77　$k = 4$ 行目を底辺にする方針で T_{10} 枚の硬貨の三角形を倒立させる手順（+ と − と小さい丸印は、それぞれ、付け加わった硬貨、取り除かれた硬貨、変化しなかった硬貨、を表す）。

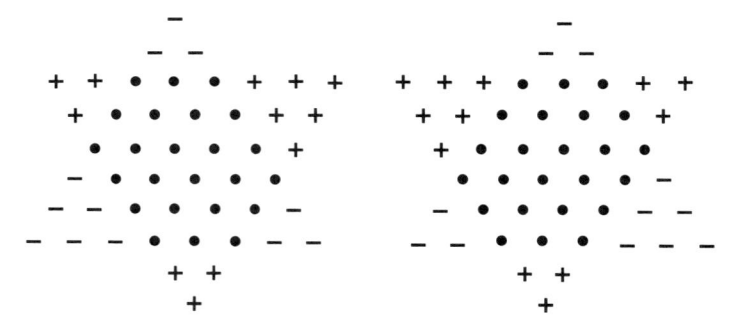

図 4.78　$k = 3$ 行目を底辺にする方針で T_8 枚の硬貨の三角形を倒立させる手順

$n - k$ が偶数なら、上式はもっと簡単にできて次のようになる。

$$M(k) = \left(\frac{n-k}{2} + 1\right)\frac{n-k}{2} + \frac{(k-1)k}{2} = \frac{3k^2 - (2n+4)k + n^2 + 2n}{4}$$

$n - k$ が奇数なら、式は

$$M(k) = \left(\frac{n-k-1}{2} + 1\right)\frac{n-k+1}{2} + \frac{(k-1)k}{2} = \frac{3k^2 - (2n+4)k + (n+1)^2}{4}$$

となる。

いずれの場合も、2次式 $M(k)$ は $k = (n + 2)/3$ のときに最小になる。$(n + 2)/3$（すなわち、$n = 3i + 1$）なら、$n - k = (3i + 1) - (3i + 1 + 2)/3 = 2i$ は偶数なので、（動かさない硬貨が一致するという意味で）解は一意に定まる（図 4.77 はその一例となる）。

$(n + 2)/3$ が整数でないなら、この問題は定性的に異なる 2 つの解を持つことになる[*7]。その 2 つの解はそれぞれ $(n + 2)/3$ を切り上げたものと切り下げたもの、$k^+ = \lceil (n+2)/3 \rceil$ と $k^- = \lfloor (n+2)/3 \rfloor$ になる。

硬貨の移動回数の最小値は、[Gar89, p.23]、[Tri69] や [Epe70] に従って、

$$\left\lfloor \frac{n(n+1)}{6} \right\rfloor = \left\lfloor \frac{T_n}{3} \right\rfloor$$

と表すこともできる。ここで、$T_n = n(n + 1)/2$ は三角形に含まれる硬貨の総枚数である。これに $n = 3i$、$n = 3i + 1$ および $n = 3i + 2$ をそれぞれ代入すれば、上記の最適な k を選んだときの $M(k)$ と一致することが容易に確認できる。

■**コメント** 本書の最初のチュートリアルで指摘したように、パズルを数学的問題に帰着させるのはアルゴリズム設計戦略の変換統治法の一種となる。

このパズルは昔から知られているもので、たとえば、マクシー・ブルックの著書 [Bro63] には、このパズルの硬貨 10 枚のものが「コーヒー狩り（coffee winner）」として紹介されている。この名前は「解けそうだが、3 手の解がなかなか見つけられない賭け」（p.15）ということに由来するらしい。マーティン・ガードナーは「サイエンティフィック・アメリカン」の 1966 年 3 月のコラムで読者に、動かさなければならない硬貨の枚数の一般式を求めよ、という問題を出している。彼の解は以下のような「幾何学的」解となっている（[Gar89, p.23]）。「任意の大きさの正三角形についてこの問題を考えると、これは（ビリヤードで 15 個のボールをまとめるのに使う枠のような）三角形のへりを描いて、それを反転させて枠内の硬貨の数が最大になるように元の図の上に重ね合わせる問題だということが分かる。どの場合においても、倒立三角形を得るために動かさなければならない硬貨の最小枚数は、硬貨の総枚数を 3 で割った商になる。」

トリグ [Tri69] とエパーソン [Epe70] は、与えられた三角形から切り離すいくつかの三角形に着目して解を導いているが、その解が最適である証明は与えていない。こ

[*7] 原注：ここで、定性的に異なる、というのは、与えられた三角形の異なる行を底辺にして倒立三角形を作ることができる、ということである。それぞれの解について、さらに奇数枚の硬貨を行の左端と右端、どちらから移動させるか、という対称解が存在する（図 4.78 を見よ）。

の考えを使うと、上記のアルゴリズムを新たな条件「硬貨を移動させる際に、少なくとも 2 枚の硬貨に接して位置がしっかり定まる場所に移動させなければならない」[Gar89, p.13] に簡単に対応させることができる。行単位で硬貨を移動させるのではなく、切り離す三角形の外側の硬貨を 1 枚ずつ移動させて 2 枚の硬貨に接する位置に置いていけばよい。どのような条件下で硬貨の配置を他の配置に変形できるか、という研究については、[Dem02] を参照のこと。

112. ドミノの敷き詰め再び

■解 n が偶数のとき、そしてそのときのみ、パズルは解を持つ。

ドミノが覆うマスの数は偶数なので、パリティの点から、この問題が n が奇数のときに解を持たないことは明らかである。

n が偶数で、欠けている 2 つの 1×1 マスの色が相異なるなら、$n \times n$ マスのチェス盤はドミノで覆うことができることを示す。$n = 2$ のとき、これが正しいことは明らか。$n > 2$ については、アメリカの数学者ラルフ・ゴモリーが考案し、彼の名にちなんで**ゴモリー・バリア**（Gomory barriers）と名付けられた巧妙な仕組みを用いる。このバリアは、盤を「通路」に分ける。取り除いた 2 つのマスが隣り合っていない場合は、それらが端になった通路が 2 つできる。取り除いた 2 つのマスが隣り合っている場合は、1 つの通路ができる（図 4.79a と図 4.79b を参照）。この「通路」に沿ってタイルを並べることができる。

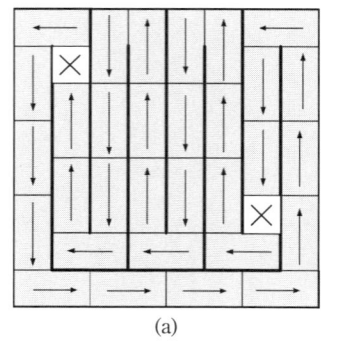

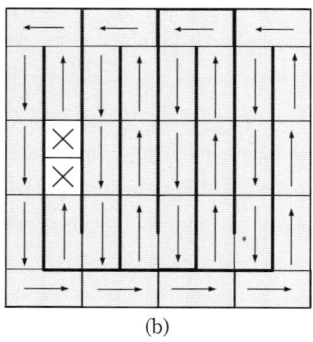

図 4.79 ゴモリー・バリアを利用して、2 マス欠けた 8×8 マスの盤をドミノで覆う。(a) 2 マスが隣り合っていない場合。(b) 2 マスが隣り合っている場合。

■**コメント** この解で使ったようなゴメリー・バリアは1種類ではない。ソロモン・ゴロムはポリオミノに関する自身の著書で4つの異なるパターンを挙げており、「他にも100種類以上あるだろう」と述べている [Gol94, p.112]。もちろん、たとえばチュートリアルの**不完全なチェス盤のドミノ敷き詰め**に出てくる対角の隅が欠けた $n \times n$ マスの盤（n は偶数）のように、欠けた2つのマスが同色なら、覆わなければならない各色のマスの数が異なるので、どうやってもドミノで覆うことは不可能である。

113. 硬貨の除去

■**解** 初期配置において表向きの（表が上を向いている）硬貨の枚数が奇数であることが、このパズルが解を持つ必要十分条件である。この条件を満たすなら、再帰的に左端の表向きの硬貨を取り除いていくことでパズルを解くことができる。

まず、n 枚の硬貨のうち表向きの硬貨が1枚のとき、このアルゴリズムで解けることを示そう。表向きの硬貨が端（たとえば左端）にあれば、それを取り除くと $n-1$ 枚の硬貨が同じ状態になる。

$$\underbrace{\text{H T } \ldots \text{ T}}_{n} \implies \underbrace{\text{H T } \ldots \text{ T}}_{n-1}$$

したがって、この操作を n 回繰り返せばすべての硬貨を取り除くことができる。

1枚の表向きの硬貨が端にないなら、それを取り除くと表向きの硬貨が1枚だけ端にある2つの硬貨列が1マス空けて並ぶ。

$$\underbrace{\text{T} \ldots \text{T T H T T} \ldots \text{T}}_{n} \implies \underbrace{\text{T} \ldots \text{T H }\_\text{ H T} \ldots \text{T}}_{n-1}$$

これらの短くなった硬貨列に先ほどと同じ手順を適用することですべての硬貨を取り除くことができる。

それでは、一般的な場合を考えてみよう。硬貨の列に1枚より多い奇数枚の表向きの硬貨があり、その左端の表向き硬貨を取り除く。その表向き硬貨の左に並ぶ裏向き硬貨の枚数を $k \geq 0$ 枚としよう。表向き硬貨の右隣の硬貨が表向きでも裏向きでも、取り除く操作で新たに1枚の表向きの硬貨の前に $k-1$ 枚の裏向き硬貨が並ぶ列が出来る（$k=0$ なら表向き硬貨が取り除かれるだけになるし、そうでないなら先ほど述べた手順ですべて取り除くことができる）。右側の短くなった列については、表向き

の硬貨の枚数が奇数なので、この手順を再帰的に適用すればよい。

$$\underbrace{\text{T}...\text{TT}\textbf{H}\text{T}...}_{k \quad \text{奇数枚の H}} \Longrightarrow \underbrace{\text{T}...\text{TH}\_\text{H}...}_{k-1 \quad \text{奇数枚の H}} \qquad \underbrace{\text{T}...\text{TT}\textbf{H}\text{H}...}_{k \quad \text{奇数枚の H}} \Longrightarrow \underbrace{\text{T}...\text{TH}\_\text{T}...}_{k-1 \quad \text{奇数枚の H}}$$

証明の次のステップは、硬貨列に含まれる表向き硬貨の枚数が偶数ならこのパズルが解を持たないことを示すことだ。証明方法は先ほどの証明方法と似ている。まず、表向き硬貨の枚数が 0 枚なら、表向きの硬貨しか取り除けないというルールよりパズルは解けない。複数枚の表向き硬貨があるなら、そのうちの 1 枚を取り除くと、偶数枚の表向き硬貨が含まれる列が 1 つ、もしくは少なくとも片方に偶数枚の表向き硬貨が含まれる 2 つの列が 1 マス空けて並んだものが出来る。

■コメント　メインとなる考え方は 1 次縮小法だが、分割統治法からもいくばくかのヒントを得ている。なお、適当に表向き硬貨を取り除くと、このパズルは解けなくなってしまうことに注意。たとえば、3 枚の表向き硬貨の真ん中を取り除いてしまうと、後に残る 2 枚の裏向き硬貨を取り除くことが不可能になってしまう。

このパズルが初めて紹介されたのはジェームズ・タントンの『*Solve This*』という本だった [Tan01, 問題 29.4]。その中で、D・ベックウィズの硬貨を円にする変形にも言及している [Bec97]。このパズルは、他にも、『*Professor Stewart's Cabinet of Mathematical Curiosities*』（邦題『数学の秘密の本棚』）[Ste09, p.245] にも収録されている。

114. 格子点の通過

■解　図 4.80 に $n = 3, 4, 5$ の解を示す。これらから、$(n-1)^2$ 個の格子点を通過する $2(n-1)-2$ 本の線分をもとに、2 本の線分（1 本は水平方向、1 本は垂直方向）を隣の列または行の n 点を通過するように引くことで、どのように n^2 個の格子点を通過する $2n-2$ 本の線分を作ればよいか分かるだろう。

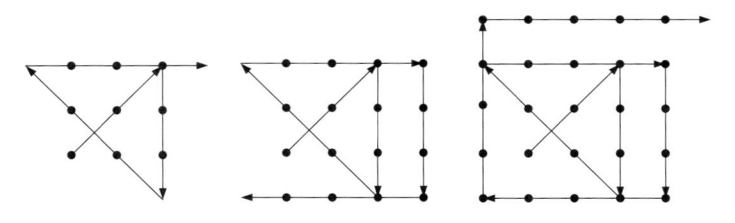

図 4.80　$n = 3, 4, 5$ の場合の、n^2 個の格子点を通過する $2n-2$ 本の線分

■コメント　$n = 3$ が解ければ、あとは縮小統治法を用いることで解くことができる。

$n = 3$ の場合は、昔からよく好まれていたパズルとなる。この解の特徴から、このパズルが「枠に囚われるな（thinking outside the box）」という言い回しの語源とも言われている。これは1世紀以上前にヘンリー・E・デュードニーとサム・ロイドによって公表されている。デュードニーはまた $n = 7$ および $n = 8$ の場合も考えている [Dud58, 問題 329–332]。ここで示した一般解はチャールズ・トリグが著書『*Mathematical Quickies*』で紹介している [Tri85, 問題 261]。その中では、M・S・クラムキンが「アメリカン・マセマティカル・マンスリー」（*American Mathematical Monthly*）の 1955 年 2 月号（p.124）で示している解にも触れられている。

115. バシェのおもり

■解　(a) と (b) それぞれの答えは、2^0 から始まる n 個の2の累乗数および 3^0 から始まる n 個の3の累乗数となる。

a. 小さい n について、貪欲法を試してみよう。$n = 1$ のときは、重さ1を量るために $w_1 = 1$ となる。$n = 2$ なら、$w_2 = 2$ を加えることで、先ほどは量れなかった重さ2を量ることができ、おもり {1, 2} を合わせることで3までの整数の重さを量ることができる。$n = 3$ の場合、貪欲な考え方をして先ほどは量ることができなかった重さの分のおもり $w_3 = 4$ を加える。このおもり {1, 2, 4} によって、1から7までの整数の重さ l を量ることができる。l の2進表現を考えることで、どのようにおもりを組み合わせればよいか分かる。

重さ l	1	2	3	4	5	6	7
l の2進表現	1	10	11	100	101	110	111
重さ l と釣り合うおもり	1	2	2 + 1	4	4 + 1	4 + 2	4 + 2 + 1

これらのことから、任意の正の整数 n に対して、2の累乗数 $\{w_i = 2^i, i = 0, 1, \ldots, n-1\}$ の重さのおもりを使うことで、重さ1から総合計 $\sum_{i=0}^{n-1} 2^i = 2^n - 1$ までの整数の重さを計ることができる、という仮説が立てられる。l の2進表現を使えば、必要なおもりが分かる、ということから、これらのおもりをいくつか組み合わせれば、必ず $1 \leq l \leq 2^n - 1$ の範囲の整数の重さ l を計ることができるということが証明できる。

n 個のおもりに対して、あり得る部分集合はせいぜい $2^n - 1$ しかないことから、計ることができる重さの最大値は $2^n - 1$ であることが分かる（どれかの組合せの総重量

が互いに等しくなれば、それより少なくなる)。よって、片方の天秤皿しか使えないなら、n 個のおもりをどのように用意しても $1 \leq l \leq 2^n - 1$ の範囲を超える整数の重さを計ることができないことが分かる。

　b. おもりを両方の天秤皿に載せることができるなら、n 個 $(n > 1)$ のおもりで、それ以上の重さを計ることができる。$n = 1$ なら、a. と同じく、おもりの重さは 1 にせざるを得ない。$n = 2$ なら、おもり $\{1, 3\}$ で 4 までの整数の重さを計ることができる。$n = 3$ なら、おもり $\{1, 3, 9\}$ を次の表のように使うことで、13 までのどの整数の重さも計ることができる。

重さ l	1	2	3	4	5	6	7
l の 3 進数表現	1	2	10	11	12	20	21
重さ l に対応するおもりの組合せ l	1	3 − 1	3	3 + 1	9 − 3 − 1	9 − 3	9 + 1 − 3
重さ l	8	9	10	11	12	13	
l の 3 進数表現	22	100	101	102	110	111	
重さ l に対応するおもりの組合せ	9 − 1	9	9 + 1	9 + 3 − 1	9 + 3	9 + 3 + 1	

　一般に、おもり $\{w_i = 3^i, i = 0, 1, \ldots, n - 1\}$ で 1 から $\sum_{i=0}^{n-1} 3^i = (3^n - 1)/2$ までの整数の重さを計ることができる。必要なおもりの組合せは、重さ l を 3 進数で表すことによって、次のように求まる。まず、l ($l \leq (3^n - 1)/2$) の 3 進数表記に 0 もしくは 1 しか含まれないなら、1 の場所に対応するおもりを対象と反対側の天秤皿に載せればよい。l の 3 進数表記が 2 を含んでいるなら、それぞれの 2 を $(3 - 1)$ で置き換えることで l を**平衡 3 進法**(balanced ternary system)で以下のように一意に表すことができる([Knu98, pp.207–208] を参照)。

$$l = \sum_{i=0}^{n-1} \beta_i 3^i, \ ただし \ \beta_i \in \{0, 1, -1\}$$

たとえば、次のようになる。

$$5 = 12_3 = 1 \cdot 3^1 + 2 \cdot 3^0 = 1 \cdot 3^1 + (3 - 1) \cdot 3^0 = 2 \cdot 3^1 - 1 \cdot 3^0$$
$$= (3 - 1) \cdot 3^1 - 1 \cdot 3^0 = 1 \cdot 3^2 - 1 \cdot 3^1 - 1 \cdot 3^0$$

(右端の 2 を置き換えたときに、新たに 2 が現れるかもしれないが、その位置は置き換えた位置よりも左になっている。したがって、有限回の置換によって 2 を追い出せることが保証される)この $l = \sum_{i=0}^{n-1} \beta_i 3^i$ (ただし $\beta_i \in \{0, 1, -1\}$)という表記を用いて、

負の β_i の位置に対応するおもり $w_i = 3^i$ を対象と同じ天秤皿に、正の β_i の位置に対応するおもり $w_i = 3^i$ を反対側の天秤皿に載せることで、重さ l を計ることができる。

最後に、n 個のおもりそれぞれは左の皿に載せるか、右の皿に載せるか、載せないかの3通りの状態を取る。したがって、正の重さを計るためのおもりの組合せは $3^n - 1$ 通りになる。対称性を考えると、計ることのできる重さの種類はせいぜい $(3^n - 1)/2$ 通りとなるはずである。このことから、どのようにおもりを用意しても $1 \le l \le (3^n - 1)/2$ の範囲が最大であることが分かる。

■コメント　このパズルは、貪欲法の有用性と、時として10進法以外の位取り記数法が役に立つことを示してくれる、良い例となっている。なお、正確に天秤皿が釣り合う必要がないのであれば、同じ数のおもりで2倍の数の整数の重さが計れる。たとえば、4個のおもり 2, 6, 18, 54 を使うことで1から80までの整数の重さを判断することができる。重さ 2, 4, ..., 80 は正確に計ることができるし、奇数の重さは、それを1だけ下回る重さと1だけ上回る重さと比較することで、決定することができる。たとえば、対象の重さが10より重く、12より軽ければ、その重さは11であると決定できる [Sin10, 7.L.3 節, p.95]。

このパズルの名前は、1612年に出版された数学パズルの先駆的古典『*Problèmes*』[Bac12] の著者クロード＝ガスパール・バシェ・ド・メジリアクに由来している。この本の中では、解も与えられている。最近の数学パズルの歴史に関する研究によると、この問題を最初に解いたのは、ハシブ・タバリ（1075）とフィボナッチ（1202）と考えられている [Sin10, 7.L.2.c 節および 7.L.3 節]。

116. 不戦勝の数え上げ

■解　(a) の解は $2^{\lceil \log_2 n \rceil} - n$、(b) の解は $2^{\lceil \log_2 n \rceil} - n$ の2進数表記における1の数。

(a). 不戦勝の数は、第2ラウンドに参加するプレイヤーの数が2の累乗数になるように第1ラウンドをスキップさせるプレイヤーの数の最小値として定まる。したがって、その値は $2^{\lceil \log_2 n \rceil} - n$ となる。たとえば $n = 10$ なら、不戦勝の数は $2^{\lceil \log_2 10 \rceil} - 10 = 6$ となる。実際、n をプレイヤーの数として、$2^{k-1} < n \le 2^k$ が満たされるとしよう。このとき、b 人のプレイヤーが不戦勝になるなら $n - b$ 人のプレイヤーが第1ラウンドで戦い、$(n - b)/2$ 人のプレイヤーが第2ラウンドに進む。したがって、式 $b + (n - b)/2 = 2^{k-1}$ が成り立つ。このとき解は $b = 2^k - n$ となる（ここで、$k = \lceil \log_2 n \rceil$）。なお、第1ラウンドで戦うプレイヤーは $n - b = 2n - 2^k$ と、ちゃんと偶数になっている。

(b). n をトーナメントに参加しているプレイヤーの人数とし（$2^{k-1} < n \leq 2^k$）、$B(n)$ を不戦勝の数とする。$B(n)$ は、各ラウンドのプレイヤーの人数が偶数になり、そのラウンドでの不戦勝の数が最小になるようにしたときの不戦勝の総数として定まる。言い換えると、プレイヤーの人数が偶数なら不戦勝はなく、奇数なら 1 人を不戦勝にすることで次のラウンドに進むプレイヤー数を $1 + (n-1)/2 = (n+1)/2$ にするということだ。したがって、$B(n)$ に関して、次のような漸化式が成り立つ。

$$B(n) = \begin{cases} B(\frac{n}{2}) & (n > 0 \text{ が偶数の場合}) \\ 1 + B(\frac{n+1}{2}) & (n > 1 \text{ が奇数の場合}) \end{cases} \quad B(1) = 0$$

この漸化式には閉形式解（直接解）はないので、この解はマーティン・ガードナーの著書『*aha! Insight*』（邦題『aha!insight ひらめき思考』）[Gar78, p.6] で述べられているように、次のようなアルゴリズムで求まる。$B(n)$ は $b(n) = 2^k - n$ を 2 進数で表記したときの 1 の数に等しい（$k = \lceil \log_2 n \rceil$）。すなわち、(b) の解は、(a) で定まる不戦勝の数を 2 進数表記の 1 の数に等しくなる。たとえば、$n = 10$ の場合、$b(10) = 2^4 - 10 = 6 = 110_2$ となるので、不戦勝の数は 2 となる。$n = 9$ なら、$b(9) = 2^4 - 9 = 7 = 111_2$ となるので、不戦勝の数は 3 となる。

$n (2^{k-1} < n \leq 2^k)$ に対して、このガードナーのアルゴリズムで求まる数を $G(n)$ としよう。これから、$G(n)$ が先ほどの不戦勝の数 $B(n)$ の漸化式と初期条件を満たすことを示す。$n = 1$ なら $2^0 - 1 = 0$ となるので、$G(1)$ は 1 の数、すなわち 0 になる。n が正の偶数なら、$2^{k-1} < n \leq 2^k$ より $2^{k-2} < \frac{n}{2} \leq 2^{k-1}$ となる。$b(n) = 2^k - n$ は偶数なので、この 2 進数表記の右端の位の値は 0 になる。したがって

$$b\left(\frac{n}{2}\right) = 2^{k-1} - \frac{n}{2} = \frac{b(n)}{2}$$

の 2 進数表記における 1 の数は $b(n)$ のそれと等しくなる。すなわち、任意の正の整数 n について $G(n) = G(\frac{n}{2})$ となる。

n が 1 より大きい奇数なら $2^{k-1} < n < 2^k$ より $2^{k-2} < \frac{n+1}{2} \leq 2^{k-1}$ となる。定義より $G(\frac{n+1}{2})$ は $b(\frac{n+1}{2}) = 2^{k-1} - \frac{n+1}{2}$ の 2 進数表記の 1 の数に等しい。$b(n) = 2^k - n$ は奇数なので、右端の位の値は 1 になる。$2^k - n$ を 1 ビット右にシフトした値は次のようになる。

$$(2^k - n - 1)/2 = 2^{k-1} - (n+1)/2 = b\left(\frac{n+1}{2}\right)$$

したがって、奇数 $n > 1$ について、$G(n) = 1 + G(\frac{n+1}{2})$ が成り立つが、これこそが示そ

うとしたものである。

■コメント　(b) の解は、勝ち抜きトーナメントを半減を繰り返すアルゴリズムと解釈する考えに基づいている。別解として、$2^{\lceil \log_2 n \rceil} - n$ 人の仮想的なプレイヤーを加えて問題を簡単にする方法もある。このとき、不戦勝の数は、仮想プレイヤーと実際のプレイヤーが戦う回数に等しくなる。この考え方を利用すると、不戦勝を表す式の別の表現が得られる。n をトーナメントの実プレイヤーの人数（$n > 1$）としたとき、$n - 1$ を 2 進数表現で表したときの 0 の数が不戦勝の数に等しい、というものだ（詳細は、[MathCentral] の 2009 年 10 月号を参照）。

ところで、トーナメントの木構造は、トーナメント自体だけでなく計算機科学においてさまざまな応用がある（例、[Knu98] を参照）。

117.　1 次元ペグソリティア

■解　盤上のマスに 1 から n まで順に番号が振ってあるとする。このパズルが解を持つのは、初期状態での空きマスが 2 もしくは 5 であるとき（対称性を考えて、$n - 1$ か $n - 4$ でも良い）。そのとき、最後にペグが置かれているのは、$n - 1$ もしくは $n - 4$（初期状態で $n - 1$ か $n - 4$ が空きマスの場合は、2 もしくは 5）である。

まず、初手のあとにペグの配置がどうなるか考えてみよう。

$$\underbrace{1 \ldots 1}_{l} 0 0 \underbrace{1 \ldots 1}_{r}$$

ここで、1 と 0 はそれぞれペグのあるマスとないマスを表している。以下では $l \leq r$ とするが、このようにしても一般性は失わない。

$l = 0$ で $r = 2$ なら、右端のペグが左端に飛び越えれば盤上に残るペグは 1 つだけになる。$l = 0$ で $r > 2$ なら、動かせる唯一のペグを 1 つずつ左に移動させていくことしかできず、$\lfloor r/2 \rfloor$ 回の移動の後に $\lceil r/2 \rceil \geq 2$ 個のペグが 1 つおきに並んで終了する。

同様に、$l = 1$ で $r \geq 1$ なら、唯一の手を $\lfloor r/2 \rfloor$ 回繰り返して $\lceil r/2 \rceil + 1 \geq 2$ 個のペグが残ったところで終了になってしまう。

$l = 2$ で、$r \geq 2$ かつ偶数なら、取れる唯一の手を繰り返すことで盤上にペグが 1 つだけ残る。これは r について帰納法を適用すれば容易に証明できる。実際、$r = 2$ なら、左端と右端のペグを移動させて、残る 2 つのペグのどちらかを移動させれば盤上に残るペグは 1 つになる。

$$110011 \implies 001011 \implies 001100 \implies 010000 \text{ もしくは } 000010$$

また、$r > 2$ のときは、同様の操作を行うことによって、$r-2$ の配置にすることができるので、帰納法により、$l = 2$ で、$r \geq 2$ かつ偶数なら解けることが示せた。

$$110011\underbrace{\ldots 1}_{r} \implies 001011\underbrace{\ldots 1}_{r} \implies 0011001\underbrace{\ldots 1}_{r-2}$$

さらに、$r > 2$ のときは $011\underbrace{\ldots 1}_{r}$ をペグ 1 つにすることは不可能なので、$110011\underbrace{\ldots 1}_{r}$ を解く手順は上に述べた方法しかない。

最後に、$l > 2$ かつ $r \geq l$ なら、盤上のペグを 1 つにすることが不可能なことを示そう。00 の左の $l > 2$ 本のペグも右の $r > 2$ 本のペグも、互いの「助け」がなければペグを 1 つに減らすことはできない。片方の側のペグを移動させて、もう片方の側に近付けることはできるが、この方法で両側のペグを両方助けることはできない。

$$\underbrace{1\ldots 1}_{l}10011\underbrace{\ldots 1}_{r} \implies \ldots \implies \underbrace{1\ldots 1}_{l-2}1001100\underbrace{1\ldots 1}_{r-2}.$$

■解 このパズルを解く基本的な考え方は縮小統治法である。同じアプローチを使って、奇数個のマスからなる盤で解があるのは、マス 1 もしくは 3 が空いている盤のみであることが証明できる。C・ムーアと D・エプスタイン [Moo00] は、よりちゃんとした方法でこのゲームに現れ得るペグの配置について述べている。

この 1 次元のバージョンの問題は昔からあるものだが、2 次元のものは依然として人気のあるゲームだ。このゲームのより詳細な歴史と勝つ戦略については、たとえば、ジョン・D・ビーズリーの研究論文 [Bea92] や『*Winning Ways for Your Mathematical Plays*』（邦題『「数学」じかけのパズル＆ゲーム』）[Ber04] の 23 章を見てほしい。その他にもウェブサイトでこれに関して述べられているものは多くある。

118. 6 つのナイト

■解 この問題を解く最少手数は 16 手となる。

本書の最初のチュートリアルで述べたように、このパズルの初期状態は図 4.81 のようなグラフで簡単に表現できる。

このグラフは図 4.82 のように解きほぐすことができる。まず頂点 8 を上に移動させ、頂点 5 を下に移動させると、左端の図になる。続いて、頂点 4 と頂点 6 の場所を入れ替えると 2 番目の図になる。頂点 10 と頂点 12 を入れ替えると 3 番目の図、頂点 11 を上に頂点 2 を下に移動させて最後の図が得られる。

118. 6つのナイト

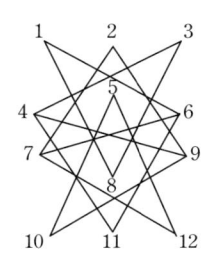

図 4.81 「6つのナイト」パズルで可能な手をグラフ表示したもの

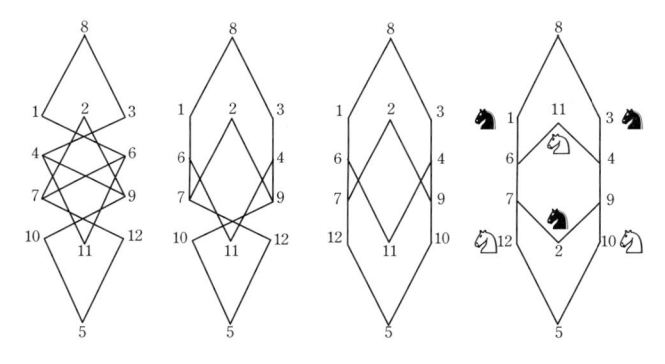

図 4.82 図 4.81 のグラフを展開する過程

　パズルの目的を達成するには、初期状態でマス1とマス3にいる黒ナイトがマス12もしくはマス10に移動しなければならない。ここで、マス1のナイトがマス10より近いマス12に移動するとしても一般性は失わない。このとき、最短手順は3手となる。マス2とマス3にいる2つの黒ナイトが目的の場所であるマス10と11に移動するには合計4手かかる。白と黒の配置の対称性から白ナイトが目的地に移動するのにかかる手数も7手であると予想できる。したがって、解手順は最短でも14手になる。しかし、14もしくは15手では解けないことが背理法によって証明できる。15手以下で解けたとしよう。このとき、マス1にいる黒ナイトはマス12に3手でたどり着かなければならない。なぜなら、4手でたどり着くのは不可能であるし、5手もかけてしまえば、総手数は少なくとも (5 + 4) + 7 = 16 手になってしまうからだ。しかし、マス1の黒ナイトがマス6から7に移動する前にマス12の白ナイトがマス2に、その前にマス2の黒ナイトがマス9に、その前にマス10の白ナイトがマス4に、その前にマス3の黒ナイトがマス11に、その前にマス11の白ナイトがマス6に

移動しなければならないが、これはマス 1 の黒ナイトの移動を邪魔してしまう。以上のことから最短手順は 15 手を超えることが示された。一方で、以下の手順によって 16 手で解けることが分かる。

$$B(1-6-7), W(11-6-1), B(3-4-11), W(10-9-4-3),$$
$$B(2-9-10), B(7-6), W(12-7-2), B(6-7-12)$$

■**コメント** このパズルはアルゴリズム設計戦略のチュートリアルで紹介した**グァリーニのパズル**（Guarini's Puzzle）のよく知られた発展形である。どちらのパズルの解にも背景には表象変換の考え方がある。最初にチェス盤をグラフで表し、それを解きほぐして扱いやすい形にしている。

1974 年と 1975 年に「*Journal of Recreational Mathematics*」に発表された 2 つの論文には、この問題の誤った解が掲載された [Sch80, pp.120–124]。また、デュードニー（Dudeney）は、どの 2 つのナイトも互いに相手を攻撃するような配置になってはいけない、という追加の条件を加えた問題を考えた [Dud02, 問題 94]。その他の変形については、ロイド『*Knights Crossing over the Danube*』（ドナウ川を渡る騎士）（[Pet97, pp.57–58]）とグラバチャクの『*The New Puzzle Classics*』（新しい古典パズル）[Gra05, pp.204–206] を参照してほしい。

119. 着色トロミノによる敷き詰め

■**解** このパズルは次のような再帰的な手順で解くことができる。$n = 2$ のとき、盤を 4 つの 2×2 の小さな領域に分割して、灰色のトロミノを真ん中に配置する。このとき、このトロミノが欠けたマスを含む 2×2 の領域に入らないようにする。続いて、黒のトロミノを左上の 2×2 の領域に、白のトロミノを右上に、黒のトロミノを右下に、白のトロミノを左下に配置する（図 4.83）。

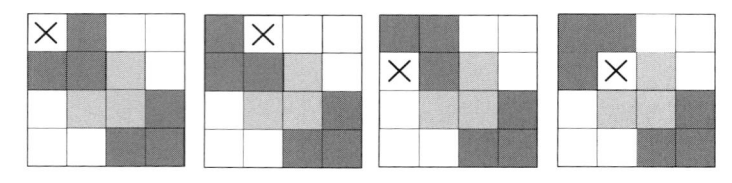

図 4.83 4×4 マスの盤の、4 通りの欠けたマスの位置（欠けた箇所は X で記されている）に応じた着色トロミノによる敷き詰め

119. 着色トロミノによる敷き詰め

欠けたマスの位置に関わらず、以下の性質が成り立つ。

- 上辺は左から右に、2 マスの黒マスと 2 マスの白マスが交互に並ぶ。ただし、欠けたマスが任意の場所に入り得る。
- 右辺は上から下に、2 マスの白マスと 2 マスの黒マスが交互に並ぶ。ただし、欠けたマスが任意の場所に入り得る。
- 下辺は右から左に、2 マスの黒マスと 2 マスの白マスが交互に並ぶ。ただし、欠けたマスが任意の場所に入り得る。
- 左辺は下から上に、2 マスの白マスと 2 マスの黒マスが交互に並ぶ。ただし、欠けたマスが任意の場所に入り得る。

$n > 2$ のときは、盤を 4 つの $2^{n-1} \times 2^{n-1}$ マスの領域に分割し、灰色のトロミノを真ん中に配置する。このとき、このトロミノが欠けたマスを含む $2^{n-1} \times 2^{n-1}$ の領域に入らないようにする。その後、それぞれの $2^{n-1} \times 2^{n-1}$ の領域を同じアルゴリズムで再帰的に敷き詰めればよい（例として図 4.84 を参照）。

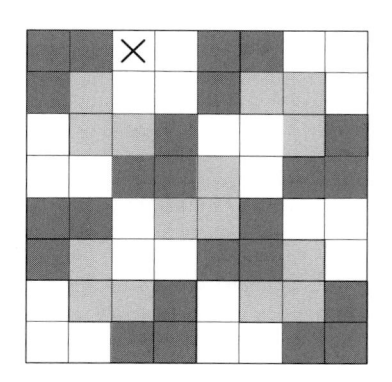

図 4.84 1 マス欠けた（X で表されている）$2^3 \times 2^3$ マスの盤を色付きのトロミノで敷き詰める

このアルゴリズムが正しいことは、先ほど挙げた 4 つの性質がアルゴリズムの繰り返しのたびに常に成立していることから導かれる。

■**コメント** 最初のチュートリアルでは色の付いていないトロミノで敷き詰めるアルゴリズムを紹介したが、それと同様に、このパズルも分割統治法の非常に良い例となっている。

このパズルと解法は、イ・ピン・チュとリチャード・ジョンソンボーの論文 [Chu87] に由来している。

120. 硬貨の再分配機械

■解　a. 箱に左から右へ 0 始まりで番号を振る。このとき、n 枚の硬貨の配置をビット列 $b_0b_1\ldots b_k$ で表すとしよう。ここで、b_i が 1 のときは i 番目（$0 \leq i \leq k$）の箱に硬貨がある、0 のときは硬貨がない、とする。また、硬貨が入っている右端の箱を k とする。したがって、$b_k = 1$ は常に成り立つ。この箱 k の硬貨は箱 $k-1$ の 2 枚の硬貨と引き換えに得られたものであり、さらにその 2 枚は箱 $k-2$ の 4 枚の硬貨と引き換えに得られたものである。目標配置において硬貨が入っている箱 i に、この論法を適用することで次式が得られる。

$$n = \sum_{i=0}^{k} b_i 2^i$$

これは、すなわち、目標配置を表すビット列は、とりもなおさず初期状態に与えられた硬貨の枚数 n の 2 進表記を逆順にしたもの、ということである。任意の自然数の 2 進数表記は一意に定まるので、与えられた n に対する硬貨の最終状態は過程に関わらず一意に決まる。

b. n 枚の硬貨を再配置させるのに必要な箱の数は、n を 2 進数で表したときの桁数に等しい。したがって、必要な箱の数は $\lfloor \log_2 n \rfloor + 1 = \lceil \log_2(n+1) \rceil$ になる。

c. $b_k b_{k-1} \ldots b_0$ を n の 2 進表記としよう。(a) の解から分かるように、機械が停止したときに箱 i に入っている硬貨の枚数は b_i（$0 \leq i \leq k$）に等しい。箱 i に 1 枚の硬貨を配置するのに必要な操作回数について以下の漸化式が成り立つ。

$$C(i) = 2C(i-1) + 1 \ \ (0 < i \leq k), \ C(0) = 0$$

この式を後退代入によって解くと、次式のようになる。

$$\begin{aligned} C(i) &= 2C(i-1) + 1 \\ &= 2(2C(i-2) + 1) + 1 = 2^2 C(i-2) + 2 + 1 \\ &= 2^2(2C(i-3) + 1) + 2 + 1 = 2^3 C(i-3) + 2^2 + 2 + 1 \\ &= \ldots \\ &= 2^i C(i-i) + 2^{i-1} + 2^{i-2} + \cdots + 1 = 2^i \cdot 0 + (2^i - 1) = 2^i - 1 \end{aligned}$$

したがって、この機械が行う操作回数は次式で求まる。

$$\sum_{i=0}^{k} b_i C(i) = \sum_{i=0}^{k} b_i (2^i - 1) = \sum_{i=0}^{k} b_i 2^i - \sum_{i=0}^{k} b_i = n - \sum_{i=0}^{k} b_i$$

すなわち、操作回数は、最初に与えられた硬貨の枚数 n と、その 2 進表記における 1 の数の差に等しい。

■コメント　このパズルの解法は n の 2 進表記を不変条件として利用している。また、バックトラックの考え方も使っている。この問題は、ジェームズ・プロップの考案したパズルに少し手を加えたものである（[MathCircle] を参照のこと）。

121. 超強力卵の試験

■解　答えは、14。

k 回の落下で分かる最高階を $H(k)$ とする[*8]。最初の落下は $k + 1$ 階からでなければならない、というのも、もし卵が割れたら、2 階から始めて k 階まで落下試験を繰り返さなければならないからだ。最初の落下で卵が割れなかった場合は、次の落下は $k + 1 + (k - 1)$ 階からになる。というのも、もしそこで卵が割れたら、$k + 2$ 階から $2k - 1$ 階までの $k - 2$ 回の落下試験が必要になるからだ。この考え方を残る $k - 2$ 回

[*8] 訳注：最悪時も想定に入れた最高階、ということに留意。当然、運が良ければ 2 回の落下で最高階が定まるが、ここでは最悪の場合でも k 回の落下で卵が落下に耐えられる最高階が分かることが求められている。なお、原書では日本で言う 2 階を 1st floor と呼んでいたが、ここでは分かりやすさを優先して、数字は日本の階数表現に合わせてある。つまり、k 階というのは地上階から $k - 1$ 回上に移動した階である。以降の数式などは原書と異なっているので注意。

の落下にも適用すると、次式が得られる。

$$H(k) = k + 1 + (k-1) + \cdots + 1 = 1 + k(k+1)/2$$

(別解として、$H(k)$ の漸化式 $H(k) = k + H(k-1)(k > 1)$, $H(1) = 2$ を解いても同様の結果が得られる s 。)

　最後に残っているのは、$1 + k(k+1)/2 \geq 100$ となる k を求めることであるが、これは $k = 14$ である。最初の落下は 15 階から、それでも割れなければ 28 階から、続いて 40、51、61、70、78、85、91、96、100 階から、と割れない限り階数を上げていく。もし途中で割れたら、最後に割れずに済んだ階の 1 つ上の階から 2 つ目の卵を落として、割れなければ階数を 1 つずつ上げて落下試験を繰り返せばよい。なお、落とす階数はいま挙げた階数である必要はない。たとえば、最初の落下は 14、13、12、11、10 階のどれから始めてもよい。

■コメント　このアルゴリズムは貪欲法に基づいているが、最悪時の場合はバックトラックで考える、という点が普通と違っている。この問題は、基本操作（ここでは卵の落下）の階数が与えられたときに、問題の大きさが最大でいくつになるか考える、というものになっている。

　この問題が初めて世に出たのは、ジョセフ・コンハウザーの著書 [Kon96, 問題 166] だが、その後とても有名になった（たとえば、ピーター・ウィンクラーの『*Mathematical Mind-Benders*』（邦題『続・とっておきの数学パズル』）[Win07, p.10] やモーセ・スニードヴィッチの論文 [Sni03] を参照)。

122.　議会和平工作

■解　答えは「ある」。以下のアルゴリズムによって議会の議員を 2 派に分け、かつ派閥内で敵対関係にある議員が高々 1 人になるようにできる。

　まず、適当に議員を 2 派に分ける（たとえば、それぞれ同数になるように分ける）。ここで、両方の派閥において同じ派閥に属していて敵対関係にある議員の 2 人組の数を p とする。次に、各議員について、その議員の派閥に議員の敵が少なくとも 2 人いたら、この議員を反対側の派閥に移動させる。新しい派閥では、その議員の敵はせいぜい 1 人であり、以前の派閥では敵対関係にある議員の 2 人組の数は少なくとも 2 だけ減る。したがって、この操作をせいぜい p 回繰り返せば、各派閥において、どの議員も自身と同じ派閥内に敵が多くても 1 人という状態を作り出せる。

■コメント　この解法は、チュートリアルで説明した逐次改善法を基にしていると考えても良いだろう。この戦略および、この戦略を利用している重要なアルゴリズムに関する詳しい説明については、A・レヴィティンの著書 [Lev06, 10 章] を参考にせよ。

　このパズルに初めて言及しているのは、ロシアで発行されている学生と教師向けの物理と数学の雑誌「クヴァント」(*Kvant*) の 1979 年の 8 月号に載っている問題 M580 (p.38) だろう。その後、S・サフチェフと T・アンドレースクの『*Mathematical Miniatures*』(数学ミニチュア) にも取り上げられた [Sav03, p.1, 問題 4]。

123.　オランダ国旗の問題

■解　マスの列を以下のように 4 つのグループに分割して考える。一番左に赤のマスのグループ、その次に白のマスのグループ、その次が色が不明なマスのグループ、最後が青のマスのグループである。なお、各グループとも所属するマスが 0 でも構わない。

赤のマスのグループ	白のマスのグループ	不明なマスのグループ	青のマスのグループ

　このとき、次のアルゴリズムを実行する。最初は赤、白、青のマスのグループにはどれもマスが所属しておらず、すべてのマスが不明グループに所属しているとする。そこから、以下の操作を繰り返す。まず不明グループの左端もしくは右端からマスを 1 つ選択する。もし最初のマス (左端のマス) の色が赤なら、赤グループの直後にあるマスとそのマスを交換して、次のマスを調べる。もし最初のマスが白なら、何もせずに次のマスの色を調べる。もし青なら、青グループの 1 つ前のマスと交換する (図 4.85 を参照)。この操作を、不明グループにマスがある限り繰り返す。

■コメント　この問題とアルゴリズムは W・H・J・フェイゲンの発案である。著名な計算機科学者エドガー・ダイクストラが自身の著書『*A Discipline of Programming*』(邦題『プログラミング原論：いかにしてプログラムをつくるか』) [Dij76, 14 章] で取り上げたことによって計算機科学の分野で有名になった。このパズルの名前は、フェイゲンもダイクストラもオランダ人であったことと、赤、白、青がオランダの国旗の色であることに由来している。

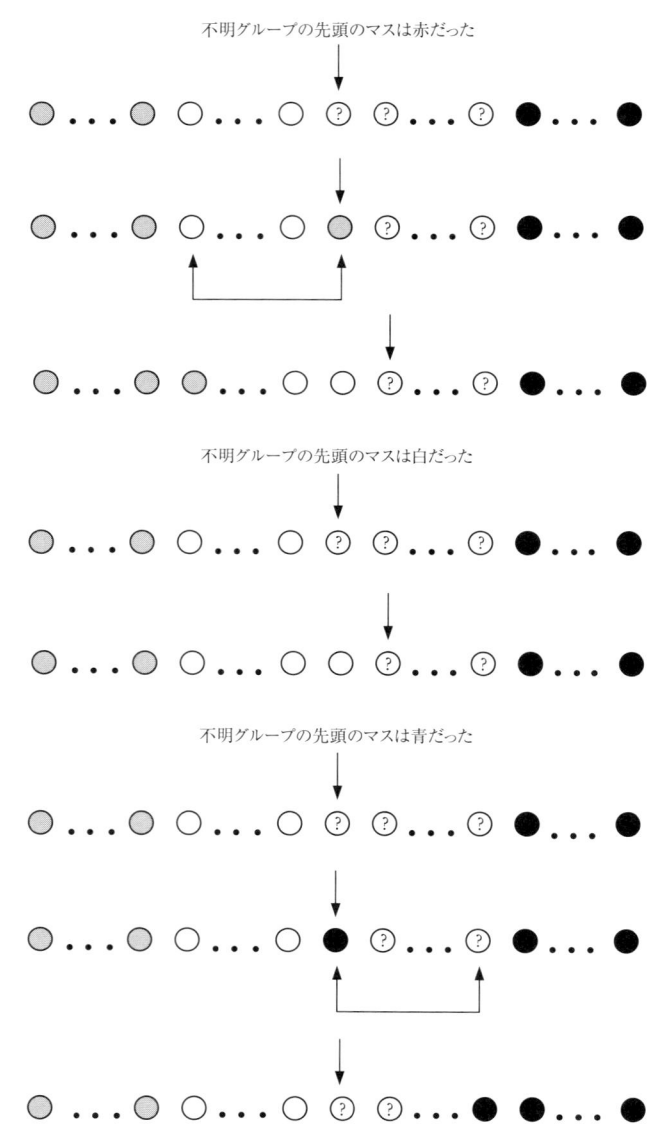

図 4.85　3 つの場合における「オランダ国旗の問題」の解答アルゴリズムの操作

124. 鎖の切断

■**解** 答えは $(k+1)2^{k+1} - 1 \geq n$ を満たす最小の整数。

ヒントで述べたように、逆にした問題を考えよう。任意の正の整数 k が与えられたとして、k 個のクリップを取り外したときにこの問題を解くことができる最長の鎖の長さ $n_{\max}(k)$ はいくつになるだろうか。なお、以下では 1 つのクリップの長さを 1 とする。k 個のクリップを取り外せば、鎖は $k+1$ 個の短い鎖に分かれる。最も短い鎖の長さ S_1 は $k+1$ のはずである。というのも、取り外した k 個の長さ 1 のクリップと組み合わせて使えば、長さが 1 から $k + (k+1) = 2k+1$ までの任意の長さの鎖を作ることができるからだ。2 番目に短い鎖の長さ S_2 はそれよりも 1 だけ長い $(2k+1) + 1 = 2(k+1)$ になる。この鎖を使うことで長さ 1 から $(2k+1) + 2(k+1) = 4k+3$ までの任意の長さの鎖を作ることができる。3 番目に短い鎖の長さは $(4k+3) + 1 = 2^2(k+1)$ となり、以下同様である。最後の鎖の長さ S_{k+1} は $2^k(k+1)$ になる（この推論は数学的帰納法で証明できる）。これらの $k+1$ 個の鎖と k 個のクリップを組み合わせることで、長さ 1 から $n_{\max}(k)$ までの任意の長さの鎖を作ることができる。ここで、$n_{\max}(k)$ は

$$n_{\max}(k) = k + (k+1) + 2(k+1) + 2^2(k+1) + \cdots + 2^k(k+1)$$
$$= k + (k+1)(1 + 2 + 2^2 + \cdots + 2^k) = k + (k+1)(2^{k+1} - 1)$$
$$= (k+1)2^{k+1} - 1$$

で定義される。たとえば、$k = 2$ なら、以下のように切断することで長さ 1 から 23 までの鎖を作ることができる。

1	2	3	4	5	6	7	8	9	10	11	12	13	14	15	16	17	18	19	20	21	22	23
			X							X												

それでは、元の問題に戻ろう。与えられた鎖の長さを $n > 1$ としよう。明らかに、次式を満たす k は一意に定まる。

$$n_{\max}(k-1) < n \leq n_{\max}(k)$$

ここで、$n_{\max}(k) = (k+1)2^{k+1} - 1$ である。先ほどの議論から、この問題を解くには少なくとも k 個のクリップを取り外さなければならないことが分かっている。

それでは、実際に k 個のクリップを取り外すことで問題が解けることを示そう。$n = n_{\max}(k)$ なら、k 個のクリップを先ほど考えたように取り外せばよい。また、先ほどの手順で k 個のクリップを取り外してできる鎖の長さを $|S_1|, \ldots, |S_k|$ としたときに $|S_1| + \cdots + |S_k| + k \leq n < n_{\max}(k)$ となるのなら、最後の鎖 $\tilde{S}_{k+1}$ は S_{k+1} より短くなる。しかし、この分割が解になっていることを確かめることは容易である。たとえば、$n = 20$ なら $k = 2$ となり、取り除くクリップは上で見た手順にしたがえばクリップ 4 と 11 になる。

1	2	3	4	5	6	7	8	9	10	11	12	13	14	15	16	17	18	19	20
			X							X									

S_1, S_2、2 個のクリップを組み合わせることで、長さ 1 から $|S_1| + |S_2| + 2 = 3 + 6 + 2 = 11$ までの鎖を作ることができる。さらに、$\tilde{S}_3$ と組み合わせることで、長さ $|\tilde{S}_3| = 9$ から $|\tilde{S}_3| + 11 = 20$ までの任意の長さの鎖を作ることができる。

$n_{\max}(k-1) < n < |S_1| + \cdots + |S_k| + k$ となるなら、1 から $k-1$ 番目までのクリップは今までと同じ場所から取り除き、k 番目のクリップを鎖の右端から取り除けばよい。たとえば、$n = 10$ なら $k = 2$ となる。そして、取り除くクリップの位置は 4 と 10 になる。

1	2	3	4	5	6	7	8	9	10
			X						X

これによって、S_1 と 2 個のクリップを使うことで、長さ 1 から $|S_1| + 2 = 3 + 2 = 5$ までの任意の長さの鎖を作ることができる。さらに長さ 5 の $\tilde{S}_2$ と組み合わせることで、長さ 5 から 10 までの任意の長さの鎖を作ることができる。

■**コメント**　上記の解は [Sch80, pp.128–130] に載っているものだが、アルゴリズム設計における貪欲法を利用する良い例となっている。

　このパズルの最もよく知られている形式は、7 つの輪からなる金の鎖を所持している旅行者が鎖を切断して、滞在している日数に応じた宿代を宿屋の主人に払う、というものだ。詳細は、ディビッド・シングマスターの文献解題 [Sin10, 5.S.1 節] を参照してほしい。

125. 7回で5つの物体をソートする

■解 まずは、すぐに思いつくが実際にはあまり成果が得られない方法を試してみよう。4つの物体をまずソートさせ、5つ目の物体が落ち着くべきところを探す、というものだ。4つの数をソートするには、最低5回の比較が必要となる（これを証明するのはそれほど難しくない。また、一般的に n 個の適当な数をソートさせるのに必要な比較回数は最悪時で $\lceil \log_2 n! \rceil$ となることからも明らかである）。この4つのソートした数の中で5つ目の数の入るべき場所を探すには、さらに3回の比較が必要となる（ソートした数を数直線上の点と見れば、このことは容易に分かるだろう）。このうまくいかなかった方法から得られる結論は、求めるアルゴリズムは5つの数を一度に並べるもので、4つを並べてから最後の数の場所を探すようなものではない、ということだ。

この問題を解くアルゴリズムの1つは以下のようになる。まず、物体を並べ、左から右に1から5まで数字を振る。それらの重さを $w_1,\ldots,w_5$ としよう。まず物体1と2、物体3と4の重さを天秤で比較する。ここで $w_1 < w_2$ かつ $w_3 < w_4$ としても一般性を失わない。次に、重い物体同士の重さを天秤で比較する。すなわち w_2 と w_4 を比較する。このとき、2つの可能性がある。

ケース1：$w_1 < w_2 < w_4$ 　かつ $w_3 < w_4$
ケース2：$w_3 < w_4 < w_2$ 　かつ $w_1 < w_2$

ケース2は、ケース1の w_1 と w_2 の組の役割を w_3 と w_4 の組と交換したものなので、ケース1の場合だけを考えても一般性を失わない。ここで、先ほども述べたように、これらの関係を数直線上の点で表そう。3回の比較で以下の図と関係が得られた。

$-w_1-w_2-w_4-$ 　かつ $w_3 < w_4$ 　（点 w_3 は w_4 の左）

4回目の比較では w_5 と w_2 を比較する。$w_5 < w_2$ なら、5回目は w_5 と w_1 比較する。結果は2通りが考えられる。

$w_5 < w_1$ の場合：$-w_5-w_1-w_2-w_4-$ 　かつ $w_3 < w_4$ 　（w_3 は w_4 の左）
$w_5 > w_1$ の場合：$-w_1-w_5-w_2-w_4-$ 　かつ $w_3 < w_4$ 　（w_3 は w_4 の左）

この2つの違いは w_1 と w_5 の大小関係だけなので、最初の場合についてだけ考えれ

ば十分である。6 回目の比較は、w_3 と w_1 を比較する。$w_3 < w_1$ なら 7 回目の比較は w_3 と w_5 になる。$w_3 < w_5$ なら、$w_3 < w_5 < w_1 < w_2 < w_4$ となる。一方、$w_3 > w_5$ なら、$w_5 < w_3 < w_1 < w_2 < w_4$ となる。同様にして、6 回目の比較の結果が $w_3 > w_1$ なら、7 回目の比較は w_3 と w_2 になる。$w_3 < w_2$ なら $w_5 < w_1 < w_3 < w_2 < w_4$ になるし、$w_3 > w_2$ なら $w_5 < w_1 < w_2 < w_3 < w_4$ となる。

では、4 回目の比較で $w_5 > w_4$ となる場合はどうなるだろうか。5 回目の比較では、w_5 と w_4 を比べる。結果は 2 通りの可能性がある。

$w_5 < w_4$ の場合：$- w_1 - w_2 - w_5 - w_4 -$ かつ $w_3 < w_4$ (w_3 は w_4 の左)

$w_5 > w_4$ の場合：$- w_1 - w_2 - w_4 - w_5 -$ かつ $w_3 < w_4$ (w_3 は w_4 の左)

前者の場合は、6 回目の比較で w_3 と w_2 を比べる。$w_3 < w_2$ なら、7 回目の比較で w_3 と w_1 を比べる。$w_3 < w_1$ なら $w_3 < w_1 < w_2 < w_5 < w_4$ となる。$w_3 > w_1$ なら、$w_1 < w_3 < w_2 < w_5 < w_4$ となる。後者の場合は w_3 と w_2 を比較する。$w_3 < w_2$ なら、7 回目の比較で w_3 と w_1 を比べる。$w_3 < w_1$ なら $w_3 < w_1 < w_2 < w_4 < w_5$ となるし、$w_3 > w_1$ なら、$w_1 < w_3 < w_2 < w_4 < w_5$ となる。最後に、6 回目の比較で $w_3 > w_2$ なら、7 回目は必要ない。というのもすでに $w_3 < w_4$ は分かっているので、$w_1 < w_2 < w_3 < w_4 < w_5$ となる。

■コメント　このパズルは、小さい大きさのファイルをソートさせるときのよく知られた問題に対応している。ドナルド・クヌースは、この問題について彼の著書『The Art of Computer Programming』の第 3 巻（邦題『The Art of Computer Programming Volume 1 Fundamental Algorithms Third Edition 日本語版』）の 5.3.1 節で論じている [Knu98]。彼は、H・B・ディムースが考案した上記のアルゴリズムを、非常にエレガントな方法で図示している（pp.183–184）。

126.　ケーキの公平な分割

■解　2 人の場合の公平な解は、1 人がケーキを 2 つの部分に切り分け、もう 1 人が取り分となる部分を選択するというものである。2 人よりも多い場合、以下のようにしてこのやり方を一般化できる。まず、すべての人に 1 から n の番号を振る。人 1 がケーキから一部分 X を切り取る。彼は、その部分がケーキの n 分の 1 にできるだけ近くなるようにする。なぜなら、その部分を n 分の 1 よりも小さくすると最終的にその部分を得ることになるし、その部分を n 分の 1 よりも大きくすると他の人によって減らされることがあり得るからだ。人 2 は、X がケーキの n 分の 1 よりも大きい

と思ったならば、X の一部を切り取って、それをケーキの残りに加えることを選択できる。X がケーキの n 分の 1 よりも大きいと思わなければ、人 2 は何もしない。人 $3, 4, \ldots, n$ は、X を減らすか何もしないという同じ選択権を順に行使する。その後、最後に X に触れた人が X を自分のものとし、残りの $n-1$ 人は同じ手続きをケーキの残りに対して行う。ここで、もし X を調整するために切り取られた部分があれば、それらのすべてを残りの部分に加える。残りが 2 人となったならば、1 人が切りもう 1 人が選ぶ方法で、ケーキの（調整した部分をすべて含めた）残りを分ける。

■コメント　このアルゴリズムは、明らかに 1 次縮小戦略に基づく。

イアン・スチュアート [Ste06, pp.4–5] によると、上記の 2 人の場合に対する解は 2800 年前から知られており、その 3 人の場合への拡張は 1944 年にポーランド人の数学者ヒューゴー・スタインハウスによって与えられた。その後、その問題やその変種・拡張に対して、いくつものアルゴリズムが提案されている。興味のある読者は、それらが書かれているジャック・ロバートソンとウィリアム・ウェブによるモノグラフ [Rob98] を参照せよ。

127. ナイトの巡回

■解　盤面の対称性から一般性を失うことなく、盤面の左上角から始めて図 4.86 の 64 番のマスで終わるようにナイトを巡回させることができる。訪れていないマスのうち、最も近い盤面の辺にできるだけ近くなるところへ移動する。より正確に言うと、まず盤面の外側 2 層にあるマスを訪問しようとし、その中で苦肉の策として中央の 16 マスのうちの 1 つを使う。さらに、角のマスへ移動可能なときには、すぐにそのマスを訪問する。これらの規則によって生成された巡回を図 4.86 に示す。図では、ナイトの訪問順にマスに番号が振られている。

■コメント　**ナイトの巡回パズル**は、最も良く調べられているチェス盤に関するパズル 2 つのうちの 1 つである（もう 1 つは、最初のチュートリアルと問題 140 にある、***n* クイーン問題**である）。ディビッド・シングマスターによる文献解題 [Sin10, 5.F.1 節] において、その問題の節は 8 ページに及び、9 世紀に遡る。9 世紀からこれまで、レオンハルト・オイラーやカール・フリードリヒ・ガウスのような偉人を含む数人の著名な数学者がこの問題に興味を持った。8×8 の盤面においてナイトの閉巡回は 10^{13} 通り以上あるが、意外にも計算機の助けがなければ 1 つの解を見つけるのも簡単でない。

1	38	17	34	3	48	19	32
16	35	2	49	18	33	4	47
39	64	37	54	59	50	31	20
36	15	56	51	62	53	46	5
11	40	63	60	55	58	21	30
14	25	12	57	52	61	6	45
41	10	27	24	43	8	29	22
26	13	42	9	28	23	44	7

図 4.86 標準的なチェス盤におけるナイトの閉巡回

　上記の巡回は，18 世紀初頭にモンモールとド・モアブルによって提案された，開巡回（開始マスへと戻る必要のない巡回）を構成するための考え方に基づく．明らかにその考え方は，他のマスから到達する方法の少ないマスを優先するという貪欲法の要素がある．19 世紀にワルンスドルフによって提案された方法では，この貪欲法の考え方はより規則的になる．その方法は，選択肢のうちその次の手の候補が最も少ないマスへと進むというものである．これら 2 つの貪欲法のうち，ワルンスドルフの方法の方がより強力であるが，より多くの計算も必要とする．これらの方法のいずれも**ヒューリスティック**（heuristics）でしかないことに注意しなさい．すなわち，それらは解を導くのに失敗するかもしれない経験則である（この場合，複数の最少のものから別のものを選択すると失敗する）．一般に，ヒューリスティックに基づくアルゴリズムの考え方は，難しい計算問題において重要である．ナイトの巡回を生成する他のアルゴリズム（それらのいくつかは，分割統治戦略に基づく）については，たとえば [Bal87, pp.175–186], [Kra53, pp.257–266], [Gik76, pp.51–67] や，この問題とその拡張に関するたくさんのウェブサイトを参照せよ．

　ナイトの巡回問題はハミルトン閉路を求める問題の特殊な場合である．ワルンスドルフのヒューリスティックはハミルトン閉路を求める際によく使用される考え方の 1 つであることにも注目すべきだ．

128. セキュリティスイッチ

■**解** このパズルは、スイッチの切り替えを最少で $\frac{2}{3}2^n - \frac{1}{6}(-1)^n - \frac{1}{2}$ 回行うことで解ける。

スイッチに左から右へと向かって 1 から n の番号を付け、スイッチの「オン」と「オフ」の状態をそれぞれ 1 と 0 で表す。このパズルの一般のインスタンスを解く手助けとして、まず始めに小さな方から 4 つのインスタンスを解く（図 4.87 を見よ）。

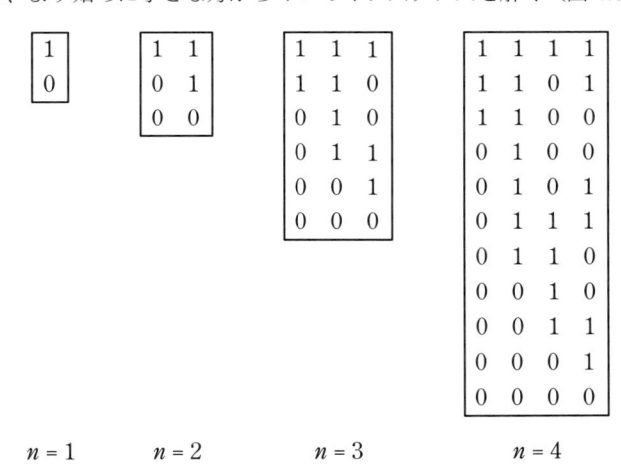

```
  1       1 1     1 1 1      1 1 1 1
  0       0 1     1 1 0      1 1 0 1
          0 0     0 1 0      1 1 0 0
                  0 1 1      0 1 0 0
                  0 0 1      0 1 0 1
                  0 0 0      0 1 1 1
                             0 1 1 0
                             0 0 1 0
                             0 0 1 1
                             0 0 0 1
                             0 0 0 0

  n = 1    n = 2    n = 3      n = 4
```

図 4.87 「セキュリティスイッチ」パズルの最初の 4 つのインスタンスに対する最適解

さて、111...1 のように n 個の 1 によって表される一般のインスタンスを考える。最初（左端）のスイッチをオフにできるには、スイッチは 110...0 という状態でなければならない。したがって、まず始めに、最後から $n - 2$ 個のスイッチを消す必要があり、最適解を得るためにはこれを最少手数で実行する必要がある。言い換えると、まず同じ問題を最後から $n - 2$ 個のスイッチに対して解く必要がある。これは再帰的に行うことができ、図 4.87 に示されるとおり $n = 1$ と $n = 2$ の場合の解は直接求まる。その後、最初のスイッチを切り替えて、010...0 を得る。ここで、2 つ目のスイッチを切り替える前に、それ以降のすべてのスイッチが「オン」となっている状態を経る必要がある。それが必要なことは、数学的帰納法により簡単に証明できる。最後から $n - 2$ 個のスイッチを「オン」から「オフ」にした上記の最適手順を逆に行うことで、3 つ目から最後までのすべてのスイッチを「オン」の状態にすることができる。

これにより、011...1 が得られる。最初の 0 を無視すると、それは元のパズルの $n-1$ のインスタンスであり、再帰的に解くことができる。

上記のアルゴリズムの手数（スイッチの切り替え回数）を $M(n)$ とする。$M(n)$ について、以下の漸化式が成り立つ。

$$M(n) = M(n-2) + 1 + M(n-2) + M(n-1)\ \text{を単純化して}$$
$$M(n) = M(n-1) + 2M(n-2) + 1 \quad (n \geq 3,\ M(1) = 1,\ M(2) = 2 \text{ のとき})$$

定数係数の 2 次の線形非同次漸化式に対する標準テクニック（例、[Lev06, pp.476–478] や [Ros07, Sec.7.2] を参照せよ）を用いてその漸化式を解くと、以下の閉形式の解を得る。

$$M(n) = \frac{2}{3}2^n - \frac{1}{6}(-1)^n - \frac{1}{2} \quad (n \geq 1 \text{ のとき})$$

n が偶数のとき、この式を単純化すると $M(n) = (2^{n+1} - 2)/3$ となり、n が奇数のとき、$M(n) = (2^{n+1} - 1)/3$ となる。

■**コメント** このパズルを解く上記のアルゴリズムは、縮小統治戦略に基づく。手数に関する 2 次漸化式を標準的手法を適用して解くのは自然でかつ簡単であるが、ボールとコクセター [Bal87, pp.318–320] または エーバーバッハとチェイン [Ave00, p.414] の方法に従うとそれを回避することができる。著者の意見を言うと、それらの方法はいずれも上記の解法よりも煩雑である。まったく異なるやり方が、フランスの数学者ルイス・A・グロスによって 1872 年に提案されている。彼のやり方は、スイッチの状態をビット列で表現するものに等しく、現在のグレイ符号を予期させるものであった。その詳細については、[Bal87, pp.320–322] と [Pet09, 182–184] を参照せよ。

このパズルは、C・E・グリーンズ [Gre73] によって提案されたものである。それは、**9 連環**と呼ばれる、とても古い有名な数学パズルを真似たものである。9 連環に関するたくさんの文献は、ディビッド・シングマスターによる文献解題 [Sin10, 7.M.1 節] に示されている。また最近の参考文献が M・ペトコビチの本 [Pet09, p.182] に示されている。

129. 家扶のパズル

■**解** 明らかにこの問題は**ハノイの塔**パズルの拡張であるので、同様の再帰的なやり方をとるのが自然である。すなわち $n > 2$ のとき、まず再帰的に 4 本の杭のすべてを使って小さい方から k 枚の円盤をある中間の杭へと移し、次に 3 本の杭からなるハノ

129. 家扶のパズル

イの塔パズルを解く古典的な再帰アルゴリズム（たとえば 2 つ目のチュートリアルを参照）を用いて残りの $n-k$ 枚の円盤を目的地の杭へと移し、最後に再帰的に 4 本の杭のすべてを使って小さい方から k 枚の円盤を目的地の杭へと移す。$n = 1$ または 2 のときには、3 本の杭からなる**ハノイの塔**の解と同様にして、それぞれ 1 回または 3 回の移動で自明に解ける。パラメータ k の値は、アルゴリズムによる円盤の移動回数の総数が最小となるように選ぶ。これにより、このアルゴリズムにおいて n 枚の円盤を移すための移動回数 $R(n)$ に関する以下の漸化式が得られる。

$$R(n) = \min_{1 \leq k < n} [2R(k) + 2^{n-k} - 1] \quad (n > 2,\ R(1) = 1,\ R(2) = 3\ \text{のとき})$$

$R(1) = 1$ と $R(2) = 3$ から始めて、この漸化式を用いることで逐次的に $R(3)$, $R(4), \ldots, R(8)$ の値を求めることができる。それらの値は、以下の表において太字で示される。

n	k	$2R(k) + 2^{n-k} - 1$
3	1	$2 \cdot 1 + 2^2 - 1 =$ **5**
	2	$2 \cdot 3 + 2^1 - 1 = 7$

n	k	$2R(k) + 2^{n-k} - 1$
4	1	$2 \cdot 1 + 2^3 - 1 =$ **9**
	2	$2 \cdot 3 + 2^2 - 1 =$ **9**
	3	$2 \cdot 5 + 2^1 - 1 = 11$

n	k	$2R(k) + 2^{n-k} - 1$
5	1	$2 \cdot 1 + 2^4 - 1 = 17$
	2	$2 \cdot 3 + 2^3 - 1 =$ **13**
	3	$2 \cdot 5 + 2^2 - 1 =$ **13**
	4	$2 \cdot 9 + 2^1 - 1 = 19$

n	k	$2R(k) + 2^{n-k} - 1$
6	1	$2 \cdot 1 + 2^5 - 1 = 33$
	2	$2 \cdot 3 + 2^4 - 1 = 21$
	3	$2 \cdot 5 + 2^3 - 1 =$ **17**
	4	$2 \cdot 9 + 2^2 - 1 = 21$
	5	$2 \cdot 13 + 2^1 - 1 = 27$

n	k	$2R(k) + 2^{n-k} - 1$
7	1	$2 \cdot 1 + 2^6 - 1 = 65$
	2	$2 \cdot 3 + 2^5 - 1 = 37$
	3	$2 \cdot 5 + 2^4 - 1 =$ **25**
	4	$2 \cdot 9 + 2^3 - 1 =$ **25**
	5	$2 \cdot 13 + 2^2 - 1 = 29$
	6	$2 \cdot 17 + 2^1 - 1 = 35$

n	k	$2R(k) + 2^{n-k} - 1$
8	1	$2 \cdot 1 + 2^7 - 1 = 129$
	2	$2 \cdot 3 + 2^6 - 1 = 69$
	3	$2 \cdot 5 + 2^5 - 1 = 41$
	4	$2 \cdot 9 + 2^4 - 1 =$ **33**
	5	$2 \cdot 13 + 2^3 - 1 =$ **33**
	6	$2 \cdot 17 + 2^2 - 1 = 37$
	7	$2 \cdot 25 + 2^1 - 1 = 51$

表から分かるように、上記の計算に従って 33 回の移動によって 8 枚の円盤を移す方法は複数ある。特に、8 枚の円盤の場合、アルゴリズムの各反復において常に $k = n/2$ とすることができる。

■コメント この解の裏にある中心的なアルゴリズム的考え方は縮小統治である。このアルゴリズムでは、各反復で問題の大きさの最適な減少量を明示的に求めている。

ハノイの塔パズルの杭の数を 3 本より多くする拡張は、原型の 3 本のパズルをその数年前に発明したフランス人の数学者エドゥアール・リュカにより 1889 年に提案された。このパズルは、**家扶のパズル**という名前で、ヘンリー・E・デュードニーの最初のパズル本『*The Canterbury Puzzles*』(邦題『カンタベリー・パズル』) [Dud02] に掲載された。その中で、彼は $n = 8, 10$, および 21 の場合の解を与えている。その後、上記のアルゴリズムのより詳細な分析により、分割パラメータ k の最適値を与える別の式が導出された。たとえば、テッド・ロス [Schw80, pp.26–29] による式は

$$k = n - 1 - m \text{ ただし } m = \lfloor \sqrt{8n-7} - 1)/2 \rfloor,$$
$$R(n) = [n - 1 - m(m-1)/2]2^m + 1$$

であり、マイケル・ランド [Ran09] はその式を次のようにさらに単純化した。

$$k = n - \lfloor \sqrt{2n} + 0.5 \rfloor$$

上記のアルゴリズムを任意の本数の杭へと拡張したものは、**フレイム・スチュワートのアルゴリズム**(Frame-Stewart algorithm)として知られている。そのアルゴリズムは、任意の本数の杭について最適であると予想されているが、まだ証明されていない。他の文献については、ディビッド・シングマスターによる文献解題 [Sin10, 7.M.2.a 節] を参照せよ。

130. 毒入りのワイン

■**解** a. 以下のようにして、毒入りの樽を 30 日で特定することができる。樽に 0 から 999 の番号を振り、それらの数を 10 ビットのビット列で表す。必要があれば、先頭に 0 を詰める。たとえば、樽 0 と 999 は、それぞれ 0000000000 と 1111100111 で表される。最初の奴隷には、最も右のビットが 1 であるような樽のそれぞれから飲ませる。2 人目の奴隷には、右から 2 番目のビットが 1 であるような樽のそれぞれから飲ませる。同様にして、10 番目の奴隷には最も左のビットが 1 であるような樽のそ

131. テイトによる硬貨パズル   247

れぞれから飲ませる。各奴隷は彼に割り当てられたすべての樽のワインの「混合物」を飲むことに注意しなさい。毒の入っていない樽のワインで希釈しても、毒の効果には影響しない。30 日後、以下のようにして、毒入りの樽のビット列が決定される。もし、i 番目 ($1 \leq i \leq 10$) の奴隷（右から i 番目のビットに「責任」を持つ）が毒によって死んだならば、毒入りの樽の i 番目のビットを 1 にし、そうでなければそのビットを 0 にする。たとえば、30 日後に奴隷 1, 3 および 10 が毒によって死んだならば、毒入りの樽の番号は $2^0 + 2^2 + 2^9 = 517$ である。

b. 8 人の奴隷で目標を達成するため、王様は樽を 250 個ずつの 4 つのグループに分ける。$2^8 > 250$ であるので、(a) で説明した手続きと同様のアルゴリズムを用いると、奴隷が 8 人いれば 1 グループ中の毒入りの樽を 30 日で特定できる。その毒はちょうど 30 日で人を殺すので、同じアルゴリズムを 2 つ目、3 つ目、4 つ目の樽のグループに対して、それぞれ 1 日後、2 日後、3 日後に適用することができる。毒入りの樽はただ 1 つであるので、毒入りの樽が含まれるグループは奴隷が死んだ日によって特定され、そのグループの中の樽の番号は死んだ奴隷の集合により決定される。

■コメント　2 進数表現したビット列によって数を特定する考え方はとても古くからあり、少なくとも 500 年前に遡る（[Sin10, 7.M.4 節] 参照）。その考え方は、**二分探索**（binary search）と密接な関係があり（たとえば [Lev06, 4.3 節]）、反復を並列に行える利点がある。(b) は、並列性の考え方をもう一歩先に進めたものである。

このパズルの異なるバージョンが、マーティン・ガードナーによる『サイエンティフィック・アメリカン』（*Scientific American*）の 1995 年 11 月のコラム（[Gar06, 問題 9.23] で再出版）と、デニス・シャシャによる『*Doctor Ecco's Cyberpuzzles*』（エッコ博士のサイバーパズル）[Sha02, pp.16–22] に掲載されている。このパズルは、インターネット上の面接パズルのサイトでも活発に議論されている。

131.　テイトによる硬貨パズル

■解　$n = 3$ に対する解を以下に示す。このパズルにおいて、与えられた列の左の 4 つの空白を使うのは、この場合だけである。他の場合では、2 つしか使わない。

			1	2	3	4	5	6
			B	W	B	W	B	W
	W	B				W	B	W
	W	B	B	B	W	W		
W	W	W	B	B	B			

$n = 4$ に対する解は以下のとおりである。ここで留意すべきは、WBBW＿＿BBWW というパターンであり、それにより最後の 2 手が可能となる。

```
          1 2 3 4 5 6 7 8
          B W B W B W B W
      W B B W B W B     W
      W B B W       B B W W
      W       W B B B B W W
      W W W W B B B B
```

$n = 5$ に対する解は以下のとおり。

```
          1 2 3 4 5 6 7 8 9 10
          B W B W B W B W B W
      W B B W B W B W       W
      W B B W       B W B B W W
      W B B W W B B       B W W
      W       W W B B B B B W W
      W W W W W B B B B B
```

$n = 6$ に対する解は以下のとおり。

```
          1 2 3 4 5 6 7 8 9 10 11 12
          B W B W B W B W B W  B  W
      W B B W B W B W B W        W
      W B B W B W B W       B  B  W  W
      W B B       W B W W B B  B  W  W
      W B B W W W B       B B  B  W  W
      W       W W W W B B B B  B  W  W
      W W W W W W B B B B B B
```

$n = 7$ に対する解は以下のとおり。

```
          1 2 3 4 5 6 7 8 9 10 11 12 13 14
          B W B W B W B W B W  B  W  B  W
      W B B W B W B W B W B W  B           W
      W B B W B W       B W B W  B  B  W  W
      W B B W B W B W W B B       B  B  W  W
      W B B W       W B B W B W B  B  W  W  W
      W B B W W W W B B B       B  B  W  W
      W       W W W W B B B B  B  B  W  W
      W W W W W W W B B B B B  B  B
```

132. ペグソリティアの軍隊

$n \geq 8$ から始めて、与えられた問題を大きさ $n - 4$ のインスタンスへと再帰的に縮小することにより、解を得ることができる。最初の 2 手により、WBBW、2 つの空白、$2n - 8$ 枚の黒白交互の硬貨、BBWW と並んだ形へ列を変形することができる。

	1	2	3	4	5	6	7	8		$2n-5$	$2n-4$	$2n-3$	$2n-2$	$2n-1$	$2n$
		B	W	B	W	B	W	B	W	...	B	W	B	W	B	W
	W	B	B	W	B	W	B	W	B	...	W	B	W	B		W
	W	B	B	W			B	W	B	W	...	B	W	B	W	W

$2n - 8$ 枚の硬貨が黒白交互に並びその前に 2 つの空白がある形は、この問題の $n - 4 \geq 4$ の大きさのインスタンスとなっている。再帰によってその解（と、続く 2 つの空白）が得られれば、さらに 2 手で大きさ n の場合の解を完成させることができる。

	1	2	3	4	5	6		$2n-5$	$2n-4$	$2n-3$	$2n-2$	$2n-1$	$2n$
	W	B	B	W	...	W B	... B			B	B	W	W
	W			W	W	B	B	B	B	B	B	W	W
	W	W	W	W			B	B	B	B	B		

上記のアルゴリズムは、$2n$ 枚の硬貨のインスタンスを n 手で解いている。この主張は、数学的帰納法か、手数に関する漸化式 $M(n) = M(n-4) + 4$（$n > 7$, $M(n) = n$ for $3 \leq n \leq 7$ のとき）を解くことで簡単に証明できる。

■コメント　上記のアルゴリズムは、(4 次) 縮小統治戦略に基づく。

このパズルとその変種についての幅広い文献リストがディビッド・シングマスターの文献解題 [Sin10, 5.O 節] にある。その最初の論文は、1884 年にピーター・G・テイトによって発表された。多くの著者が、このパズルの一般のインスタンスに対する解が、フランスの軍人であり数学者であるアンリ・ドラノワによるものであるとしている。

132.　ペグソリティアの軍隊

■解　a.　直線の 3 行上へとペグを進めるためには、直線の 2 行上へとペグを進める既知のペグの配置を 1 行上へ動かしたもの（図 4.88a）を目指すのが自然である。そのような 8 ペグの配置の 1 つを図 4.88b に示す。また、直線の 3 行上へとペグを進めるような 8 ペグの別の配置を図 4.88c に示す。

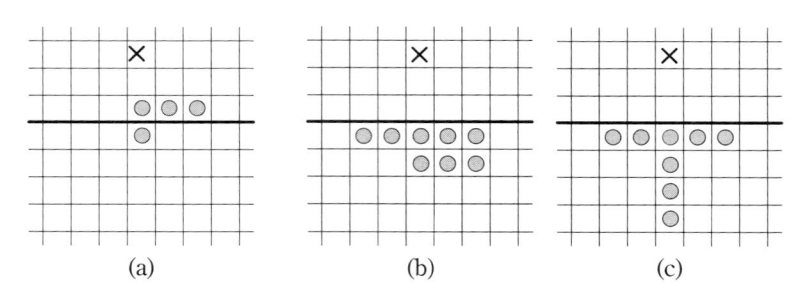

図 4.88 (a) 中間目標の配置（X は目標のマスを表す）。(b) と (c) は、目標の配置に到達できる 8 ペグの初期配置を示す。

b. (a) で得られた解を活用して、その解を直線の上へ 1 行上へ移動させて、それに到達するように 20 のペグを直線の下に配置するのが理にかなっている。これを実行に移したものを図 4.89 に示す。図 4.89a は (a) で得られた配置（図 4.88b）を示しており、直線の 3 行上の X の印のついたマスへ到達することができる。この 8 ペグからなる配置は、5 つの領域に分割することができ、各領域の要素は数 1 から 5 で示される。図 4.89a の配置へと変形して問題が解ける、20 ペグの配置を図 4.89b に示す。図 4.89b の配置も 5 つの領域からなり、同様に同じ数が同じ領域のマスを表す。図 4.89b において数 1 と 2 が振られたペグの組は、図 4.89a において対応するペグ 1 つの領域へと変形される。図 4.89b において数 3 が振られた 8 ペグは、図 4.89a において数 3 が振られた 4 ペグの領域へと変形される。以下同様である。

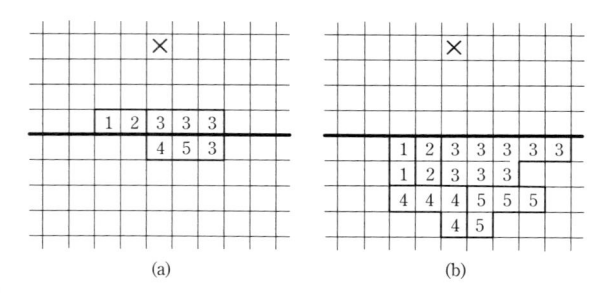

図 4.89 (a) 8 ペグからなる中間目標配置。(b) その目標配置に到達できる 20 ペグの初期配置。

132. ペグソリティアの軍隊

図 4.89b に示された 20 ペグの配置は唯一ではない。ビースリー [Bea92, p.212] は、図 4.90 に示された 2 つの別解を示している。

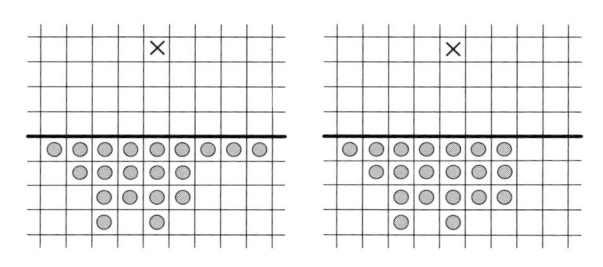

図 4.90　直線の 4 行目上に到達するような 20 ペグの配置の 2 つの別解

■**コメント**　上記の解は、主に変形統治戦略に基づくものであり、その戦略には分割統治の考え方が役立つ。

パズルの問題文に与えられたペグの数が目標の行に到達するための必要最小であることの証明は、読者に求めなかった。これを証明するには、1961 年にジョン・H・コンウェイと J・M・ボードマンによって発明された [Bea92, p.71]、**リソースカウント**（resource counts）または**パゴダ関数**（pagoda functions）と呼ばれる特別な関数をうまく利用する必要がある。リソースカウントとは、任意の合法なペグのジャンプについて、ジャンプ後にペグのあるマスの値の和がジャンプ前にペグのあるマスの値の和以下となるように、盤面の各マスに数値を割り振る関数である。無限通りのリソースカウントがあり得るが、図 4.91 で示す J・D・ビーズリーが [Bea92, p.212] にて示し

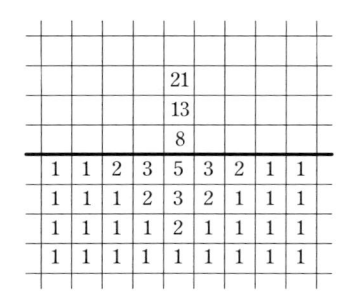

図 4.91　第 3 行のマスへ到達するため少なくとも 8 つのペグが必要であることを証明するリソースカウント

たものを用いると、8 未満のペグで直線より 3 行上の目標セルに到達することが不可能であることを証明できる（図に示されていない値は、そのマスが直線の下であれば 1、直線の上であれば直下の 2 マスの値を足したものとする。直線の 3 行上の目標とするセルには、21 という値が割り振っている）。直線の下の 7 個以下のマスの任意の組合せについて、そのリソースカウントは $5 \cdot 1 + 3 \cdot 3 + 2 \cdot 3 = 20$ 以下である。したがって、7 つ以下のペグを直線の下の任意の位置に置いても、リソースカウントが 21 である目標マスに至るように変形することはできない。

リソースカウントの最も見事な応用は、ほぼ間違いなく、ジョン・H・コンウェイ自身によるものである。彼は 1961 年に、いくつペグがあっても直線から 5 行上のマスに到達できないことを証明した。この直観に反する事実を証明するため、コンウェイはいわゆる黄金比 ($\sqrt{5} + 1)/2$ の逆数である ($\sqrt{5} - 1)/2$ の累乗を用いた。この注目に値する証明の詳細は、コンウェイが共著である数学的ゲームの古典 [Ber04] の他、いくつかのウェブサイト上にある（このパズルは、**コンウェイの兵士**（Conway's Soldiers）や**砂漠に偵察を送る**（Sending Scouts into the Desert）という名前でも知られる）。ジェームズ・タントンは、フィボナッチ数に基づくリソースカウントを用いて、同じ事実を証明している [Tan01, pp.197–198]。

133. ライフゲーム

■**解** 最小の静物（「ブロック」と「桶」）、振動子（「点滅星」）、宇宙船（「グライダー」）を図 4.92 に示す。

■**コメント** このパズルは、パズルのアルゴリズムを適用した結果として特定の出力を生成するような入力を求めるものである。

ライフゲームは、英国の数学者ジョン・H・コンウェイによって 1970 年に発明された。マーティン・ガードナーが「サイエンティフィック・アメリカン」のコラム [Gar83, 20–22 章] にそのゲームについての記事を書いたことによって広く知られるようになった。関連する多数のウェブサイトがあることから、それは今でもかなり多くの関心を集めている。このゲームは、いくつもの点で興味深い。1 つ目は、コンウェイによる単純な規則から魅惑的でとても予測できないパターンが導かれることである。2 つ目は、このゲームが万能計算機 (universal computer) [Ber04, 25 章] のモデルに使えることである。そこから、進化の機構から宇宙の本質に至るまでの深淵な質問が導かれる。

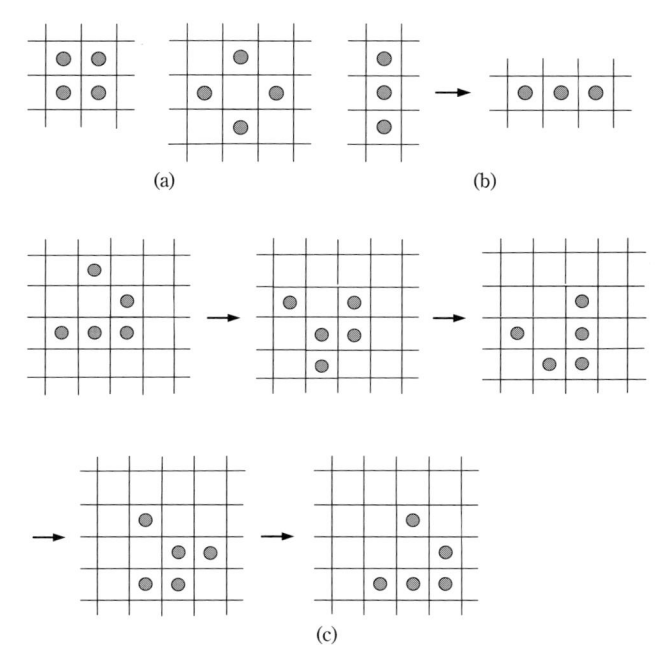

図 4.92 「ライフゲーム」の配置：(a)「ブロック」と「桶」。(b)「点滅星」。(c) 4 世代で 1 セル右下へと斜めに移動する「グライダー」。

134. 点の塗り分け

■解 このパズルは、以下の再帰アルゴリズムで解ける。$n = 1$ のときはその点をどちらかの色、たとえば黒、で塗る。$n > 1$ のときは以下のようにする。与えられた点のうち、奇数個の点を含むような直線 l を選ぶ（水平でも垂直でもよい）。そのような直線がなければ、少なくとも 1 点を通るような任意の直線を選ぶ。直線 l 上の点 P を選ぶ。再帰的に、P を除くすべての点に問題の条件を満たすように塗り分ける。以下では、問題の条件を満たすように、P に色を塗ることが必ず可能であることを示す。P を通るもう 1 つの直線を m とする。直線 l と m 上で色付きの点の数がいずれも偶数であれば、それらの点のちょうど半分が黒であり、もう半分が白である。したがって、P はどちらの色でもよい。これらの直線上の色付きの点の数が、片方が偶数でありもう片方が奇数であるとき、奇数となる方の直線の色の出現が均等になるように P

に色を付けなければならない。これらの直線上の色付きの点の数がいずれも奇数であり、より多い色が両方の直線で同じであれば、これらの直線上の色の出現が均等になるように P に色を塗らなければならない。

最後に、直線 l と m 上で塗り分けられた点の数がいずれも偶数であるときに、l 上では一方の色、たとえば黒、がより多く、m 上ではもう一方の色、白、がより多いという状況がありえないことを示す必要がある。そのような状況になるとき、l 上のすべての点（奇数個の色付きの点と P）の数は偶数である。l の選び方から、すべての直線上に偶数個の点があり、l と m を除くすべての直線上にはちょうど半数の黒い点と残り半数の白い点がある。l と l に平行な直線上のすべての色付きの点を色ごとに数えると、黒の点の総数が白の点の総数よりも 1 多くなる。一方、m と m に平行な直線のすべての色付きの点を色ごとに数えると、白の点の総数が黒の点の総数よりも 1 多くなる。この矛盾により、アルゴリズムの正しさの証明が完了する。

■コメント　第 27 回世界数学オリンピックで出題されたこの問題は、ソビエト連邦の学生および教師向けの物理・数学雑誌「クヴァント」(*Kvant*) の 1986 年 12 月号に掲載された（問題 M1019, p.26）。上記の A・P・サビンによる解は、1987 年 4 月号 (pp.26–27) に掲載された。我々の言葉を使うと、それは縮小統治戦略の 1 つである、1 次縮小戦略に基づく。

135.　異なる組合せ

■解　異なる組からなる集合を $2n-1$ 個効率的に生成する 1 つの方法を以下に示す。便宜上、子供に 1 から $2n$ までの番号を付け、それらの数を $2 \times n$ の表に配置する。1 つ目の集合における組は、この表の列により与えられる。続く $2n-2$ の集合を生成するには、直前に生成された表の 1 以外のすべての要素をたとえば時計回りに回転する。図 4.93 に、$n = 3$ の場合の例を示す。

1	2	3		1	6	2		1	5	6		1	4	5		1	3	4
6	5	4		5	4	3		4	3	2		3	2	6		2	6	5

図 4.93　異なる 3 組からなる 5 つの集合

そのアルゴリズムを表現するもう 1 つの方法は以下のとおりである。円の中心に 1 を書き、その円の円周を $2n-1$ 等分して、それらの点に時計回りに 2 から $2n$ まで数を振る。円の中心と円周上の点の 1 つを通る直径を描くと、それによって得られる 1 対とその直径に直交する弦によって得られる $n-1$ 対により、組の集合が 1 つ得られ

る。図 4.94 に $n = 3$ の場合を図示する。直径を回転させると、中心との新しい組に加えて、新しい弦として残りの点の組が作られるため、別の組の集合が得られる。

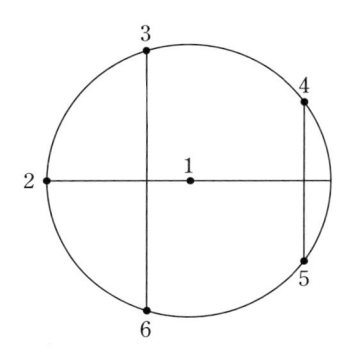

図 4.94　$n = 3$ の場合に組合せを生成する幾何的方法

■コメント　このアルゴリズムは、表象変換戦略に基づくものであると考えられる。

上に概略を示したアルゴリズムの説明はいずれも、『*Mathematical Recreations*』（邦題『100万人のパズル』）[Kra53, pp.226–227] においてモーリス・クライチックによって与えられた。言うまでもなく、この問題は n 人の参加者がいる総当たり戦のスケジューリングを言い換えたものである。

136.　スパイの捕獲

■解　スパイは、$t = 0$ で a の位置におり単位時間ごとに b だけ動くので、時刻 t におけるスパイの位置は $x_{ab}(t) = a + bt$ によって計算できるのは明らかだ。したがって、すべての整数の組 (a, b) を順に列挙し、$t = 0, 1, \ldots$ の単位時間ごとに対応する (a, b) を用いてこの式を計算しスパイの位置を確認する任意のアルゴリズムが、この問題の解となる。そのとき、スパイの動きを定義するパラメータ a と b の値によらず、アルゴリズムは有限回のステップでこの値の組合せに到達し、スパイの正確な位置が計算される。明らかに、スパイが $t = 0$ で位置 0 にいるならば、$t = 0$ にその位置を調べれば b の値によらずスパイを発見することができる。したがって、$t = 0$ において組 $(0, 0)$ を調べれば、$(0, b)$ という形の他の組は調べる必要がない。

整数の組 (a, b) を列挙するには多数の方法がある。具体的には、組を直交平面における整数座標の点とみて、それらを $(0, 0)$ から始まる螺旋に沿って列挙する方法が思

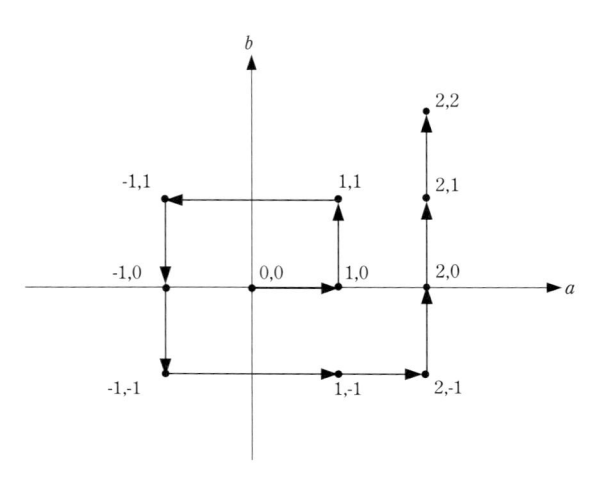

図 4.95 「スパイの捕獲」パズルの螺旋状の解

いつくだろう（図 4.95）。このとき、調べるスパイの位置は

$$0 + 0 \cdot 0 = 0,\ 1 + 0 \cdot 1 = 1,\ 1 + 1 \cdot 2 = 3,\ -1 + 1 \cdot 3 = 2,$$
$$-1 + 0 \cdot 4 = -1,\ -1 - 1 \cdot 5 = -6,\ 1 - 1 \cdot 6 = -5, \ldots$$

となる。

　別の方法として、集合論の標準的な列挙法による方法もある。この方法では、その行と列がそれぞれ a ($a = 0, \pm 1, \pm 2, \ldots$) と b ($b = 0, \pm 1, \pm 2, \ldots$) の異なる値に対応するような無限行列 X を用いて、組 (a, b) がその要素であると考える（図 4.96）。この方法では、その図に示すとおり、左上から右下へ向かって行列の要素を列挙する。

　このアルゴリズムにおいて、調べる位置の始めのいくつかは以下のとおりである。

$$0 + 0 \cdot 0 = 0,\ 1 + 0 \cdot 1 = 1,\ 1 + 1 \cdot 2 = 3,\ -1 + 0 \cdot 3 = -1,$$
$$1 + (-1) \cdot 4 = -3,\ -1 + 1 \cdot 5 = 4,\ 2 + 0 \cdot 6 = 2$$

■**コメント**　1 つ目の解は、本書のレビュアーの 1 人であるジェームズ・マディソン大学のスティーブン・ルーカスから提案されたものである。無限行列を斜めに列挙する著者による解よりも、その解はより単純に見える。

　我々の言葉で言うと、上記の解は表象変換の例である。

137. ジャンプにより 2 枚組を作れ II   257

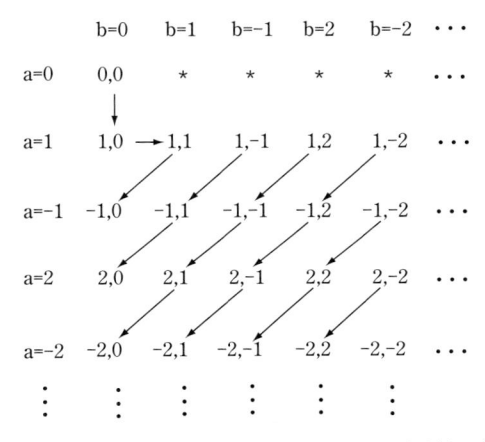

```
          b=0    b=1    b=-1   b=2    b=-2  ...
   a=0    0,0    *      *      *      *     ...
           ↓
   a=1    1,0 → 1,1    1,-1   1,2    1,-2  ...
   a=-1  -1,0  -1,1   -1,-1  -1,2   -1,-2  ...
   a=2    2,0   2,1    2,-1   2,2    2,-2  ...
   a=-2  -2,0  -2,1   -2,-1  -2,2   -2,-2  ...
          :     :      :      :      :
```

図 4.96 「スパイの捕獲」パズルの行列による解。x_{00} を除く第 0 行の要素はアルゴリズムにおいて使われないので * で示す。

著者らは、マイクロソフトリサーチの K・R・M・レイノによるインターネット上のパズル集 [Leino] を詳細に調べている際にこのパズルを偶然見つけた。彼らはこのパズルの起源を究明していないが、その主題を考えれば驚くことではない。

137. ジャンプにより 2 枚組を作れ II

■解　n が 4 の倍数のとき、かつそのときに限り、このパズルは解を持つ。
　明らかに、硬貨の枚数が奇数の場合は、解くことができない。最終状態においてすべての硬貨は 2 枚組になっていなければならないので、総数は偶数となるからである。さらに、n は 4 の倍数でなければならない。これを証明するため、最後の操作の前の状態を考える。そのとき、$(n-2)$ 枚の硬貨がすでに 2 枚組となっているので、残る 2 枚の単独の硬貨のうちの 1 枚は、偶数枚の硬貨を飛び越えてもう 1 枚の単独の硬貨へ着地しなければならない。i ($1 \leq i \leq n/2$) 手目においてある硬貨が偶数枚の硬貨を飛び越えるのは i が偶数のときかつそのときに限るので、$n/2$ 手目の最後の手も偶数番目でなければならない。これより、n は 4 の倍数でなければならない。
　以下のように逆向きに考えることで、この問題を解くアルゴリズムを考案ができる。n ($n = 4k, k > 0$) 枚の硬貨が 2 枚組となっているパズルの最終状態を考え、それらの 2 枚組に左から右へ 1 から $n/2$ の番号を振る。以下のようにすると、n 枚の

単独の硬貨が一列に並んだ初期状態に到達できる。まず、番号が $n/4+1$ である 2 枚組の上の硬貨をとり、その左にある $n/2$ 枚の硬貨すべてを飛び越えて一番左へ動かす。次に、番号が $n/4$ である 2 枚組の上の硬貨をとり、その左にある $n/2-1$ 枚の硬貨すべてを飛び越えて一番左へ動かす。この 2 枚組の上の硬貨をとってその左すべての硬貨を飛び越えて一番左へ動かすという操作を続けて、最終的に左端の 2 枚組の硬貨をとって $n/4$ 枚の硬貨を飛び越えて左へ動かす。その後、残っている 2 枚組のうち左端の 2 枚組（最初に $n/4+2$ であったもの）から始めて右端の 2 枚組（最初に $n/2$ であったもの）まで、それぞれ $n/4-1, \ldots, 1$ 枚の硬貨を飛び越すように、上の硬貨を左へと動かす。上の硬貨は単独の硬貨となるように置く。隣り合う硬貨の間の空白を無視するという仮定を思い出しなさい。上記の操作を「逆」にすることで、一列に並べられ左から右に 1 から n の番号を振った n 枚の硬貨を 2 枚組にする以下のアルゴリズムを得る。まず、以下の操作を $i=1,2,\ldots,n/4-1$ に対して行う。一番右の単独の硬貨について、その左方向にある硬貨の中で間に i 枚の硬貨があるようなものを見つけ、その硬貨を一番右の単独の硬貨の上に置く。次に、以下の操作を $i=n/4, n/4+1, \ldots, n/2$ に対して行う。左端の単独の硬貨をとり、右に i 枚の硬貨を飛び越えて単独の硬貨の上に置く。$n=8$ の場合に行われる操作を図 4.97 に示す。

このアルゴリズムは明らかに最少手数である。なぜなら、各手によって新しく硬貨の 2 枚組ができるからである。

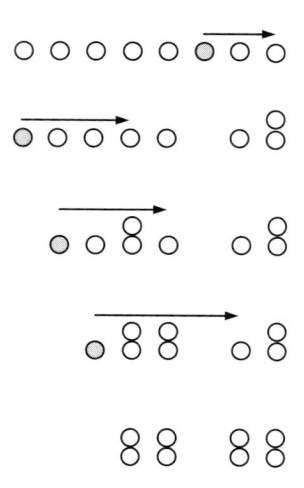

図 4.97　$n=8$ の場合の「ジャンプにより 2 枚組を作れ II」パズルの解。ジャンプする硬貨は灰色で示される。

■**コメント** このパズルの解は、アルゴリズム設計において逆向きに考えることが時折役立つことを示す、素晴らしい例である。

マーティン・ガードナーによると、このパズルとその解は W・ロイド・ミリガンによるものである（[Gar83, pp.172, 180] を参照）。

138. キャンディの共有

■**解** i と j をそれぞれ、ある子供とその右隣の子供が笛の鳴る前に持っているキャンディの数とする。i 個のキャンディを持っていた子供が笛の鳴った後に持つキャンディの数を i' とすると、i' は次の式で決まる。

$$i' = \begin{cases} i/2 + j/2 & \text{この数が偶数であるとき} \\ i/2 + j/2 + 1 & \text{それ以外} \end{cases}$$

M を初期状態におけるキャンディの最大数とする（この数が偶数であることを思い出しなさい）と、この式から $i = M$ のとき $i' \leq M$ が導かれる。よって、任意の子供の持つキャンディの数が M を越えることはない。次に、ある笛の鳴る前の時点で子供の持つキャンディの数の最小数を m とする。笛が鳴った後、各子供は少なくとも $m/2 + m/2 = m$ 個のキャンディを持つ。さらに、ある子供とその右の子供が両方とも笛の鳴る前に m 個のキャンディを持っていなければ、その子供は少なくとも $m+1$ 個のキャンディを持つ。より一般化すると、連続して $1 \leq k < n$ 人の子供が m 個のキャンディを持っており、（反時計回りに数えて）$(k+1)$ 番目の子供が m 個より多いキャンディを持っているならば、笛が鳴った後、最初の $k-1$ 人が持つキャンディは m 個のままであるが、k 番目の子供が持つキャンディは m 個より多い。したがって、これを k 回繰り返すと、子供の持つキャンディの最小数が増える。子供の持つキャンディの数は上からも抑えられているので、有限回の繰り返しの後で、すべての子供が同じ数のキャンディを持つことになる。

■**コメント** この問題では、単一変数項の考え方を有効利用しており、その単一変数項は笛が鳴る前の状態におけるキャンディの最小数である（単一変数項の概念は、本書のアルゴリズム設計技法に関するチュートリアルで議論されている）。

この問題はかなり有名な問題である。特に、1962 年の北京オリンピックと 1983 年のレニングラード全市数学オリンピックにて出題された。この問題の変種については、G・イーバとジェームズ・タントンによる論文 [Iba03] を参照せよ。

139. アーサー王の円卓

■解 各騎士が少なくとも $n/2$ 人と友人関係にあるので、敵対関係にある人数は $n-1-n/2 = n/2-1$ 以下である。$n=3$ のとき、3 人の騎士のそれぞれは残りの 2 人と友人関係にあるので、どんな順に座ってもよい。$n>3$ のとき、騎士の任意の着席方法から始める。隣同士で座っている敵対関係の組を数える。この数が 0 となれば、目標を達成したことになる。そうでなければ、以下のようにして、その数を少なくとも 1 つ減らすことができる。騎士 A と B が敵対関係にあり隣同士で座っているとし、B が A の左であるとする（図 4.98）。すると、A と友人関係にある騎士の中で、その左隣が B の友人 D であるような騎士 C がいる（これが成り立たないとすると、B と敵対関係にある騎士の数が $n/2$ 以上となる）。ここで、時計回りに B から C までのすべての騎士の座席を入れ替えると（図 4.98a の矢印で示される）、隣同士で座っている敵対関係の組の数が少なくとも 1 つ少ない座席配置を得る（図 4.98b）。

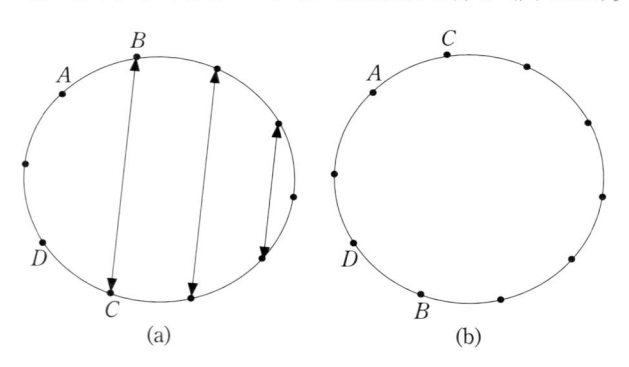

図 4.98 「アーサー王の円卓」パズルにおける逐次的な改善

■コメント このパズルとその解は、1989 年に「クヴァント」で発表された単一変数項に関する論文 [Kur89] からの引用である（騎士の数が偶数であるという仮定は不必要であるため省略した）。ここで留意すべきは、このパズルに解が存在することは**ディラックの定理**（Dirac's theorem）から示されるということである。その定理は、頂点数が $n \geq 3$ であり各頂点の次数（その頂点と辺で接続された頂点の数）が $n/2$ 以上であるような任意のグラフにハミルトン閉路が存在するというものである。このパズルにおいては、グラフの頂点が騎士であり、2 つの頂点で表される騎士が友人関係にあるときのみそれらの頂点間に辺があると考える。

140. n クイーン問題再び

■解 図 4.99 に示す $n = 4$ の解から、偶数 n に対する以下のような解の構造が示唆される。前半の $n/2$ 列には第 $2, 4, \ldots, n/2$ 行にクイーンを置き、後半の $n/2$ 列には第 $1, 3, \ldots, n-1$ 行にクイーンを置く。実際に、これは任意の $n = 4 + 6k$ だけでなく任意の $n = 6k$ の場合にもうまくいく（例：図 4.99b）。さらに、これらの解ではクイーンを対角線上に置いていないので、最終行の最終列にクイーンを追加することで、この解を拡張して 1 つ大きい n に対する解が得られる（図 4.99c の例を参照）。

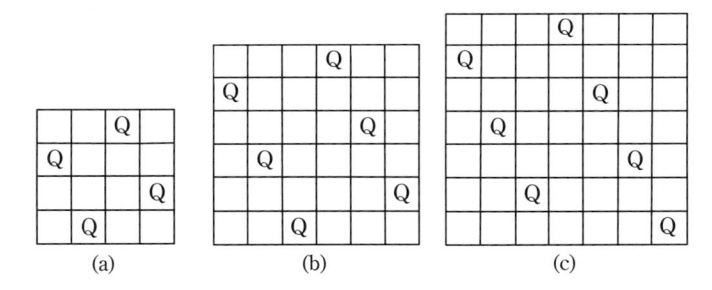

図 4.99 (a) $n = 4$，(b) $n = 6$，(c) $n = 7$ に対する「n クイーン問題」の解

残念ながら、この方法は $n = 8 + 6k$ の場合にうまくいかない。それらの盤面に対してクイーンを上記のとおり配置した後で配置し直すことも可能であるが、前半の $n/2$ 列には奇数行にクイーンを置き、後半の $n/2$ 列には偶数行にクイーンを置いて、それを配置し直す方が簡単である。すると、第 1 列と第 $n/2 - 1$ 列でクイーンのいる行を交換し、第 $n/2 + 2$ 列と第 n 列でクイーンの行を交換することで互いに攻撃しない配置を得ることができる（図 4.100a の $n = 8$ の場合の例を参照せよ）。このようにして得られた解において対角線上にはクイーンがないので、最終列の最終行にもう 1 つクイーンを置くことで解が $n = 9 + 6k$ の場合へと拡張することができる（図 4.100b）。

したがって、$n \times n$ の盤面の各列に n 個（$n > 3$）のクイーンを置く行を生成する以下のアルゴリズムを得る。

n を 6 で割った余り r を計算する。

場合 1（r は 2 でも 3 でもない）：2 から n までの偶数を順に並べたリストを書き、その後に 1 から n までの奇数を順に並べたリストを付け足す。

場合 2（r は 2 である）：1 から n までの奇数を順に並べたリストを書き、最初の数と最後から 2 番目の数を入れ替える。その後に、2 から n までの偶数を順に並べたリ

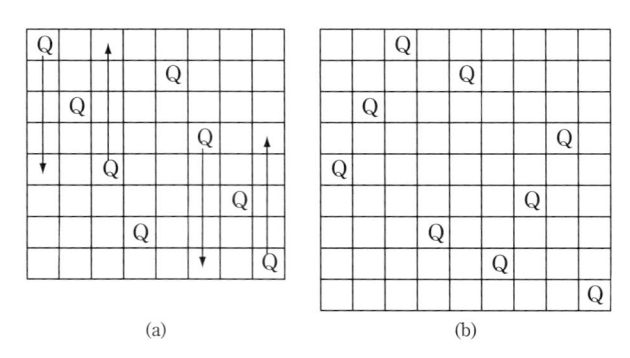

図 4.100 (a) $n = 8$ と (b) $n = 9$ に対する「n クイーン問題」の解。

ストを付け足し、4 と最後の数を入れ替える。

　場合 3（r は 3 である）：n を $n - 1$ として場合 2 の手順を適用し、生成されたリストに n を付け足す。

■**コメント**　D・ジナットによる概略 [Gin06] に基づく上記のアルゴリズムは、盤面の各列において置くことができる最初のマスにクイーンを置くというかなり単純なものである。第 1 列で 2 番目のマスから始めなければならない n があることと、互いに攻撃しないという条件を満たすためにはクイーンの組を 2 つ入れ替えなければならない n があることが問題を難しくしている。他に注目すべきことは、n が奇数であるとき、$n \times n$ の盤面に対する解が $(n - 1) \times (n - 1)$ の盤面の解を拡張することで得られることである。

　n クイーン問題は、数学パズルにおける最も有名な問題の 1 つであり、19 世紀の中頃から数学者の関心を集めてきた。それを解く効率的なアルゴリズムは、当然ながらずっと後になってからである。いろいろなアプローチの中でも、本書の最初のチュートリアルで行ったバックトラックによるこの問題の求解は、アルゴリズムの教科書における標準的な題材となっている。バックトラックには、教育的観点における利点に加えて、少なくとも原理的にはすべての解を求めることができるという利点がある。1 つの解を求めることが目標であれば、ずっと単純な方法をとることができる。J・ベルと B・スティーブンスによるサーベイ論文 [Bel09] には、クイーンの位置を直接計算する式が、E・ポールズが 1874 年に発表した一番古いものを含め、7 つ以上載っている。意外にも、この直接計算する方法は、その存在を B・バーナードソンが計算機科学者のコミュニティに呼び掛ける [Ber91] までほとんど無視されていた。

141. ヨセフス問題

■解 $J(n)$ を生き残る人の番号とする。n が偶数の場合と奇数の場合を分けて考えるのが都合がよい。n が偶数、すなわち $n = 2k$ のとき、円を一周することで大きさが半分の同じ問題になる。違いは、位置の番号だけである。たとえば、初期位置が3である人は2週目にはその位置が2になり、初期位置が5である人は3になり、以下同様である。したがって、ある人の初期位置を求めるには、単純に新しい位置を2倍して1引けばよい。特に、生き残る人に関して、

$$J(2k) = 2J(k) - 1$$

を得る。次に、$n > 1$ が奇数、すなわち $n = 2k + 1$ の場合を考えよう。一周することで、偶数の位置にいる人がすべて除かれる。その直後に位置1の人が除かれることも合わせて考えると、大きさ k の問題が残る。ここで、新しい位置からその初期位置を求めるには、新しい位置の番号を2倍して1を足さなければならない。よって、奇数 n に対して、

$$J(2k + 1) = 2J(k) + 1$$

を得る。

[Gra94, 1.3 節] に概要が示されている進め方に沿って、$J(n)$ の明示的な式を求めよう。初期条件 $J(1) = 1$ と n が偶数の場合と奇数の場合の漸化式を用いると、$n = 1, 2, \ldots, 15$ に対する $J(n)$ の値が以下のように得られる。

n	1	2	3	4	5	6	7	8	9	10	11	12	13	14	15
$J(n)$	1	1	3	1	3	5	7	1	3	5	7	9	11	13	15

これらの値を綿密に調べれば、次のことに気付くのは難しくない。n の値が連続する2の累乗の間、すなわち $2^p \leq n < 2^{p+1}$、もしくは、$n = 2^p + i$ ただし $i = 0, 1, \ldots, 2^p - 1$ であるとき、対応する $J(n)$ の値は1から $2^{p+1} - 1$ までの奇数を順にとる。これは、式

$$J(2^p + i) = 2i + 1 \quad (i = 0, 1, \ldots, 2^p - 1 \text{ のとき})$$

と表現できる。

任意の非負整数 p に対してこの式がヨセフス問題の漸化式の解であることを p についての帰納法で証明することは難しくない。基底 $p = 0$ の場合、$J(2^0 + 0) = 2 \cdot 0 + 1$

= 1 は初期条件より成り立つ。ある非負整数 p と任意の $i = 0, 1, \ldots, 2^p - 1$ について $J(2^p + i) = 2i + 1$ が成り立つと仮定して、

$$J(2^{p+1} + i) = 2i + 1 \quad (i = 0, 1, \ldots, 2^{p+1} - 1 \text{ のとき})$$

を示す必要がある。i が偶数のとき、それを $2j$ と表す。ここで $j = 0 \leq j < 2^p$ である。すると、帰納法の仮定を用いて、

$$J(2^{p+1} + i) = J(2^{p+1} + 2j) = J(2(2^p + j)) = 2J(2^p + j) - 1$$
$$= 2(2j + 1) - 1 = 2i + 1$$

を得る。i が奇数のとき、それを $2j + 1$ と表す。ここで、$0 \leq j < 2^p$ である。すると、帰納法の仮定を用いて

$$J(2^{p+1} + i) = J(2^{p+1} + 2j + 1) = J(2(2^p + j) + 1) = 2J(2^p + j) + 1$$
$$= 2(2j + 1) + 1 = 2i + 1$$

を得る。

最後に、n の 2 進数表現を 1 ビットだけ巡回左シフトすることで $J(n)$ を求めることもできる [Gra94, p.12]。たとえば、$n = 40 = 101000_2$ のとき、$J(101000_2) = 10001_2 = 17$ となる。もしくは、[Weiss] にて言及されているとおり、式

$$J(n) = 1 + 2n - 2^{1 + \lfloor \log_2 n \rfloor}$$

によって $J(n)$ を求めることもできる。同じく 40 を例とすると、$J(40) = 1 + 2 \cdot 40 - 2^{1 + \lfloor \log_2 40 \rfloor} = 17$ となる。

■コメント　このパズルの名前は、66–70 C.E. のローマ帝国に対するユダヤ人の反乱に参加しそれを記録したユダヤ人の歴史家、フラウィウス・ヨセフスに由来する。ヨセフスは将軍として、ヨタパタ要塞を 47 日間持たせたが、都市の陥落の後、最後まで抵抗していた 40 人とともに近くの洞窟へと避難した。そこで、彼らは降伏でなく滅亡を選択した。円状に並び、最後に 1 人が残るまで円に沿って 3 人ごとに殺していき、最後に残った人は自殺するというやり方をヨセフスは提案した。ヨセフスは、最後まで生き延びる場所にいるよう計画し、生き残っているのが彼ともう 1 人となったとき、次に彼が殺すことになる相手をローマ帝国に降伏するよう説得した。

このパズルでは 2 人ごとに除かれるものについて議論した。2 人ごとという設定

により、解くのが簡単になっている。他の類題や歴史に関する参考文献については、ディビッド・シングマスターによる文献解題 [Sin10, 7.B 節] を参照せよ。また、網羅的と言えない文献が多数あるが、その中のボールとコクセターによる本 [Bal87, pp.32–36] を参照せよ。

142. 12 枚の硬貨

■解 図 4.101 の決定木により、12 枚の硬貨の偽物硬貨パズルを 3 回の計量で解くアルゴリズムが示される。この木において、硬貨には 1 から 12 の番号が振られている。内部ノードは計量を示し、計量される硬貨がノードの中に列挙されている。たとえば、根ノードは最初の計量に対応し、そこでは 1, 2, 3, 4 の硬貨と 5, 6, 7, 8 の硬貨がそれぞれ天秤の左と右の皿に乗せられる。あるノードの子への辺には、そのノードにおける計量の結果に準じて印が付けられている。< は左の皿の重さが右の皿の重さよりも軽いことを意味し、= は重さが等しいことを意味し、> は左の皿の重さが右の皿の重さよりも思いことを意味する。葉は、最終的な出力を示す。= はすべての硬貨が本物であることを意味し、+ または − が後ろについた数はそれぞれその数の硬貨が重いまたは軽いことを示す。内部ノードの上に書かれたリストは、そのノードの計量の前に取り得る可能性を示す。たとえば、最初の計量の前では、すべての硬貨が本物であるか (=)、いずれかの硬貨が重い (+) か軽い (−) かのいずれかである。

　この問題を 3 回未満の計量で解くことはできない。この問題を解く任意のアルゴリズムに対して、それを表す決定木にはすべての取り得る結果を反映する少なくとも $2 \cdot 12 + 1 = 25$ の葉がなければならない。したがって、アルゴリズムの最悪の場合の計量回数 W と等しい決定木の高さについて、不等式 $W \geq \lceil \log_3 25 \rceil$ を満たす必要があり、これから $W \geq 3$ となる。

■コメント 上記の解の魅力的なところは、その対称性である。最初の計量における天秤に傾きによらず 2 回目の計量では同じ硬貨が用いられ、それに続く計量でも同じ硬貨の 2 枚組が用いられる。実際、この問題には完全に非適応的な解がある。すなわち、2 回目に天秤に乗せる硬貨が 1 回目の計量の結果に依らず、3 回目の天秤に乗せる硬貨が 1 回目と 2 回目の計量の結果に依らないというものである（例、[OBe65, pp.22–25]）。3 進法に基づく解や他の解については、[Bogom] の「Weighing 12 coins, an Odd Ball (A Selection of Treatments) puzzle」のページの参考文献を参照せよ。

　n 枚（$n \geq 3$）の硬貨からなるこの問題の一般のインスタンスについて、最適なアルゴリズムで $\lceil \log_3(2n + 3) \rceil$ 回の計量が必要である。この事実は数人の数学者によって

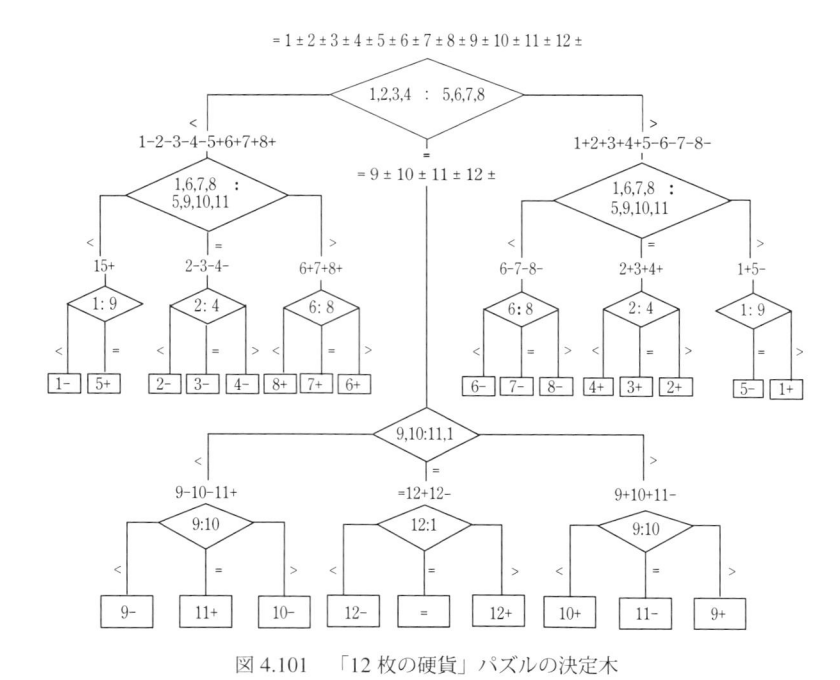

```
                            = 1 ± 2 ± 3 ± 4 ± 5 ± 6 ± 7 ± 8 ± 9 ± 10 ± 11 ± 12 ±
                                        1,2,3,4 : 5,6,7,8
                            <                    =                    >
              1-2-3-4-5+6+7+8+                                    1+2+3+4+5-6-7-8-
                    1,6,7,8 :            = 9 ± 10 ± 11 ± 12 ±          1,6,7,8 :
                    5,9,10,11                                          5,9,10,11
             <         =         >                              <         =         >
           15+       2-3-4-    6+7+8+                        6-7-8-     2+3+4+     1+5-
           1:9        2:4        6:8                          6:8        2:4        1:9
          <   =     <   =     <   =                          <   =      <   =      <   =
          1-  5+    2-  3-    4-  8+   7+  6+                6-  7-  8-  4+  3+  2+  5-  1+
                                  9,10:11,1
                           <         =         >
                        9-10-11+   =12+12-    9+10+11-
                          9:10       12:1       9:10
                         <   =     <   =      <   =
                         9-  11+  10-  12-  =  12+  10+  11-  9+
```

図 4.101 「12 枚の硬貨」パズルの決定木

独立に証明され、彼らはその発見を 1946 年に「*Mathematical Gazette*」に発表した。

この有名なパズルに関する報告は 1945 年に最初に出版された [Sin10, 5.C 節]。それが出版されたのは第二次世界大戦の直前か戦時中のようである。T・H・オバーンは彼の本に、「このパズルが戦時中の科学的労力をあまりに逸らしたので、それを相殺するようこのパズルを敵の陣地に落とすという提案が真剣に考えられた」と言われていると書いている [OBe65, p.20]。それ以降、パズル本においてもインターネットのパズルサイトにおいても、このパズルは史上最も有名なパズルの 1 つとなった。

143. 感染したチェス盤

■解　解は n である。

$n \times n$ の盤面全体を感染させる n 個の感染したマスの初期配置は多数ある。図 4.102 にそれらの 2 つを示す。

必要なマスの数の最小数が n であることを証明するには、ウイルスの感染が盤面全

144. 正方形の破壊

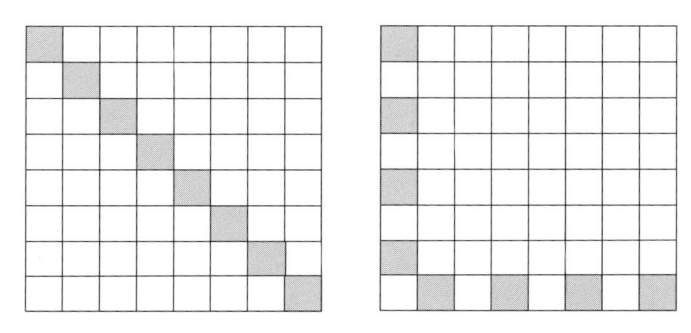

図4.102　感染が盤面全体に広がるような、感染したマスの2通りの初期配置

体に広がっても、感染した領域の全周囲長（一般には、ウイルスに感染した連続部分領域の周囲の長さの和）が増えないことに気付く必要がある。実際、新しいマスが感染したとき、境界の少なくとも2つの辺が感染領域に取り込まれ、高々2つの辺が境界に追加される。したがって、初期状態で感染したマスが n より少なければ、感染領域の全周囲長は最初から $4n$ よりも小さく、ウイルスが広がったとしても、それは $4n$ よりも小さいままである。よって、周囲長 $4n$ である盤面全体が感染することはない。

■**コメント**　このパズルでは、最初のチュートリアルの逐次改善法の議論で言及した、単一変数項の考え方を有効に使っている。しかしここでは、ある種の解が不可能であること、すなわち、初期状態で感染したマスが n より少なければ $n \times n$ の盤面全体を感染させることができないことを証明するために使われている。

このパズルはピーター・ウィンクラーによる『*Mathematical Puzzles*』（邦題『とっておきの数学パズル』）[Win04, p.79] に含まれている。ベラ・バラバシ [Bol07, p.171] は、新しいマスが感染するのに少なくとも3つの隣接するマスが必要である場合について考えた。

144.　正方形の破壊

■**解**　以下の再帰アルゴリズムは、最少のマッチ棒を取り除いてこのパズルを解くものであり、その数は $n > 1$ のとき $\lceil n^2/2 \rceil + 1$ である（もちろん、$n = 1$ のときその数は 1 である）。図4.103 に、$n = 1, 2, 3$ のときの解を示す。

$n > 3$ のとき以下のようにする。与えられた正方形の外周とその内部の大きさ $n - 2$ の正方形の外周によって作られる幅1の枠を考える。その枠の左上の角から始めて

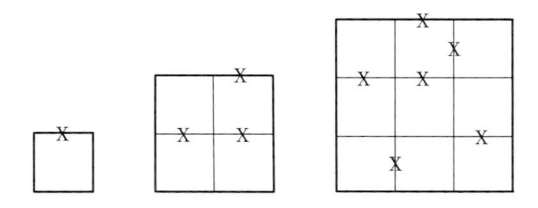

図 4.103　$n=1$, $n=2$, $n=3$ のときの「正方形の破壊」の解。

反時計回りにその枠を敷き詰めるドミノの中央の線にあたるマッチ棒を、その環の最後のドミノ以外すべて取り除く。最後のドミノに対しては、与えられた正方形の上の辺の2番目のマッチ棒を取り除く。その後、枠の小さい方の境界の内側である大きさ $n-2$ の正方形に対して、同じパズルを再帰的に解く。

n が偶数と奇数の場合について、$n \times n$ の盤面にこのアルゴリズムを適用したものを図 4.104 に図示する。

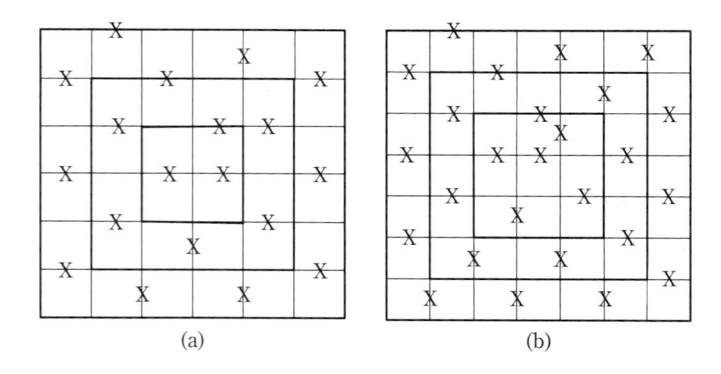

図 4.104　(a) $n=6$ と (b) $n=7$ のときの「正方形の破壊」の解。

一言で言うと、このアルゴリズムがうまくいくのは、枠を敷き詰めるドミノの中央の線が盤面の中の直線を分断し、盤面の周囲については1本マッチ棒を取り除くことで解決しているからである。数学的帰納法を用いることで、この観察を簡単に定式化することができる。

ドミノによる敷き詰めにより、このアルゴリズムによって取り除かれるマッチ棒の本数 $K(n)$ の式がすぐさま得られる。実際、n が偶数のとき $n^2/2$ 枚のドミノによって枠が敷き詰めされる。それぞれのドミノからは取り除かれるマッチ棒が1本提供さ

れ、例外として中央の 2×2 を覆うドミノの一方からは 2 本提供される。よって、偶数 n に対して、取り除かれるマッチ棒の総数は $n^2/2 + 1$ である。$n > 1$ が奇数のとき、$(n^2 - 1)/2$ 枚のドミノによって枠が敷き詰められる。それぞれのドミノからは取り除かれるマッチ棒が 1 本提供され、例外として中央の 3×3 を覆う水平方向のドミノのうち 1 枚からは 2 本提供される。さらに、中央の 1×1 の正方形からマッチ棒がもう 1 本取り除かれる。よって、奇数 n に対して、取り除かれるマッチ棒の総数は $(n^2 - 1)/2 + 2 = \lceil n^2/2 \rceil + 1$ である。

n が偶数のとき、すべての正方形を壊すために取り除く必要のあるマッチ棒の本数の最小が $K(n) = \lceil n^2/2 \rceil + 1$ であることは簡単に示すことができる。チェス盤のように盤面のマスを 2 色交互に塗ると、$n^2/2$ 個の暗いマスと $n^2/2$ 個の明るいマスとなる。暗いマスの外周によってできる単位正方形を壊すには、少なくとも $n^2/2$ 本のマッチ棒を取り除く必要がある。これらの $n^2/2$ 本のマッチ棒によって、明るいマスの外周によってできる単位正方形もすべて壊すことができるが、それは各マッチ棒が暗いマスと明るいマスとを分けている場合のみである。盤面の外周にはそのようなマッチ棒がないので、少なくともう 1 本マッチ棒を取り除く必要があり、その合計は $n^2/2 + 1$ が最小となる。$n > 1$ が奇数のとき、いくらかより洗練された議論（[Gar06, pp.31–32] 参照）により、同じ式を最も近い整数に切り上げたものが取り除かなければならないマッチ棒の最小数となることが示される。

■**コメント**　明らかに、この問題を解くアルゴリズムは縮小統治戦略に基づいている。興味深いことに、このパズルを $n = 1$、2、3 に対して解くと、このパズルの正解が三角数 $(1, 3, 6, 10, \ldots)$ なのではないかという間違った予想をさせるかもしれない。

このパズルは、サム・ロイドによるパズル集の中からマーティン・ガードナーが見つけたものである。ガードナーは、1965 年の「サイエンティフィック・アメリカン」のコラムでこのパズルを用いた。またその後、彼の本『*Colossal Book of Short Puzzles and Problems*』（短いパズルと問題の壮大な本）[Gar06, 問題 1.20] に収録されている。

145.　15 パズル

■**解**　タイルの数を上から下、左から右へと読むことで、ゲームにおける各配置を、1 から 15 の数からなるリストに結びつけることができる。すると目標は、一連の許された操作によって、初期配置のリスト

$$1, 2, 3, 4, 5, 6, 7, 8, 9, 10, 11, 12, 13, 15, 14 \tag{1}$$

からその順列

$$1, 2, 3, 4, 5, 6, 7, 8, 9, 10, 11, 12, 13, 14, 15 \qquad (2)$$

を得ることである。

　盤面の配置を表す**パリティ**（parity）を考えるのが有益である。一般に、順列のパリティを求めるには、**転倒数**を数える。転倒とは順序に反している要素の組、すなわち、より大きな要素がより小さな要素の前にあるような組である。たとえば、順列 32154 には 4 つの転倒 (3, 2), (3, 1), (2, 1), および (5, 4) がある。4 は偶数なので、順列 32154 は**偶順列**（even permutation）であるという。一方順列 23154 には、奇数個の転倒、(2, 1), (3, 1), および (5, 4), があるので、**奇順列**（odd permutation）である。以下に示す順列のパリティの持つ一般的な性質は明らかだが重要である。ある順列の隣り合う要素を入れ替えると、そのパリティは偶奇が反転する。

　我々のパズルに戻り、初期配置と目標配置が異なるパリティを持つことに注意せよ。(1) は奇順列であり、(2) は偶順列である。これから、ゲームの操作によって盤面の状態を表現する順列のパリティがどのように変わるかについて詳しく調べよう。このパズルでは、隣の空白の位置へタイルを動かす、水平方向のスライドと垂直方向のスライドの 2 種類の操作が許されている。水平方向のスライドでは、順列は変わらず、よってそのパリティも変わらない。あるタイルを垂直方向にスライドすると、順列に含まれる連続する 4 つの要素が巡回シフトする。たとえば、図 4.105 におけるタイルの順序 j, k, l, m は、k, l, m, j になる。

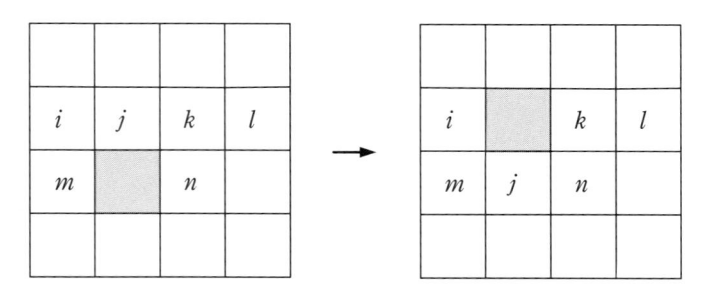

図 4.105　タイル j を下にスライドすることの影響

この隣り合う 4 要素内で入れ替えを 3 回行うことで、同じ巡回シフトができる。

$$\ldots jklm \ldots \;\to\; \ldots kjlm \ldots \;\to\; \ldots kljm \ldots \;\to\; \ldots klmj \ldots$$

145.　15パズル

（パズルのルールに沿ってこれらの入れ替えを行うことはできないが、垂直方向のスライドが状態のパリティに与える影響を解明するのには有効である。）隣り合う数を入れ替えるとそのパリティが反転するので、そのような入れ替えを3回行っても同様にパリティが反転する。

　このゲームの操作を、一連の空白マスへのスライドと解釈すると都合がよい。我々のパズルでは、空白マスは初期配置と目標配置で同じ場所にある。したがって、パズルを解く任意の操作列において、水平方向のスライドの数と垂直方向のスライドの数はそれぞれ偶数である。なぜなら、左へのスライドごとに右へのスライド1つで相殺し、上へのスライドごとに下へのスライド1つで相殺するからである。水平方向のスライドも偶数回の垂直方向のスライドも状態のパリティを変えないので、パズルが解を持つならば初期配置と目標配置が同じパリティを持たなければならない。今回この必要条件が成り立たないので、このパズルには解がない。

■**コメント**　このパズルを解くにあたって初期配置と目標配置のパリティを比較したが、それは不変量の考え方の標準的な応用である（議論と他の例については、アルゴリズム分析テクニックについてのチュートリアルを参照せよ）。転倒数に空白マスの行番号を足すと、その和のパリティは垂直方向のスライドを行っても変わらない。空白マスに数16を割り当てる方法もある。

　すべての奇順列の配置は解くことができないが、すべての偶順列の配置は解くことができる。しかし、その効率のよいアルゴリズムを考案することはかなり難しい課題である。特に、$n \times n$の盤面に対して解までの最少手数の操作列を見つけることは、特に難しい（NP完全）ことが証明されている。

　14–15 パズル（14–15 Puzzle）や**ボスパズル**（Boss Puzzle）という名前でも知られているこの **15 パズル**（Fifteen Puzzle）は、最も有名なパズルの1つであり、一般のパズル集の収録から漏れることはめったにない。この（解なしの）問題を解くことができた人に1000ドルを与えるという煽りもあり、このパズルは1880年に世界的な流行を引き起こした。このパズルは、アメリカのパズル発明の第一人者であり優れたチェス問題製作者でもあるサム・ロイド（1841–1911）によって発明されたとされることが多い。しかしながら、ロイド自身がそのように言っているその発祥は不正確である。このパズルは、ニューヨーク州のカナストタの郵便局長のノイズ・チャップマンにより発明され、彼は1880年3月に特許を申請した。その特許申請は却下されたが、それはおそらくその2年前にアーネスト・U・キンゼイへ認められた特許と類似していたからであろう。この話の詳細とこのパズルについての多くの事実については、J・スローカムとD・ソネフェルトによるモノグラフ [Slo06] を参照せよ。

146. 動く獲物を撃て

■解 まず始めに、隠れ場所に左から右へ1からnの番号を付ける。猟師は最初に位置2（または対称的な位置$n-1$）を撃つのが合理的である。なぜなら、その打ち方のみが、獲物を撃ち取るか、その後にある位置（1またはn）へと獲物が移動することができないことを保証できるからだ。獲物が最初に偶数番号の位置にいる場合についてまず考える。すると、1回目の銃撃の後、猟師が獲物を撃ち取るか獲物が3以上の奇数番号の位置へと動く。したがって、猟師が2回目に位置3を撃つと、猟師が獲物を撃ち取るか獲物が4以上の偶数番号の位置へと動く。よって、位置$4, 5, \ldots, n-1$を順に撃つことで、最終的に猟師は獲物を撃ち取る。

1回目の銃撃の前に獲物が奇数番号の位置にいた場合、獲物の位置と撃つ位置のパリティが常に逆であるので、上記の$n-2$回の銃撃では撃ち取ることができない。しかし、位置$n-1$を撃った後、獲物は$n-1$と同じパリティを持つ位置へと移動する。したがって、対称的に、位置$n-1, n-2, \ldots, 2$を順に撃つことにより、この場合でも同様に獲物を撃ち取ることが保証される。

まとめると、任意の$n > 2$について、以下の番号

$$2, 3, \ldots, n-1, n-1, n-2, \ldots, 2$$

の位置を撃つ$2(n-2)$発の一連の銃撃により獲物を撃ち取ることが保証される。$n = 2$のときには、同じ位置を2回撃つことにより、この問題を解くことができる。

この解は、図4.106に示す変化図によりうまく説明される。実際には、上の解はこの図から導かれたものである。その図は、$n = 5$と$n = 6$に対して獲物が取り得る位置と取り得ない位置を示す。

■コメント この解において、獲物の取り得る場所の数が単一変数項となる。一方、図4.106の変化図を利用することは、表象変換戦略の好例と見ることもできる。

この問題の$n = 1000$の場合が、1999年のロシア数学コンテストに出題され、2000年に「クヴァント」（no. 2, p.21）にて発表された。

147. 数の書かれた帽子

■解 数学者は、以下のようにして賭けに勝つことができる。

事前に彼ら自身に、たとえば名前のアルファベット順に、0から$n-1$の連番を振っ

147. 数の書かれた帽子

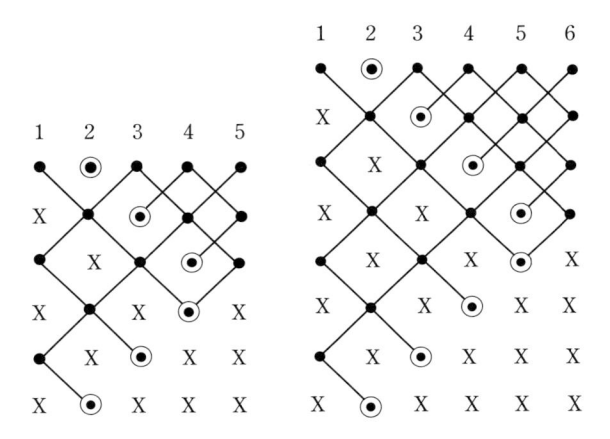

図4.106 $n = 5$ と $n = 6$ の場合の「動く獲物を撃て」のアルゴリズムの図示。第 i 行 ($i = 1, \ldots, 2n - 4$) に、i 回目の銃撃の前に獲物が取り得る場所（小さな黒丸で示される）と取り得ない場所（X で示される）が描かれている。撃つ場所は、その位置を囲む輪によって示される。

ておく。i 番目（$0 \leq i \leq n-1$）の数学者は、他のすべての数学者の帽子に書かれた数を見てそれらの和 S_i を計算し、方程式

$$(S_i + x_i) \bmod n = i$$

の最小の非負の解、すなわち、

$$x_i = (i - S_i) \bmod n$$

を帽子に書かれた数であると推測する（言い換えると、数学者の番号と他者の帽子の数の和との差を、数学者の人数で割った余りが x_i である）。

帽子に書かれたすべての数の和を、$S = h_1 + h_2 + \cdots + h_n$ とする。明らかに、任意の $0 \leq i \leq n-1$ について、$S = S_i + h_i$ が成り立つ。$0, 1, \ldots, n-1$ を n で割った余りは 0 から $n-1$ までの非負の整数のすべてをとるので、

$$j \bmod n = S \bmod n$$

を満たすような整数 j がただ 1 つ存在する。その j 番目の数学者が、帽子に書かれた

数を正しく推測する人となる。実際、

$$j = j \bmod n = S \bmod n = (S_j + h_j) \bmod n = (S_j + x_j) \bmod n$$

であるので、$h_j \bmod n = x_j \bmod n$ が導かれ、h_j と x_j はいずれも 0 以上 $n-1$ 以下であるので、$x_j = h_j$ となる。

たとえば、$n = 5$ とし、帽子の数が 3, 4, 0, 3, 2 であるとする。そのとき、以下の表が得られる。

i	h_i	S_i	x_i	推測の正しさ
0	3	9	1	いいえ
1	4	8	3	いいえ
2	0	12	0	はい ($j = 2$)
3	3	9	4	いいえ
4	2	10	4	いいえ

■コメント　近年、このパズルは**虹色の帽子**（Rainbow Hats）や **88 の帽子**（88 Hats）という名前で、技術面接の質問に関するいくつかのインターネットサイトや本に掲載されている（例、[Zho08, p.31]）。我々は、その起源を突き止めることはできなかった。

148.　自由への 1 硬貨

■解　囚人達は、囚人 A が 1 枚の硬貨を裏返すことで、囚人 B に看守が選んだマスの場所を知らせる方法を考案しなければならない。そのためには、たとえば、裏向きの硬貨の場所を活用する。より具体的に言うと、すべての裏向きの硬貨の場所の情報から選択されたマスの場所への写像となる関数を見つけなければならない。A の仕事は、確かにその写像となるよう 1 枚の硬貨を裏返すことである。B の仕事は、彼に示された盤面に対してその関数の値を計算するだけである。どのようにすればこれが可能となるかを以下に示す。

まず、盤面のマスに 0 から 63 までの番号を、たとえば上から下へ各行左から右へと振る。$T_1, T_2, \ldots, T_n$ を、A に示された盤面において裏向きの硬貨が置かれたすべてのマスに割り当てられた連番の 6 ビットの 2 進数表現とする。J を看守によって選択されたマスに割り当てられた番号の 6 ビットの 2 進数表現とする。また、X を、A によって裏返された硬貨に割り当てられた連番の 6 ビットの 2 進数表現とする。X を求めるには、「排他的論理和」（XOR、$\oplus$ と表記される）による和 $T = T_1 \oplus T_2 \oplus \cdots \oplus T_n$

148. 自由への1硬貨   275

の J の補数を求める。
$$T \oplus X = J \text{ または } X = T \oplus J \tag{1}$$

($n = 0$ のとき、$T = O$、すなわちすべてが 0 であるビット列、であるとみなし、$X = O \oplus J = J$ である。）

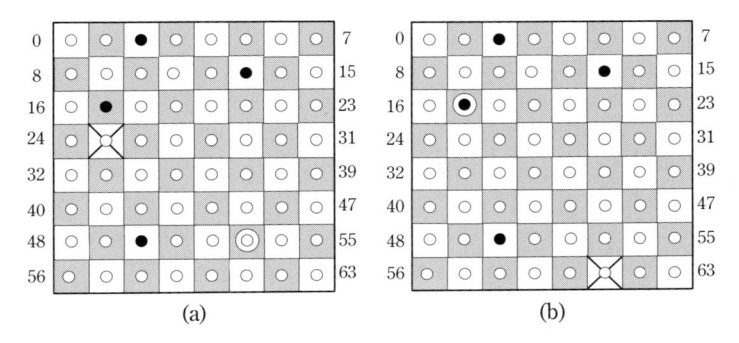

図 4.107　「自由への 1 硬貨」パズルの 2 つのインスタンス。初期配置における裏向きの硬貨と表向きの硬貨はそれぞれ黒丸と白丸で示され、推測すべき選択されたマスは×印で示される。1 人目の囚人によって裏返される硬貨は、硬貨の周りのもう 1 重の丸によって示される。

たとえば、図 4.107a の盤面に対しては、

$$\begin{aligned} T_1 &= 2_{10} = 000010 \\ T_2 &= 13_{10} = 001101 \\ T_3 &= 17_{10} = 010001 \qquad J = 25_{10} = 011001 \\ T_4 &= 50_{10} = 110010 \\ \hline T &= 101100 \end{aligned}$$

であるので
$$X = T \oplus J = 101100 \oplus 011001 = 110101 = 53_{10}$$

となる。したがって、囚人 A が位置 53 を裏返した後、囚人 B は位置 2, 13, 17, 50, 53 の硬貨が裏向きとなった盤面を見て、選択されたマスの位置を

$$T_1 \oplus T_2 \oplus \cdots \oplus T_n \oplus X = T \oplus X = J = 011001 = 25_{10}$$

と計算することができる。

　上記の例は、2 つの取り得る場合の 1 つ目、すなわち、式 (1) によって計算された位置 X の硬貨が表向きである場合を示している。そのとき、その硬貨を裏返すと X を裏返しの硬貨に加えることになる。その位置の硬貨がすでに裏向き、すなわち、その硬貨が i 番目（$1 \leq i \leq n$）の裏向きの硬貨であったとする。この場合、その硬貨を裏返すとその硬貨は表向きになり、囚人 B は選択されたマスの位置を $T_1 \oplus \cdots \oplus T_{i-1} \oplus T_{i+1} \oplus \cdots \oplus T_n$ によって計算する。幸い、任意のビット列 S に対して $S \oplus S = O$ であるので、この場合も式 (1) でうまくいく。実際、囚人 A が $X = T \oplus J = T_i$ と計算しても、選択されたマスについて、囚人 A が計算に用いたのと同じ位置を囚人 B が得る。

$$J = T \oplus X = T_1 \oplus \cdots \oplus T_{i-1} \oplus T_i \oplus T_{i+1} \oplus \cdots \oplus T_n \oplus T_i$$
$$= T_1 \oplus \cdots \oplus T_{i-1} \oplus T_{i+1} \oplus \cdots \oplus T_n \oplus T_i \oplus T_i$$
$$= T_1 \oplus \cdots \oplus T_{i-1} \oplus T_{i+1} \oplus \cdots \oplus T_n$$

　たとえば、裏向きのマスが同じ 4 枚の盤面（図 4.107b を見よ）において、看守がマス 61 を選択したとき、

$$\begin{array}{rl} T_1 = & 2_{10} = 000010 \\ T_2 = & 13_{10} = 001101 \\ T_3 = & 17_{10} = 010001 \\ T_4 = & 50_{10} = 110010 \\ \hline T = & 101100 \end{array} \qquad J = 61_{10} = 111101$$

であるので
$$X = T \oplus J = 101100 \oplus 111101 = 010001 = T_3 = 17_{10}$$

となる。囚人 A がマス 17 の硬貨を表向きにすると、囚人 B は位置 2, 13, 50 の硬貨が裏向きとなった盤面を見て、選択されたマスの位置を

$$000010 \oplus 001101 \oplus 110010 = 111101 = 61_{10}$$

と計算する。

149. 広がる小石

■コメント このパズルの解は、2進数がたまたま有用となる例の1つである。

このパズルの1次元バージョンが2007年秋のタウン国際数学トーナメントで出題されたが、その参加者は解の完全なアルゴリズムを与える必要がなかった。それ以降、このパズルは複数のウェブサイトにおいて上記の形で見られるようになった。

149. 広がる小石

■解 このパズルが解を持つのは $n = 1$ と $n = 2$ の場合のみである。

1手目の唯一の合法手により、$n = 1$ についてこのパズルが解ける。図 4.108 に $n = 2$ の場合の1つの解を示す。

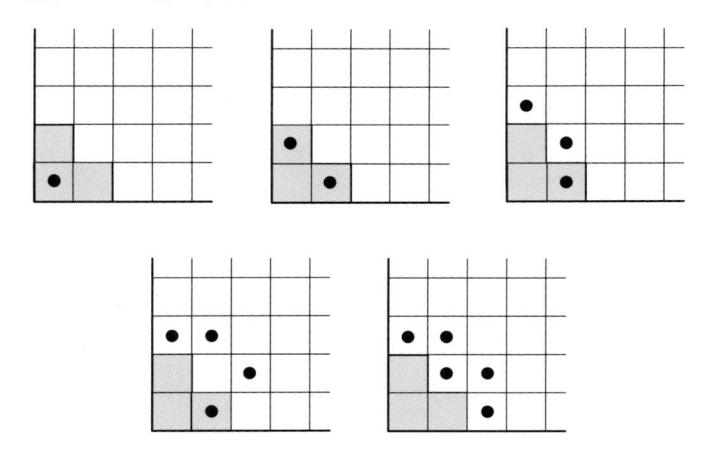

図 4.108 「広がる小石」パズルにおいて、階段形の領域 S_2（影付き）から小石を取り除く一連の操作。

さて、$n > 2$ について、有限回の許容操作によって階段形 S_n から小石を取り除くことができないことを示そう。そのために、盤面上のすべてのマス (i, j)（ただし $i, j \geq 1$）に、重み $w(i, j) = 2^{2-i-j}$ を割り当てる（図 4.109）。

$i + j = d + 1$ を満たす d 番目の斜線上 ($d = 1, 2, \ldots$) のマスはすべて同じ重みを持ち、すべてのマスの重みの和が 4 となることに注意しなさい。その重みの和は各行の重みを足し合わせることで計算できる。

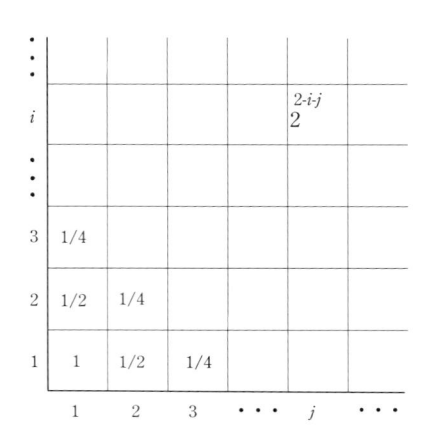

```
           ⋮
           ⋮
       i  |     |     |     |     |2^{2-i-j}|
          |     |     |     |     |         |
           ⋮
           ⋮
       3  | 1/4 |
       2  | 1/2 | 1/4 |
       1  |  1  | 1/2 | 1/4 |
              1     2     3   ···   j   ···
```

図 4.109 「広がる小石」パズルにおいて、盤面のマスに割り当てられた重み

$$(1 + 1/2 + 1/4 + \cdots) + (1/2 + 1/4 + \cdots) + \cdots + (1/2^{j-1} + 1/2^j + \cdots) + \cdots$$
$$= \frac{1}{1 - 1/2} + \frac{1/2}{1 - 1/2} + \cdots + \frac{1/2^{j-1}}{1 - 1/2} + \cdots = 2(1 + 1/2 + \cdots 1/2^{j-1} + \cdots)$$
$$= 2 \cdot \frac{1}{1 - 1/2} = 4$$

ここで、ある配置の重みを小石のあるすべてのマスの重みの和と定義する。任意の $n \geq 1$ について、初期配置の重みは 1 である。1 回の操作では配置の重みは変化せず、したがって有限回の操作でも配置の重みは変化しない。なぜなら、$2^{2-(i+j)} = 2^{2-(i+1+j)} + 2^{2-(i+j+1)}$ より、マス (i, j) から取り除かれる小石の重みはマス $(i + 1, j)$ と $(i, j + 1)$ に置かれる新しい小石の重みで相殺されるからである。

これからすぐに、$n \geq 4$ である階段形 S_n から有限回の操作によって小石を取り除くことができないことが導かれる。それが可能であるならば、最終的な配置において小石は S_n の外の有限個のマスからなる領域 R_n を占める。その領域の重みの和 $W(R_n)$ は、S_4 の外のすべてのマスの重みの和よりも小さいはずである。後者は、盤面のすべてのマスの重みから S_4 を構成するマスの重みを引くことで求められる（図 4.110a）。

$$W(R_4) < 4 - W(S_4) = 4 - (1 + 2 \cdot 1/2 + 3 \cdot 1/4 + 4 \cdot 1/8) = 3/4$$

よって、$n \geq 4$ のとき $W(R_n) \leq W(R_4) < 1$ であるので、有限回の操作によって $n \geq 4$ である階段形領域 S_n から小石を取り除くことはできない。

149. 広がる小石

4	1/8			
3	1/4	1/8		
2	1/2	1/4	1/8	
1	1	1/2	1/4	1/8
	1	2	3	4

(a)

4	1/8			
3	1/4			
2	1/2	1/4		
1	1	1/2	1/4	1/8
	1	2	3	4

(b)

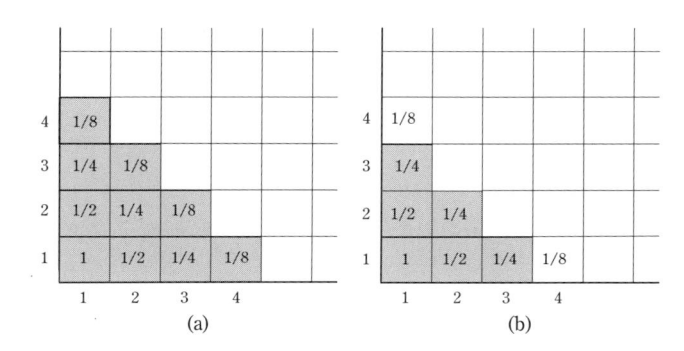

図 4.110 「広がる小石」パズルにおける、(a) 階段形の領域 S_4 のマスの重み。(b) 階段形の領域 S_3 およびその外側の第 1 行と第 1 列の 2 つのマスの重み。

階段形 S_3 から小石を取り除くこともできない。これを証明するには、盤面の第 1 行と第 1 列には常にそれぞれ 1 つの小石しかないことに注意する。したがって、S_3 の小石に操作を適用して S_3 の外のある領域 R_3 を占めるようにすると、R_3 は第 1 行の 1 つのマス、第 1 列の 1 つのマス、それ以外の行と列のマスの集合 Q_3 からなる（図 4.110b）。$W(Q_3)$ の上界は、象限全体の重みから、第 1 列、第 1 行、マス (2,2) の重みを引くことで計算できる。

$$W(Q_3) < 4 - [1 + 2(1/2 + 1/4 + \cdots) + 1/4] = 3/4$$

これから、$W(R_3)$ の上界が以下のように導かれる。

$$W(R_3) < 1/8 + 1/8 + 3/4 = 1$$

$W(R_3) < 1$ であるので、S_3 の小石に操作を適用して R_3 を占めるようにすることはできない。

■**コメント** この解で活用された不変量の考え方、すなわち、現在の配置の重みは、**ペグソリティアの軍隊**（Solitaire Army）パズルにおけるコンウェイによる考え方に似ている。

このパズルは 1981 年 11 月発行の「クヴァント」（p.21, 問題 M715）に M・コンツェビッチによって提案された。1982 年 7 月発行のその雑誌において、A・ホドレフはこのパズルの詳細な解を与え、さらに一般化した。

150. ブルガリアン・ソリティア

■解 各山を硬貨の積み重ねであると考えるのが便利である。各反復においてアルゴリズムは、そのような積み重ねのそれぞれから 1 枚ずつ（一般性を失うことなく積み重ねの底から）硬貨を取りながら横方向に進み、それらの硬貨をとった順に新しい積み重ねとして置く。その新しい積み重ねはまず一番前に置き、その後、その次のものよりも小さければ山からなる行の適切な場所に挿入して、行全体が山の大きさの降順に並ぶようにする。この過程は図 4.111 に示される。この図において硬貨には文字のラベルが付けられている。

n を正の整数（山の大きさ）の和に分配する方法は有限通りであるので、そのアルゴリズムは有限回の反復の後でループに必ず入る。n 枚の硬貨の山 1 つからなるものを含め、$n = 1 + 2 + \cdots + k$ の任意の初期分配に対して、そのアルゴリズムが常に分配 $(k, k-1, \ldots, 1)$ に至ることを示さなければならない。この分配は状態数が 1 のループであり、アルゴリズムによりその分配は自分自身へと変形される。状態数が 1 のループはこれ以外にはない。実際、アルゴリズムによって $(n_1, n_2, \ldots, n_s)$（ただし $n_1 \geq n_2 \geq \cdots \geq n_s$）が $(s, n_1 - 1, n_2 - 1, \ldots, n_{s-1} - 1)$ へと変形され、それらの 2 つの組が同じであるならば、s は 2 つ目の組における最大の要素であり、また $n_s = 1$ である（そうでなければ、組は同じ要素数でなくなる）。2 つの組の対応する要素が等しいことより、$n_1 = s$ と $i = 2, \ldots, s$ に対して $n_i = n_{i-1} - 1$ からなる連立方程式が得られ、それは後退代入により簡単に解くことができる。まず $n_{s-1} = n_s + 1 = 2$、同様に続けて、最終的に $n_1 = n_2 + 1 = k$ と $s = k$ となる。

次に、2 つ以上の分配が含まれるようなループが存在しないことを示す。第一に、ループにおいては、山の並び換えは起きない。各硬貨に、その積み重ねの連番と底から数えた積み重ね内の硬貨の位置の和となる重みを割り当てることで、この主張を証明することができる。たとえば、図 4.111 の初期分配において、硬貨には以下の重みが割り当てられる。$a(1+1), b(1+2), \ldots, j(4+1)$。その上で、（必ずしも並び換えられていない）分配の重みを、それを構成するすべての硬貨の重みの和と定義する。たとえば、図 4.111 の初期分配の重みは 41 である。結果の並び換えがなければ、ある分配にアルゴリズムの操作を適用しても、重みが変わらないことは容易に確認できる。i 番目の積み重ねの j 番目の位置の硬貨の重み $i+j$ は、それぞれ、$j > 1$ のとき $(i+1) + (j-1)$ になり、$j = 1$ のとき $j + i$ となる。分配を構成する積み重ねがその大きさの降順になっていないとき、それらを並び変えると分配の重みが減少する。したがって、硬貨の分配のループにおいて並び換えは起きない。

150. ブルガリアン・ソリティア

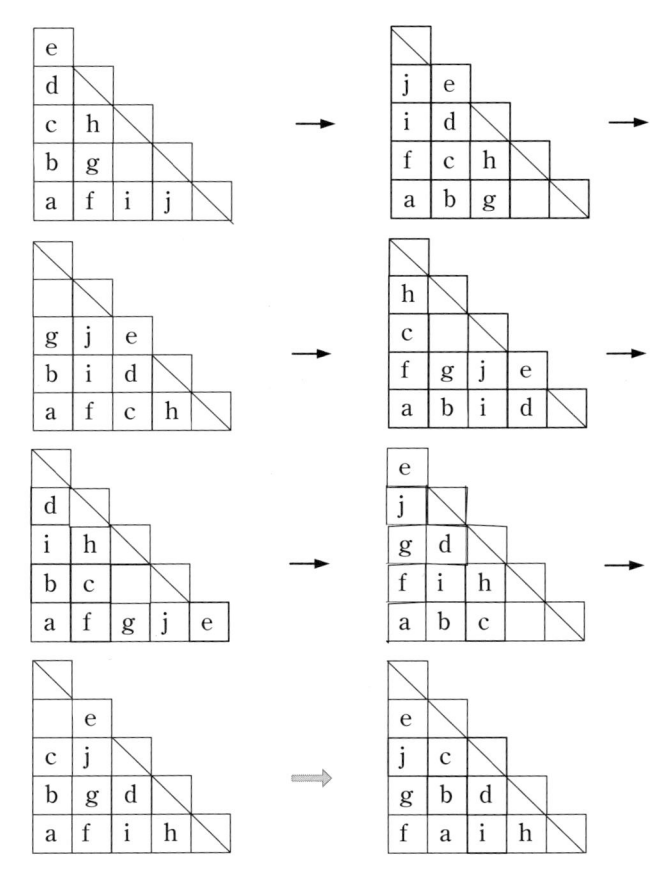

図 4.111 「ブルガリアン・ソリティア」の例。反復の最後では、山の並び換えが必要である。

　第二に、そのアルゴリズムによって作られ並び換えを行わないその任意の硬貨の分配の列において、硬貨はそれぞれ斜線に沿って周回し、斜線上に空白の場所があればそれも同様に周回する（例として図 4.111 を見よ）。しかしそのとき、d 番目の斜線上に少なくとも 1 つの硬貨があれば、$(d-1)$ 番目の斜線上に空白はありえない。実際、それが起こり得るとすると、有限回の操作の後に $(d-1)$ 番目の斜線上の空白と d 番目の斜線上の硬貨が同じ高さになり、それは積み重ねの並び換えが必要な状況である

（図 4.111 の反復の最後を見よ）。

これからすぐに、ループを構成する状態列において硬貨が抜けているとすると、その空白は最大の斜線上にのみあることが導かれる。しかし、$n = 1 + 2 + \cdots + k$ のとき、すべての k 本の斜線はそのすべてが満たされている。実際、k 番目の斜線上に硬貨がなければ、硬貨の総数は $1 + 2 + \cdots + (k-1)$ である。また、$(k+1)$ 番目の斜線上に硬貨があれば、上で証明したとおりそれより小さな斜線はすべて満たされていなければならず、硬貨の総数は $1 + 2 + \cdots + k$ より多くなる。よって、そのような n に対するループは唯一の分配からなる。

■**コメント** ブルガリアン・ソリティアは、マーティン・ガードナーによる 1983 年の「サイエンティフィック・アメリカン」のコラムで広められた（[Gar97b, pp.36–43] も見よ）。このパズルは、その前年にデンマーク人の数学者ヨルゲン・ブラントによって発表された論文に基づいている。それ以降、このゲームとその変種に関するいくつかの興味深い結果が得られている（たとえば [Gri98]）。特に、任意の初期分配から始めて安定した分配 $(k, k-1, \ldots, 1)$ に至るまでに必要な反復回数が $k^2 - k$ 以下であることが証明されている。

参考文献

[Ash04] Ash, J. M., and Golomb, S. W. Tiling deficient rectangles with trominoes. *Mathematics Magazine*, vol. 77, no. 1 (Feb. 2004), 46–55.

[Ash90] Asher, M. A river-crossing problem in cross-cultural perspective. *Mathematics Magazine*, vol. 63, no. 1 (Feb. 1990), 26–29.

[Ave00] Averbach, B., and Chein, O. *Problem Solving Through Recreational Mahtematics*. Dover, 2000.

[Bac12] Bachet, C. *Problèmes plaisans et delectables qui se font par les nombres*. Paris, 1612.

[Backh] Backhouse, R. *Algorithmic problem solving course website*. www.cs.nott.ac.uk/~rcb/G51APS/exercises/InductionExercises.pdf (accessed Oct. 4, 2010).

[Bac08] Backhouse, R. The capacity-C torch problem. *Mathematics of Program Construction 9th International Conference (MPC 2008)*, Marseille, France, July 15–18, 2008, Springer-Verlag, 57–78.

[Bal87] Ball, W. W. Rouse, and Coxeter, H. S. M. *Mathematical Recreations and Essays*, 13th edition. Dover, 1987. www.gutenberg.org/ebooks/26839 (1905 edition; accessed Oct. 10, 2010).

[Bea92] Beasley, J. D. *The Ins and Outs of Peg Solitaire*. Oxford University Press, 1992.

[Bec97] Beckwith, D. Problem 10459, in Problems and Solutions, *American Mathematical Monthly*, vol. 104, no. 9 (Nov. 1997), 876.

[Bel09] Bell, J., and Stevens, B. A survey of known results and research areas for n-queens. *Discrete Mathematics*, vol. 309, issue 1 (Jan. 2009), 1–31.

[Ben00] Bentley, J. *Programming Pearls*, 2nd ed. Addison-Wesley, 2000.
（ジョン・ベントリー著、小林健一郎訳、『珠玉のプログラミング』丸善）

[Ber04] Berlekamp, E. R., Conway, J. H., and Guy, R. K. *Winning Ways for Your Mathematical Plays*, Volume 4, 2nd ed. A K Peters, 2004.
（E・R・バーレキャンプほか著、小谷善行ほか訳『「数学」じかけのパズル＆ゲーム：「1人遊び」で夜も眠れず……』HBJ出版局、1992）

[Ber91] Bernhardsson, B. Explicit solutions to the n-queens problem for all n. *SIGART Bulletin*, vol. 2, issue 2 (April 1991), 7.

[Bogom] Bogomolny, A. *Interactive Mathematics Miscellany and Puzzles*. www.cut-the-knot.org (accessed Oct. 4, 2010).

[Bog00] Bogomolny, A. The three jugs problem. The Mathematical Association of Amer-

	ica, May 2000. www.maa.org/editorial/knot/water.html#kasner (accessed Oct. 10, 2010).
[Bol07]	Bollobás, B. *The Art of Mathematics: Coffee Time in Memphis*. Cambridge University Press, 2007.
[Bos07]	Bosova, L. L., Bosova, A. Yu, and Kolomenskaya, Yu. G. *Entertaining Informatics Problems*, 3rd ed., BINOM, 2007 (in Russian).
[Bro63]	Brooke, M. *Fun for the Money*. Charles Scribner's Sons, 1963.
[CarTalk]	Archive of the U.S. National Public Radio talk show *Car Talk*. www.cartalk.com/content/puzzler (accessed Oct. 4, 2010).
[Chr84]	Christen, C., and Hwang, F. Detection of a defective coin with a partial weight information. *American Mathematical Monthly*, vol. 91, no. 3 (March 1984), 173–179.
[Chu87]	Chu, I-Ping, and Johnsonbaugh, R. Tiling and recursion. *ACM SIGCSE Bulletin*, vol. 19, issue 1 (Feb. 1987), 261–263.
[Cor09]	Cormen, T. H., Leiserson, C. E., Rivest, R. L., and Stein, C. *Introduction to Algorithms*, 3rd edition. MIT Press, 2009. （コルメン他著、浅野哲夫他訳『アルゴリズムイントロダクション：世界標準MIT教科書』近代科学社、2013）
[Cra07]	Crack, T. F. *Heard on the Street: Quantitative Questions from Wall Street Job Interviews*, 10th ed. Self-published, 2007.
[Cso08]	Csorba, P., Hurkens, C. A., and Woeginger, G. J. The Alcuin number of a graph. *Proceedings of the 16th Annual European Symposium on Algorithms. Lecture Notes in Computer Science*, vol. 5193, 2008, 320–331.
[Dem02]	Demaine, E. D., Demaine, M. L., and Verrill, H. Coin-moving puzzles. In R. J. Nowakowski, editor, *More Games of No Chance*. Cambridge University Press, 2002, 405–431.
[Dij76]	Dijkstra, E. W. *A Discipline of Programming*. Prentice Hall, 1976. （E・W・ダイクストラ著、浦昭二他訳『プログラミング原論：いかにしてプログラムをつくるか』サイエンス社、1983）
[Dud02]	Dudeney, H. E. *The Canterbury Puzzles and Other Curious Problems*. Dover, 2002. www.gutenberg.org/ebooks/27635 (1919 edition; accessed Oct. 10, 2010). （H・E・デュードニー著、伴田良輔訳『カンタベリー・パズル』筑摩書房、2009）
[Dud58]	Dudeney, H. E. *Amuzements in Mathematics*. Dover, 1958. www.gutenberg.org/ebooks/16713 (first published in 1917; accessed Oct. 10, 2010).
[Dud67]	Dudeney, H. E. (edited by Martin Gardner). *536 Puzzles & Curious Problems*. Charles Scribner's Sons, 1967.
[Dyn71]	Dynkin, E. B., Molchanov, S. A., Rozental, A. L., and Tolpygo, A. K. *Mathematical Problems*, 3rd revised edition, Nauka, 1971 (in Russian).
[Eng99]	Engel, A. *Problem-Solving Strategies*. Springer, 1999.
[Epe70]	Eperson, D. B. Triangular (Old) Pennies. *The Mathematical Gazette*, vol. 54, no. 387 (Feb. 1970), 48–49.
[Fom96]	Fomin, D., Genkin, S., and Itenberg, I. *Mathematical Circles (Russian Experi-*

	ence). American Mathematical Society, Mathematical World, Vol. 7, 1996 (translated from Russian).
	（ドミトリ・フォミーン、セルゲイ・ゲンキン、イリヤ・イテンベルク著、志賀浩二、田中紀子訳『やわらかな思考を育てる数学問題集』岩波書店、2012）
[Gar99]	Gardiner, A. *Mathematical Puzzling*. Dover, 1999.
[Gar61]	Gardner, M. *Mathematical Puzzles*. Thomas Y. Crowell, 1961.
[Gar71]	Gardner, M. *Martin Gardner's 6th Book of Mathematical Diversions from Scientific American*. W. H. Freeman, 1971.
[Gar78]	Gardner, M. *aha! Insight*. Scientific American/W. H. Freeman, 1978.
	（邦題『aha!insight ひらめき思考』（1、2巻）島田一男訳、日本経済新聞出版社）
[Gar83]	Gardner, M. *Wheels, Life, and Other Mathematical Amusements*. W. H. Freeman, 1983.
	（マーチン・ガードナー著、一松信訳『アリストテレスの輪と確率の錯覚：ガードナーの数学ゲーム・コレクション』日経サイエンス社、1993）
[Gar86]	Gardner, M. *Knotted Doughnuts and Other Mathematical Entertainments*. W. H. Freeman, 1986.
[Gar87]	Gardner, M. *The Second Scientific American Book of Puzzles and Games*. University of Chicago Press, 1987.
[Gar88a]	Gardner, M. *Hexaflexagons and Other Mathematical Diversions*: *The First Scientific American Book of Puzzles and Games*. University of Chicago Press, 1988.
[Gar88b]	Gardner, M. *Time Travel and Other Mathematical Bewilderments*. W. H. Freeman, 1988.
[Gar89]	Gardner, M. *Mathematical Carnival*. The Mathematical Association of America, 1989.
	（ガードナー著、一松信訳『数学カーニバル』　紀伊国屋書店、1977）
[Gar97a]	Gardner, M. *Penrose Tiles to Trapdoor Chiphers . . . and the Return of Dr. Matrix*, revised edition. The Mathematical Association of America, 1997.
	（ガードナー著、一松信訳『ペンローズ・タイルと数学パズル』『落し戸暗号の謎解き』『メイトリックス博士の生還』丸善、1992）
[Gar97b]	Gardner, M. *The Last Recreations: Hidras, Eggs, and Other Mathematical Mystifications*. Springer, 1997.
[Gar06]	Gardner, M. *Colossal Book of Short Puzzles and Problems*. W. W. Norton, 2006.
[Gik76]	Gik, E. Ya. *Mathematics on the Chessboard*. Nauka, 1976 (in Russian).
[Gik80]	Gik, E. The Battleship game. *Kvant*, Nov. 1980, 30–32, 62–63 (in Russian).
[Gin03]	Ginat, D. The greedy trap and learning from mistakes. *Proceedings of the 34th SIGCSE Technical Symposium on Computer Science Education*, ACM, 2003, 11–15.
[Gin06]	Ginat, D. Coloful Challenges column. *inroads—SIGCSE Bulletin*, vol. 38, no. 2 (June 2006), 21–22.
[Gol54]	Golomb, S. W. Checkerboards and polyominoes. *American Mathematical Monthly*, vol. 61, no. 10 (Dec. 1954), 675–682.
[Gol94]	Golomb, S. W. *Polyominoes: Puzzles, Patterns, Problems, and Packings*, 2nd edi-

	tion. Princeton University Press, 1994.
[Graba]	Grabarchuk, S. Coin triangle. From *Puzzles.com.* www.puzzles.com/PuzzlePlayground/CoinTriangle/CoinTriangle.htm (accessed Oct. 4, 2010).
[Gra05]	Grabarchuk, S. *The New Puzzle Classics: Ingenious Twists on Timeless Favorites.* Sterling Publishing, 2005.
[Gra94]	Graham, R. L., Knuth, D. E. and Patashnik, O. *Concrete Mathematics: A Foundation for Computer Science,* 2nd ed. Addison-Wesley, 1994. （ロナルド・L・グレアム、ドナルド・E・クヌース、オーレン・パタシュニク著、有澤誠他訳『コンピュータの数学』共立出版、1993）
[Gre73]	Greenes, C. E. Function generating problems: the row chip switch. *Arithmetic Teacher,* vol. 20 (Nov. 1973), 545–549.
[Gri98]	Griggs, J. R., and Ho, Chih-Chang. The cycling of partitions and compositions under repeated shifts. *Advances in Applied Mathematics,* vol. 21, no. 2 (1998), 205–227.
[Had92]	Hadley, J., and Singmaster, D. Problems to sharpen the young. *Mathematical Gazette,* vol, 76, no. 475 (March 1992), 102–126.
[Hes09]	Hess, D. *All-Star Mathlete Puzzles.* Sterling, 2009.
[Hof79]	Hofstadter, D. *Gödel, Escher, Bach: An Eternal Golden Braid.* Basic Books, 1979. （ダグラス・R・ホフスタッター著、野崎昭弘、はやしはじめ、柳瀬尚紀訳『ゲーデル、エッシャー、バッハ：あるいは不思議の環』白揚社、1985）
[Hur00]	Hurkens, C. A. J. Spreading gossip efficiently. *NAW,* vol. 5/1 (June 2000), 208–210.
[Iba03]	Iba, G., and Tanton, J. Candy sharing. *American Mathematical Monthly,* vol. 110, no. 1 (Jan. 2003), 25–35.
[Ign78]	Ignat'ev, E. I. *In the Kindom of Quick Thinking.* Nauka, 1978 (in Russian).
[Iye66]	Iyer, M., and Menon, V. On coloring the $n\times n$ chessboard. *American Mathematical Monthly,* vol. 73, no. 7 (Aug.–Sept. 1966), 721–725.
[Kho82]	Khodulev, A. Relocation of chips. *Kvant,* July 1982, 28–31, 55 (in Russian).
[Kin82]	King, K. N., and Smith-Thomas, B. An optimal algorithm for sink-finding. *Information Processing Letters,* vol. 14, no. 3 (May 1982), 109–111.
[Kle05]	Kleinberg, J., and Tardos, E. *Algorithm Design.* Addison-Wesley, 2005. （ジョン・クラインバーグ、タルドシュ・エーバ著、浅野孝夫他訳『アルゴリズムデザイン』共立出版、2008）
[Knott]	Knott, R. *Fibonacci Numbers and the Golden Section.* www.mcs.surrey.ac.uk/Personal/R.Knott/Fibonacci/ (accessed Oct. 4, 2010).
[Knu97]	Knuth, D. E. *The Art of Computer Programming, Volume 1: Fundamental Algorithms,* 3rd ed. Addison-Wesley, 1997. （ドナルド・クヌース著、有澤誠他監訳『The Art of Computer Programming Volume 1 Fundamental Algorithms Third Edition 日本語版』アスキー、2004）
[Knu98]	Knuth, D. E. *The Art of Computer Programming, Volume 3: Sorting and Searching,* 2nd ed. Addison-Wesley, 1998. （ドナルド・クヌース著、有澤誠他監訳『The Art of Computer Programming

	Volume 3 Sorting and Searching Second Edition 日本語版』アスキー、2006)
[Knu11]	Knuth, D. E. *The Art of Computer Programming, Volume 4A, Combinatorial Algorithms, Part 1*. Pearson, 2011.
[Kon96]	Konhauser J. D. E., Velleman, D., and Wagon, S. *Which Way Did the Bicycle Go?: And Other Intriguing Mathematical Mysteries*. The Dolciani Mathematical Expositions, No. 18, The Mathematical Association of America, 1996.
[Kor72]	Kordemsky, B. A. *The Moscow Puzzles: 359 Mathematical Recreations*. Scribner, 1972 (translated from Russian).
[Kor05]	Kordemsky, B. A. *Mathematical Charmers*. Oniks, 2005 (in Russian).
[Kra53]	Kraitchik, M. *Mathematical Recreations*, 2nd revised edition. Dover, 1953. (邦題『100万人のパズル』金沢養訳、白揚社、1968年)
[Kre99]	Kreher, D. L., and Stinson, D. R. *Combinatorial Algorithms: Generation, Enumeration, and Search*. CRC Press, 1999.
[Kur89]	Kurlandchik, L. D., and Fomin, D. B. Etudes on the semi-invariant. *Kvant*, no. 7, 1989, 63–68 (in Russian).
[Laa10]	Laakmann, G. *Cracking the Coding Interview*, 4th ed. CareerCup, 2010. (ゲイル・ラークマン・マクダウェル著、Ozy 訳『世界で闘うプログラミング力を鍛える 150 問：トップ IT 企業のプログラマになるための本』マイナビ、2012)
[Leh65]	Lehmer, D. H. Permutation by adjacent interchanges. *American Mathematical Monthly*, vol. 72, no. 2 (Feb. 1965), 36–46.
[Leino]	Leino, K. R. M. *Puzzles*. research.microsoft.com/en-us/um/people/leino/puzzles.html (accessed Oct. 4, 2010).
[Lev06]	Levitin, A. *Introduction to the Design and Analysis of Algorithms*, 2nd edition. Pearson, 2006.
[Lev81]	Levmore, S. X., and Cook, E. E. *Super Strategies for Puzzles and Games*. Doubleday, 1981.
[Loy59]	Loyd, S. (edited by M. Gardner) *Mathematical Puzzles of Sam Loyd*. Dover, 1959. (マーチン・ガードナー編、田中勇訳『サム・ロイドの数学パズル』白揚社、1966年)
[Loy60]	Loyd, S. (edited by M. Gardner) *More Mathematical Puzzles of Sam Loyd*. Dover, 1960.
[Luc83]	Lucas, E. *Récréations mathématiques*, Vol. 2. Gauthier Villars, 1883.
[Mac92]	Mack, D. R. *The Unofficial IEEE Brainbuster Gamebook: Mental Workouts for the Technically Inclined*. IEEE Press, 1992.
[Man89]	Manber, U. *Introduction to Algorithms: A Creative Approach*. Addison-Wesley, 1989.
[Mar96]	Martin, G. E. *Polyominoes: A Guide to Puzzles and Problems in Tiling*. The Mathematical Association of America, 1996.
[MathCentral]	*Math Central*. mathcentral.uregina.ca/mp (accessed Oct. 4, 2010).
[MathCircle]	*The Math Circle*. www.themathcircle.org/researchproblems.php (accessed Oct. 4, 2010).

[Mic09]	Michael, T. S. *How to Guard an Art Gallery*. John Hopkins University Press, 2009. (T・S・マイケル著、佐藤かおり、佐藤宏樹訳『離散数学パズルの冒険：3回カットでピザは何枚取れる?』青土社、2012)
[Mic08]	Michalewicz, Z., and Michalewicz, M. *Puzzle-Based Learning: An Introduction to Critical Thinking, Mathematics, and Problem Solving*. Hybrid Publishers, 2008.
[Moo00]	Moore, C., and Eppstein, D. One-dimensional peg solitaire and Duotaire. *Proceedings of MSRI Workshop on Combinatorial Games*, Berkeley, CA. MSRI Publications 42. Springer, 2000, 341–350.
[Mos01]	Moscovich, I. *1000 Play Thinks: Puzzles, Paradoxes, Illusions, and Games*. Workman Publishing, 2001.
[Nie01]	Niederman, *Hard-to-Solve Math Puzzles*. Sterling Publishing, 2001.
[OBe65]	O'Beirne, T. H. *Puzzles & Paradoxes*. Oxford University Press, 1965.
[Par95]	Parberry, I. *Problems on Algorithms*. Prentice-Hall, 1995.
[Pet03]	Peterson, Ivar. Measuring with jugs. The Mathematical Association of America, June 2003. www.maa.org/mathland/mathtrek_06_02_03.html (accessed Oct. 4, 2010).
[Pet97]	Petković, M. *Mathematics and Chess: 110 Entertaining Problems and Solutions*. Dover, 1997.
[Pet09]	Petković, M. *Famous Puzzles of Great Mathematicians*. The American Mathematical Society, 2009.
[Pic02]	Pickover, C. A. *The Zen of Magic Squares, Circles, and Stars: An Exhibition of Surprising Structures across Dimensions*. Princeton University Press, 2002.
[Poh72]	Pohl, I. A sorting problem and its complexity. *Communications of the ACM*, vol. 15, issue 6 (June 1972), 462–464.
[Pol57]	Pólya, G. *How to Solve It*: *A New Aspect of Mathematical Method*, 2nd ed. Princeton University Press, 1957. (G. ポリア著、柿内賢信訳『いかにして問題をとくか』丸善、1975)
[Pou03]	Poudstone, W. *How Would You Move Mount Fuji? Microsoft's Cult of the Puzzle—How the World's Smartest Companies Select the Most Creative Thinkers*. Little-Brown, 2003. (ウィリアム・パウンドストーン著、松浦俊輔訳『ビル・ゲイツの面接試験：富士山をどう動かしますか?』青土社、2003)
[Pre89]	Pressman, I., and Singmaster, D. "The Jealous Husbands" and "The Missionaries and Cannibals." *Mathematical Gazette*, 73, no. 464 (June 1989), 73–81.
[ProjEuler]	*Project Euler*. projecteuler.net (accessed Oct. 4, 2010).
[Ran09]	Rand, M. On the Frame-Stewart algorithm for the Tower of Hanoi. www2.bc.edu/~grigsbyj/Rand_Final.pdf (accessed Oct. 4, 2010).
[Rob98]	Robertson, J., and Webb, W. *Cake Cutting Algorithms*. A K Peters, 1998.
[Ros07]	Rosen, K. *Discrete Mathematics and Its Applications*, 6th edition. McGraw-Hill, 2007.
[Ros38]	Rosenbaum, J. Problem 319, *American Mathematical Monthly*, vol. 45, no. 10

(Dec. 1938), 694–696.

[Rot02] Rote, G. Crossing the bridge at night. *EATCS Bulletin*, vol. 78 (Aug. 2002), 241–246.

[Sav03] Savchev, S., and Andreescu, T. *Mathematical Miniatures*. The Mathematical Association of America, Anneli Lax New Mathematical Library, Volume #43, Washington, DC, 2003.

[Sch68] Schuh, F. *The Master Book of Mathematical Recreations*. Dover, 1968 (translated from Dutch).

[Sch04] Schumer, P. D. *Mathematical Journeys*. Wiley, 2004.

[Sch80] Schwartz, B. L., ed. *Mathematical Solitaires & Games*. (Excursions in Recreational Mathematics Series 1), Baywood Publishing, 1980.

[Sco44] Scorer, R. S., Grundy, P. M., and Smith, C. A. B. Some binary games. *Mathematical Gazette*, vol. 28, no. 280 (July 1944), 96–103.

[Sha02] Shasha, D. *Doctor Ecco's Cyberpuzzles*. Norton, 2002.

[Sha07] Shasha, D. *Puzzles for Programmers and Pros*. Wiley, 2007.
（デニス・シャシャ著、吉平健治訳『プログラマのための論理パズル：難題を突破する論理思考トレーニング』オーム社、2009）

[Sillke] Sillke, T. Crossing the bridge in an hour. www.mathematik.uni-bielefeld.de/~sillke/PUZZLES/crossing-bridge (accessed Oct. 4, 2010).

[Sin10] Singmaster, D. *Sources in Recreational Mathematics: An Annotated Bibliography*, 8th preliminary edition. www.g4g4.com/MyCD5/SOURCES/SOURCE1.DOC (accessed Oct. 4, 2010).

[Slo06] Slocum, J. and Sonneveld, D. *The 15 Puzzle: How It Drove the World Crazy. The Puzzle That Started the Craze of 1880. How America's Greatest Puzzle Designer, Sam Loyd, Fooled Everyone for 115 Years*. Slocum Puzzle Foundation, 2006.

[Sni02] Sniedovich, M. The bridge and torch problem. Feb. 2002. www.tutor.ms.unimelb.edu.au/bridge (accessed Oct. 4, 2010).

[Sni03] Sniedovich, M. OR/MS Games: 4. The Joy of Egg-Dropping in Braunschweig and Hong Kong. *INFORMS Transactions on Education*, vol. 4, no. 1 (Sept. 2003), 48–64.

[Spi02] Spivak, A. V. *One Thousand and One Mathematical Problems*. Education, 2002 (in Russian).

[Ste64] Steinhaus, H. *One Hundred Problems in Elementary Mathematics*. Basic Books, 1964 (translated from Polish).

[Ste04] Stewart, I. *Math Hysteria*. Oxford University Press, 2004.
（イアン・スチュアート著、伊藤文英訳『パズルでめぐる奇妙な数学ワールド』早川書房、2006）

[Ste06] Stewart, I. *How to Cut a Cake: And Other Mathematical Conundrums*. Oxford University Press, 2006.
（イアン・スチュアート著、伊藤文英訳『分ける・詰め込む・塗り分ける：読んで身につく数学的思考法』早川書房、2008）

[Ste09] Stewart, I. *Professor Stewart's Cabinet of Mathematical Curiosities*. Basic

	Books, 2009. (イアン・スチュアート著、水谷淳訳『数学の秘密の本棚』ソフトバンククリエイティブ、2010)
[Tan01]	Tanton, J. *Solve This: Math Activities for Students and Clubs*. The Mathematical Association of America, 2001.
[techInt]	*techInterviews*. www.techinterview.org/archive (accessed Oct. 4, 2010).
[Ton89]	Tonojan, G. A. Canadian mathematical olympiads. *Kvant*, 1989, no. 7, 75–76 (in Russian).
[Tri69]	Trigg, C. W. Inverting coin triangles. *Journal of Recreational Mathematics*, vol. 2 (1969), 150–152.
[Tri85]	Trigg, C. W. *Mathematical Quickies*. Dover, 1985.
[Twe39]	Tweedie, M. C. K. A graphical method of solving Tartaglian measuring puzzles. *Mathematical Gazette*, vol. 23, no. 255 (July 1939), 278–282.
[Weiss]	Weisstein, E. W. Josephus Problem. From *MathWorld*–A Wolfram Web Resource. mathworld.wolfram.com/JosephusProblem.html (accessed Oct. 4, 2010).
[Win04]	Winkler, P. *Mathematical Puzzles: Connoisseur's Collection*. A K Peters, 2004. (ピーター・ウィンクラー著、坂井公ほか訳『とっておきの数学パズル』日本評論社、2011)
[Win07]	Winkler, P. *Mathematical Mind-Benders*. A K Peters, 2007. (ピーター・ウィンクラー著、坂井公ほか訳『続・とっておきの数学パズル』日本評論社、2012)
[Zho08]	Zhow, X. *A Practical Guide to Quantitative Finance Interview*. Lulu.com, 2008.

索引（設計戦略と分析テクニック）

この索引は本書で紹介した 150 のパズルを設計戦略と分析テクニックを分類します。チュートリアルで登場したパズルは先頭に「T」、その他のパズルは本編で示した問題番号を付けています。複数のカテゴリに登場するパズルもあります。

分析

結果の分析

- T. チェスの発明
- T. 正方形の増大
- 6. 指数え
- 17. キングの到達範囲
- 26. 何番目かを求めよ
- 31. 3つの山のトリック
- 52. 三角形の数え上げ
- 55. 走行距離計パズル
- 57. フィボナッチのウサギ問題
- 66. 残る数字
- 68. 各桁の数字の和
- 77. パターンを探せ
- 79. ロッカーのドア
- 100. ナイトの到達範囲
- 120. 硬貨の再分配機械
- 141. ヨセフス問題

手順の数え上げ

- T. ハノイの塔
- 2. 手袋選び
- 19. ページの番号付け
- 32. シングル・エリミネーション方式のトーナメント
- 61. 対角線上のチェッカー
- 120. 硬貨の再分配機械

その他

- 56. 新兵の整列
- 63. プラスとマイナス
- 69. 扇の上のチップ
- 93. 戦艦への命中
- 97. 上部交換ゲーム
- 109. ダブル n ドミノ
- 133. ライフゲーム
- 150. ブルガリアン・ソリティア

不変条件

パリティ

- T. 不完全なチェス盤のドミノ敷き詰め
- T. ケーニヒスベルクの橋の問題
- 28. 一筆書き
- 38. テトロミノによる敷き詰め
- 50. 最後の球
- 61. 対角線上のチェッカー
- 63. 硬貨拾い
- 66. 残る数字
- 69. 扇の上のチップ
- 87. 伏せてあるコップ

91.	水平および垂直なドミノ	
99.	ソートされた列の反転	
107.	キツネとウサギ	
109.	ダブル n ドミノ	
112.	ドミノの敷き詰め再び	
145.	15 パズル	

塗り分け

T.	不完全なチェス盤のドミノ敷き詰め	
T.	トウモロコシ畑の鶏	
18.	角から角への旅	
39.	盤面上の一筆書き	
47.	展示計画	
73.	農夫とニワトリ	
91.	水平および垂直なドミノ	
103.	向こう側への跳躍	

その他の不変条件

T.	板チョコレートの分割	破片の数
5.	行と列の入れ替え	行と列の要素
8.	ジグソーパズルの組み立て	ピースの数
15.	トロミノによる敷き詰め	3 で割り切れるか
40.	交互に並ぶ 4 つのナイト	時計回りの順序
92.	台形による敷き詰め	3 で割り切れるか
96.	階段形領域の敷き詰め	3 で割り切れるか
104.	山の分割	積の和
105.	MU パズル	3 で割り切れるか
110.	カメレオン	差を 3 で割った余り
120.	硬貨の再分配機械	2 進数表現
132.	ペグソリティアの軍隊	配置の重み（単一変数項）
143.	感染したチェス盤	領域の外周の長さ（単一変数項）
149.	広がる小石	配置の重み

バックトラック

- T. n クイーン問題
- 27. 世界周遊ゲーム
- 29. 魔方陣再び
- 70. ジャンプにより 2 枚組を作れ I

縮小統治法

1 次縮小

T.	有名人の問題	
3.	長方形の分割	ボトムアップ
4.	兵士の輸送	
22.	チームの並べ方	
32.	シングル・エリミネーション方式のトーナメント	
33.	魔方陣と疑似魔方陣	ボトムアップ
42.	もう 1 つの狼と山羊とキャベツのパズル	ボトムアップ
43.	数の配置	
46.	3 色配置	
59.	2 色の帽子	ボトムアップ
65.	ビット列の推測	
68.	各桁の数字の和	
81.	有名人の問題再び	
82.	表向きにせよ	
83.	制約付きハノイの塔	
86.	噂の拡散 II	ボトムアップ
90.	座席の再配置	ボトムアップ
94.	ソート済み表における探索	
106.	電球の点灯	
107.	キツネとウサギ	
113.	硬貨の除去	
114.	格子点の通過	ボトムアップ
126.	ケーキの公平な分割	
134.	点の塗り分け	

2 次縮小

16.	パンケーキの作り方		
70.	ジャンプにより 2 枚組を作れ I		
71.	マスの印付け I		ボトムアップ
72.	マスの印付け II		ボトムアップ
87.	伏せてあるコップ		
109.	ダブル n ドミノ		
117.	1 次元ペグソリティア		
128.	セキュリティスイッチ		
144.	正方形の破壊		

定次縮小

48.	マックナゲット数	4 次
64.	八角形の作成	8 次
78.	直線トロミノによる敷き詰め	3 次
96.	階段形領域の敷き詰め	6 次
131.	テイトによる硬貨パズル	4 次

定数倍縮小

T.	数当てゲーム	2 分の 1
10.	8 枚の硬貨に含まれる 1 枚の偽造硬貨	2 分の 1 または 3 分の 1
30.	棒の切断	2 分の 1
31.	3 つの山のトリック	3 分の 1
32.	シングル・エリミネーション方式のトーナメント	2 分の 1
53.	バネ秤を使った偽造硬貨の検出	2 分の 1
54.	長方形の切断	2 分の 1
116.	不戦勝の数え上げ	2 分の 1
141.	ヨセフス問題	2 分の 1

可変数縮小

- 23. ポーランド国旗の問題
- 28. 一筆書き
- 84. パンケーキのソート
- 129. 家扶のパズル

分割統治法

- T. トロミノ・パズル
- 15. トロミノによる敷き詰め
- 37. $2n$ 枚の硬貨の問題
- 38. テトロミノによる敷き詰め
- 64. 八角形の作成
- 78. 直線トロミノによる敷き詰め
- 80. プリンスの巡回
- 91. 水平および垂直なドミノ
- 92. 台形による敷き詰め
- 95. 最大と最小の重さ
- 96. 階段形領域の敷き詰め
- 101. 床のペンキ塗り
- 113. 硬貨の除去
- 119. 着色トロミノによる敷き詰め
- 132. ペグソリティアの軍隊

動的計画法

- T. 最短経路の数え上げ
- 13. 通行止めの経路
- 20. 山下りの最大和
- 62. 硬貨拾い
- 98. 回文数え上げ
- 104. 山の分割

全数検索

- T. 魔方陣
- 15. トロミノによる敷き詰め
- 35. 3つの水入れ

貪欲アプローチ

- T. 互いに攻撃しないキング
- T. 真夜中の橋渡り
- 24. チェス盤の塗り分け
- 34. 星の上の硬貨
- 45. ナイトの最短経路
- 67. ならし平均
- 73. 農夫とニワトリ
- 76. 効率良く動くルーク
- 85. 噂の拡散 I
- 108. 最長経路
- 115. バシェのおもり
- 121. 超強力卵の試験
- 124. 鎖の切断
- 127. ナイトの巡回

逐次改善法

- T. レモネード売り場の設置場所
- T. 正への変化
- 67. ならし平均
- 82. 表向きにせよ
- 122. 議会和平工作
- 138. キャンディの共有
- 139. アーサー王の円卓
- 146. 動く獲物を撃て

変換統治法

インスタンスの単純化

T.	アナグラム発見	事前ソート
3.	長方形の分割	奇数から偶数
21.	正方形の分割	奇数から偶数
43.	数の配置	事前ソート
46.	3色配置	
64.	八角形の作成	事前ソート
116.	不戦勝の数え上げ	
132.	ペグソリティアの軍隊	

表象変換

T.	アナグラム発見	「署名」
T.	封筒に入った現金	2進数
T.	2人の嫉妬深い夫	状態空間グラフ
T.	グァリーニのパズル	グラフ、グラフをほどく
9.	暗算	数の再配置
11.	偽造硬貨の山	異なる枚数のコインの山
25.	最高の時代	数直線状上の区間
34.	星の上の硬貨	グラフをほどく
40.	交互に並ぶ4つのナイト	グラフ、グラフをほどく
49.	宣教師と人食い人種	状態空間グラフ
51.	存在しない数字	2つの和の差、下2桁
68.	各桁の数字の和	数の再配置
77.	パターンを探せ	2進数
106.	電球の点灯	ビット列
115.	バシェのおもり	2進数と3進数
118.	6つのナイト	グラフ、グラフをほどく
120.	硬貨の再分配機械	2進数
125.	7回で5つの物体をソートする	数直線上の点
130.	毒入りのワイン	2進数
135.	異なる組合せ	表、円周上の点

136.	スパイの捕獲	整数の組
146.	動く獲物を撃て	変化図
148.	自由への1硬貨	2進数

問題の帰着

T.	最適なパイの切り分け	数学の問題へ
74.	用地選定	数学の問題へ
89.	駒の交換	1次元のヒキガエルとカエルへ
92.	台形による敷き詰め	三角形全体へ
102.	猿とココナツ	数学の問題へ
109.	ダブル n ドミノ	オイラー閉路問題へ
111.	硬貨の三角形の倒立	数学の問題へ

その他

1.	狼と山羊とキャベツ
7.	真夜中の橋渡り
12.	注文付きのタイルの敷き詰め
14.	チェス盤の再構成
27.	世界周遊ゲーム
36.	限られた多様性
38.	テトロミノによる敷き詰め
41.	電灯の輪
44.	より軽いか？より重いか？
58.	ソートして、もう1回ソート
60.	硬貨の三角形から正方形を作る
75.	ガソリンスタンドの調査
88.	ヒキガエルとカエル
123.	オランダ国旗の問題
137.	ジャンプにより2枚組を作れ II
140.	n クイーン問題再び
142.	12枚の硬貨
147.	数の書かれた帽子

索引（人名と用語）

■数字

1 次元ペグソリティア（One-Dimensional Solitaire），74, 93, 227
1 次縮小（decrease-by-one），7, 294
12 枚の硬貨（Twelve Coins），81, 95, 106, 265
14–15 パズル（14–15 Puzzle），271
15 パズル（The Fifteen Puzzle），82, 96, 269, 271
$2n$ 枚の硬貨の問題（$2n$-Counters Problem），10, 89, 132
2 色の帽子（Hats of Two Colors），55, 90, 152
2 人の嫉妬深い夫（Two Jealous Husbands），12, 97
20 の扉（Twenty Questions），8, 148
3 色配置（Tricolor Arrangement），51, 89, 140
3 つの水入れ（Three Jugs），48, 89, 129
3 つの山のトリック（The Three Pile Trick），46, 88, 125
6 つのナイト（Six Knights），74, 94, 228
7 回で 5 つの物体をソートする（Sorting 5 in 7），77, 94, 239
8 芒星パズル（Octogram Puzzle），128
8 枚の硬貨に含まれる 1 枚の偽造硬貨（A Fake Among Eight Coins），8, 39, 87, 105
88 の帽子（88 Hats），274
9 連環（Chinese Rings），213, 244

■A

Aanderaa, S. O.（アンデラ、S. O.），178
Andreescu, T.（アンドレースク、T.），235
Aubry（オブリ），138
Averbach, B.（エーバーバッハ、B.），106, 244

■B

Bachet de Méziriac, Claude Gaspar（バシェ・ド・メジリアク、クロード＝ガスパール），225
Backhouse, Roland（バックハウス、ローランド），103, 195

Beasley, John D.（ビーズリー、ジョン D.），228, 251
Beckwith, D.（ベックウィズ、D.），222
Bell, J.（ベル、J.），262
Bentley, Jon（ベントリー、ジョン），10
Bernhardsson B.（バーナードソン、B.），262
Boardman J. M.（ボードマン、J. M.），251
Boerner, Hermann（ボーナー、ハーマン），152
Bollobás, Béla（バラバシ、ベラ），267
Brandt, Jørgen（ブラント、ヨルゲン），282

■C

Chein, O.（チェイン、O.），106, 244
Christen、C.（クリステン、C.），148
Chu, I-Ping（チュ、イ・ピン），232
Church, Alonzo（チャーチ、アロンゾ），153
Conway, John Horton（コンウェイ、ジョン・ホートン），201, 251, 252, 279
Coxeter, H. S. M.（コクセター、H. S. M.），125, 165, 189, 244, 265

■D

De Moivre, Abraham（ド・モアブル、アブラーム），242
Delannoy, Henri（ドラノワ、アンリ），249
Demuth, H. B.（ディムース、H. B.），240
Dijkstra, Edsger（ダイクストラ、エドガー），235
Dudeney, Henry E.（デュードニー、ヘンリー・E.），14, 34, 100, 101, 133, 172, 223, 246

■E

Engel, Arthur（エンゲル、アーサー），192
Eperson, D. B.（エパーソン、D. B.），219
Eppstein, D.（エプスタイン、D.），228
Euler, Leonhard（オイラー、レオンハルト），32, 33, 241

■ F
Feijen, W. H. J.（フェイゲン、W. H. J.）, 235

■ G
Gardiner, A.（ガーディナー、A.）, 147
Gates, Bill（ゲイツ、ビル）, 184
Gauss, Carl Friedrich（ガウス、カール・フリードリヒ）, xxii, 24, 97, 104, 241
Gibson, R.（ギブソン、R.）, 207
Gik, E.（ギク、E.）, 115, 173, 205
Ginat, D.（ジナット、D.）, 262
Golomb, Solomon W.（ゴロム、ソロモン・W）, 133, 175, 195, 221
Gomory, Ralph E.（ゴモリー、ラルフ・E.）, 220
Grabarchuk, Serhiy（グラバチャク、セルゲイ）, 108, 155, 230
Greenes、C. E.（グリーンズ、C. E.）, 244
Gros, Louis A.（グロス、ルイス・A.）, 213, 244
Guarini, Paolo（グァリーニ、パオロ）, 14

■ H
Hašek, Yaroslav（ハーシェク、ヤロスラフ）, 150
Hamilton, Sir William（ハミルトン、ウィリアム）, 45
Hess, Dick（ヘス、ディック）, 139
Hofstadter, Douglas（ホフスタッター、ダグラス）, 211
Hurkens, C. A. J.（ハーケンス、C. A. J.）, 186
Hwang, F.（ウォン、F.）, 148

■ I
Iba, G.（イーバ、G.）, 259

■ K
Khodulev, A.（ホドレフ、A.）, 279
King, K. N.（キング、K. N.）, 178
Kinsey, Ernest U.（キンゼイ、アーネスト・U.）, 271
Knott, Ron（ノット、ロン）, 151
Knuth, Donald（クヌース、ドナルド）, 152, 213, 240
Konhauser, Joseph（コンハウザー、ジョセフ）, 234
Kontsevich, M.（コンツェビッチ、M.）, 279

Kraitchik, Maurice（クライチック、モリス）, 125, 138, 255

■ L
Leino, K. R. M（レイノ、K. R. M.）, 257
Levitin, A.（レヴィティン、A.）, 235
Loyd, Sam（ロイド、サム）, 34, 223, 230, 269, 271
Lucas, Édouard（リュカ、エドゥアール）, 30, 189, 246
Lucas, Stephen（ルーカス、スティーブン）, 256

■ M
Michalewicz, M.（ミカルウチ、M.）, 163
Michalewicz, Z.（ミカルウチ、Z.）, 163
Milligan, W. Lloyd（ミリガン、W・ロイド）, 259
Montmort, Pierre Rémond（モンモール、ピエール・レイモンド）, 242
Moore, C.（ムーア、C.）, 228
Moser, Leo（モーザー、レオ）, 103
MU パズル（The MU Puzzle）, 69, 93, 211

■ N
n クイーン問題（The n-Queens Problem）, 4, 241
n クイーン問題再び（The n-Queens Problem Revisited）, 7, 81, 95, 261
NP 完全（NP-complete）, 159, 271

■ O
O'Beirne, T. H.（オバーン、T. H.）, 106, 266

■ P
Parberry, Ian（パーベリー、イアン）, 110
Pauls E.（ポールズ、E.）, 262
Peterson, Ivar（ピーターソン、アイバー）, 130
Petković, M.（ペトコビチ、M.）, 244
Pólya, George（ポリア、ジョージ）, xxii, 35, 97
Poundstone, William（パウンドストーン、ウィリアム）, xxii, 11, 97, 103, 153
Propp, James（プロップ、ジェームズ）, 233

■ R
Rosen, Kenneth（ローゼン、ケニス）, 210
Rosenbaum, J.（ローゼンバウム、J.）, 212
Rote, Günter（ロート、ギュンター）, 103
Roth, Ted（ロス、テッド）, 246

■ S

Savchev, S.（サフチェフ、S.）, 235
Savin, A. P.（サビン、A. P.）, 254
Scorer, R. S.（スコアラー、R. S.）, 181
Shasha, Dennis（シャシャ、デニス）, 161, 247
Shashi（シャーシー）, 25
Slocum, J.（スローカム、J.）, 271
Sniedovich, Moshe（スニードヴィッチ、モーセ）, 103, 234
Sonneveld, D.（ソネフェルト、D.）, 271
ク、A.）, 101, 131, 135, 141, 200
Steinhaus, Hugo（スタインハウス、ヒューゴー）, 191, 214, 215, 241
Stevens, B.（スティーブンス、B.）, 262

■ T

Tabari, Hasib（タバリ、ハシブ）, 225
Tait, Peter G.（テイト、ピーター・G.）, 78, 122, 249
Tanton, James（タントン、ジェームズ）, 148, 222, 252, 259
Tarry, Gaston（タール、ガストン）, 216
Trigg, Charles（トリグ、チャールズ）, 186, 219, 223
Tweedie, M. C. K.（トウィーディ、M. C. K.）, 131

■ W

Warnsdorff, H. C.（ワルンスドルフ、H. C.）, 242
Winkler, Peter（ウィンクラー、ピーター）, 152, 234, 267

■ あ行

アーサー王の円卓（King Arthur's Round Table）, 81, 95, 260
握手補題（Handshaking Lemma）, 167
アナグラム（anagram）, 10
アナグラム発見（Anagram Detection）, 10
アルクィン（Alcuin）, 12, 97, 144
アルゴリズム（algorithm）
　　再帰—, 28
　　—の効率, 24
　　非再帰—, 26
アルゴリズムの効率（efficiency of algorithms）, 24
暗算（Mental Arithmetic）, 25, 39, 87, 104
アンデラ、S. O.（Aanderaa, S. O.）, 178

アンドレースク、T.（Andreescu, T.）, 235
イーバ、G.（Iba, G.）, 259
行き止まり（dead ends）, 4
板チョコレートの分割（Breaking a Chocolate Bar）, 34, 103, 148
一般的なアルゴリズム設計戦略（general strategies for algorithm design）, 1
インクリメンタル・アプローチ（incremental approach）, 8
インスタンス（instance）, 1
　　—の単純化, 10, 298
ウィンクラー、ピーター（Winkler, Peter）, 152, 234, 267
ウェブ、ウィリアム（Webb, William）, 241
ウォン、F.（Hwang, F.）, 148
動く獲物を撃て（Hitting a Moving Target）, 83, 96, 272
ウサギと亀（Hares and Tortoises）, 189
噂の拡散 I（Rumor Spreading I）, 62, 92, 184
噂の拡散 II（Rumor Spreading II）, 63, 92, 185
エーバーバッハ、B.（Averbach, B.）, 106, 244
エパーソン、D. B.（Eperson, D. B.）, 219
エプスタイン、D.（Eppstein, D.）, 228
エンゲル、アーサー（Engel, Arthur）, 192
オイラー、レオンハルト（Euler, Leonhard）, 32, 33, 241
オイラー閉路（Euler circuit）, 32
オイラー路（Euler path）, 33
扇の上のチップ（Chips on Sectors）, 57, 91, 163
狼と山羊とキャベツ（A Wolf, a Goat, and a Cabbage）, 37, 87, 97
オバーン、T. H.（O'Beirne, T. H.）, 106, 266
オブリ（Aubry）, 138
表向きにせよ（Heads Up）, 61, 91, 178
オランダ国旗の問題（Dutch National Flag Problem）, 76, 94, 116, 235

■ か行

カーランドチク、L. D.（Kurlandchik, L. D.）, 179
階乗（factorial）, 2
階段形領域の敷き詰め（Tiling a Staircase Region）, 66, 92, 198
回文数え上げ（Palindrome Counting）, 67, 92, 201
限られた多様性（Limited Diversity）, 48, 89, 131
各桁の数字の和（Digit Sum）, 57, 91, 162

数当てゲーム（Number Guessing），8, 26, 124, 148
数の書かれた帽子（Hats with Numbers），83, 96, 272
数の配置（Number Placement），10, 51, 89, 138
角から角への旅（A Corner-to-Corner Journey），32, 42, 88, 112
カメレオン（The Chameleons），71, 93, 216
感染したチェス盤（Infected Chessboard），82, 95, 266
カンタベリー・パズル（The Canterbury Puzzles），246
ガーディナー、A.（Gardiner, A.），147
ガウス、カール・フリードリヒ（Gauss, Carl Friedrich），xxii, 24, 97, 104, 241
ガソリンスタンドの調査（Gas Station Inspections），60, 91, 171
木（tree），4
　—決定，105, 265, 266
　状態空間—，4
　根，4
　葉，4
奇順列（odd permutation），270
キツネとウサギ（The Fox and the Hare），70, 93, 213
キャンディの共有（Candy Sharing），81, 95, 259
キュー（queue），130
キング、K. N.（King, K. N.），178
キングの到達範囲（King's Reach），42, 88, 110
キンゼイ、アーネスト・U.（Kinsey, Ernest U.），271
議会和平工作（Parliament Pacification），76, 94, 234
ギク、E.（Gik, E.），115, 173, 205
疑似魔方陣（pseudo-magic square），47
偽造硬貨の山（A Stack of Fake Coins），39, 87, 106, 139
ギブソン、R.（Gibson, R.），207
行と列の入れ替え（Row and Column Exchanges），38, 87, 100
クイックソート（quicksort），116
鎖の切断（Chain Cutting），76, 94, 237
クック、E. E.（Cook, E. E.），103
クヌース、ドナルド（Knuth, Donald），152, 213, 240

組合せ（combinations），5
クライチック、モリス（Kraitchik, Maurice），125, 138, 255
クラムキン、M. S.（Klamkin, M. S.），223
クリステン、C.（Christen, C.），148
偶順列（even permutation），270
グラバチャク、セルゲイ（Grabarchuk, Serhiy），108, 155, 230
グラフ（graph），12
　状態空間—，12
　無向—，12
　有向—，12
　—をほどく，15
グリーンズ、C. E.（Greenes, C. E.），244
グレイ符号（Gray code），213, 244
　交番二進—，212
グロス、ルイス・A.（Gros, Louis A.），213, 244
ケーキの公平な分割（Dividing a Cake Fairly），77, 94, 240
ケーニヒスベルクの橋の問題（The Königsberg Bridges Problem），32, 33, 119
決定木（decision trees），105, 265, 266
ゲイツ、ビル（Gates, Bill），184
硬貨の三角形から正方形を作る（Squaring a Coin Triangle），55, 90, 153
硬貨の三角形の倒立（Inverting a Coin Triangle），72, 93, 217
硬貨の除去（Coin Removal），72, 93, 221
硬貨拾い（Picking Up Coins），22, 56, 90, 157
交互に並ぶ4つのナイト（Four Alternating Knights），50, 89, 136
格子点の通過（Crossing Dots），73, 93, 222
後退代入（backward substitution），163, 178, 181, 210, 233, 280
交番二進グレイ符号（binary reflected Gray code），212
効率良く動くルーク（Efficient Rook），60, 91, 172
コクセター、H. S. M.（Coxeter, H. S. M.），125, 165, 189, 244, 265
異なる組合せ（Different Pairings），80, 95, 254
駒の交換（Counter Exchange），64, 92, 189
コルデムスキー、B. A.（Kordemsky, B. A.），163
コンウェイ、ジョン・ホートン（Conway, John Horton），201, 251, 252, 279

コンウェイの兵士（Conway's Soldiers），252
コンツェビッチ，M.（Kontsevich, M.），279
コンハウザー，ジョセフ（Konhauser, Joseph），234
ゴモリー・バリア（Gomory barriers），220
ゴモリー，ラルフ・E.（Gomory, Ralph E.），220
ゴロム，ソロモン・W（Golomb, Solomon W.），133, 175, 195, 221

■さ行

再帰（recursion），7
再帰アルゴリズム（recursive algorithm），7
　—の分析, 28
　非—, 26
最高の時代（The Best Time to Be Alive），44, 88, 118
最後の球（Last Ball），32, 52, 89, 144
最短経路の数え上げ（Shortest Path Counting），22
最大と最小の重さ（Max-Min Weights），66, 92, 197
最長経路（The Longest Route），70, 93, 214
最適なパイの切り分け（Optimal Pie Cutting），15
サビン，A. P.（Savin, A. P.），254
サフチェフ，S.（Savchev, S.），235
猿とココナツ（The Monkey and the Coconuts），68, 93, 206
三角数（triangular numbers），209
三角形の数え上げ（Counting Triangles），28, 53, 90, 146
座席の再配置（Seating Rearrangements），64, 92, 190
指数増加（exponential growth），26
シャーシー（Shashi），25
シャシャ，デニス（Shasha, Dennis），161, 247
シュヴェイク（Schweik），54, 149
初期条件（initial condition），29
シルク，トーステン（Sillke, Torsten），103
シングル・エリミネーション方式のトーナメント（Single-Elimination Tournament），47, 88, 126
新兵の整列（Lining Up Recruits），54, 90, 149
ジグソーパズルの組み立て（Jigsaw Puzzle Assembly），39, 87, 103
次数（degree），33
ジナット，D.（Ginat, D.），262

ジャンプにより2枚組を作れ I（Jumping into Pairs I），57, 91, 164
ジャンプにより2枚組を作れ II（Jumping into Pairs II），80, 95, 257
順列（permutations），3
順列の順位付け（permutation ranking），119
自由への1硬貨（One Coin for Freedom），83, 96, 274
状態空間木（state-space tree），4
状態空間グラフ（state-space graph），12
上部交換ゲーム（The Game of Topswops），66, 92, 201
ジョンソン=トロッターアルゴリズム（Johnson-Trotter algorithm），190
水平および垂直なドミノ（Horizontal and Vertical Dominoes），64, 92, 191
数字付きの帽子（Hats with Numbers），153
スコアラー，R. S.（Scorer, R. S.），181
スタインハウス，ヒューゴー（Steinhaus, Hugo），191, 214, 215, 241
スチュアート，イアン（Stewart, Ian），241
スティーブンス，B.（Stevens, B.），262
スニードヴィッチ，モーセ（Sniedovich, Moshe），103, 234
スパイの捕獲（Catching a Spy），80, 95, 255
スローカム，J.（Slocum, J.），271
制限付きハノイの塔（Restricted Tower of Hanoi），30
正への変化（Positive Changes），20
正方形の増大（Square Build-Up），27
正方形の破壊（Killing Squares），82, 95, 267
正方形の分割（Square Dissection），43, 88, 114
制約付きハノイの塔（Restricted Tower of Hanoi），61, 92, 179
世界周遊ゲーム（The Icosian Game），45, 88, 119, 135
セキュリティスイッチ（Security Switches），77, 94, 243
戦艦への命中（Hitting a Battleship），65, 92, 195
宣教師と人食い人種（Missionaries and Cannibals），13, 52, 89, 143
線形の増加率（linear rate of growth），26
選択問題（selection problem），170
剪定する（pruned），4

絶対値（magnitude），149
漸化式（recurrence relations），29
前進代入（forward substitution），178
全数探索（exhaustive search），2
走行距離計パズル（Odometer Puzzle），54, 90, 148, 162
総和公式（A few summation formulas），24
ソートされた列の反転（Reversal of Sort），67, 92, 203
ソートして、もう1回ソート（Sorting Once, Sorting Twice），54, 90, 151
ソート済み表における探索（Searching a Sorted Table），65, 92, 196
ソネフェルト、D.（Sonneveld, D.），271
存在しない数字（Missing Number），53, 90, 145

■た行

タール、ガストン（Tarry, Gaston），216
大域最適（global optimality），20
対角線上のチェッカー（Checkers on a Diagonal），55, 90, 155
対数的な増加率（logarithmic rate of growth），26
互いに攻撃しないキング（Non-Attacking Kings），16
多重グラフ（multigraph），32
畳み込み級数（telescopic series），149
タバリ、ハシブ（Tabari, Hasib），225
単一変数項（monovariant），21, 95, 162, 179, 259, 260, 267, 272
タントン、ジェームズ（Tanton, James），148, 222, 252, 259
ダイクストラ、エドガー（Dijkstra, Edsger），235
台形による敷き詰め（Trapezoid Tiling），65, 92, 192
ダブル n ドミノ（Double-n Dominoes），71, 93, 215
チームの並べ方（Team Ordering），43, 88, 115
チェイン、O.（Chein, O.），106, 244
チェスの発明（Chess Invention），25
チェス盤の再構成（Chessboard Reassembly），40, 87, 108
チェス盤の塗り分け（Chessboard Colorings），43, 88, 116
チャーチ、アロンゾ（Church, Alonzo），153

着色トロミノによる敷き詰め（Colored Tromino Tiling），75, 94, 230
チューリング、アラン（Turing, Alan），45
チュ、イ・ピン（Chu, I-Ping），232
中央値（median），170
注文付きのタイルの敷き詰め（Questionable Tiling），40, 87, 106
超強力卵の試験（Super-Egg Testing），76, 94, 233
頂点（vertices），12
長方形の切断（Cutting a Rectangular Board），54, 90, 124, 148
長方形の分割（Rectangle Dissection），8, 37, 87, 99
直線トロミノによる敷き詰め（Straight Tromino Tiling），10, 60, 91, 174
通行止めの経路（Blocked Paths），22, 40, 87, 107
テイトによる硬貨パズル（Tait's Counter Puzzle），78, 95, 247
テイト、ピーター・G.（Tait, Peter G.），78, 122, 249
定和（magic sum），122
テトロミノによる敷き詰め（Tetromino Tiling），49, 89, 133
手袋選び（Glove Selection），37, 87, 98
展示計画（Exhibition Planning），51, 89, 141
天井関数（ceiling），8
点の塗り分け（Point Coloring），80, 95, 253
ディムース、H. B.（Demuth, H. B.），240
ディラックの定理（Dirac's theorem），260
デュードニー、ヘンリー・E.（Dudeney, Henry E.），14, 34, 100, 101, 133, 172, 223, 246
電球の点灯（Turning on a Light Bulb），70, 93, 211
転倒（inversions），203, 270
電灯の輪（The Circle of Lights），50, 89, 137
トゥィーディ、M. C. K.（Tweedie, M. C. K.），131
凸包（convex hulls），160
トリグ、チャールズ（Trigg, Charles），186, 219, 223
トロミノによる敷き詰め（Tromino Tilings），41, 87, 109
トロミノ・パズル（Tromino Puzzle），9
毒入りのワイン（Poisoned Wine），78, 94, 246
ドミノの敷き詰め再び（Domino Tiling Revisited），72, 93, 220

ド・モアブル、アブラーム（De Moivre, Abraham）, 242
ドラノワ、アンリ（Delannoy, Henri）, 249
貪欲アプローチ（greedy approach）, 16, 297

■な行
ナイトの最短経路（A Knight's Shortest Path）, 51, 89, 139
ナイトの巡回（The Knight's Tour）, 77, 94, 112, 241, 242
ナイトの到達範囲（A Knight's Reach）, 67, 93, 111, 140, 204
ならし平均（Averaging Down）, 57, 91, 162
何番目かを求めよ（Find the Rank）, 45, 88, 118
虹色の帽子（Rainbow Hats）, 274
二次の増加率（quadratic rate of growth）, 26
二分探索（binary search）, 247
根（root）, 4
農夫とニワトリ（Rooster Chase）, 59, 91, 167
残る数字（Remaining Number）, 57, 91, 161
ノット、ロン（Knott, Ron）, 151

■は行
葉（leaf）, 4
ハーケンス、C. A. J.（Hurkens, C. A. J.）, 186
ハーシェク、ヤロスラフ（Hašek, Yaroslav, 150
橋とトーチ問題（Bridge and Torch Problem）, 103
八角形の作成（Creating Octagons）, 56, 90, 159
ハノイの塔（Tower of Hanoi）, 28, 181, 211, 213, 244–246
幅優先探索（breadth-first search）, 130
ハミルトン、サー・ウィリアム（Hamilton, Sir William）, 45
ハミルトン閉路（Hamilton circuit）, 119
ハミルトン路（Hamilton path）, 135
バーナードソン、B.（Bernhardsson B.）, 262
バシェ・ド・メジリアク、クロード＝ガスパール（Bachet de Méziriac, Claude Gaspar）, 225
バシェのおもり（Bachet's Weights）, 11, 74, 93, 223
バックトラック（backtracking）, 3, 233, 234, 262
バックハウス、ローランド（Backhouse, Roland）, 103, 195

バネ秤を使った偽造硬貨の検出（Fake-Coin Detection with a Spring Scale）, 53, 90, 147
バブルソート（bubble sort）, 203
バラバシ、ベラ（Bollobás, Béla）, 267
盤面上の一筆書き（Board Walks）, 49, 89, 135
パーベリー、イアン（Parberry, Ian）, 110
パウンドストーン、ウィリアム（Poundstone, William）, xxii, 11, 97, 103, 153
パゴダ関数（pagoda functions）, 251
パスカルの三角形（Pascal's Triangle）, 22
パターンを探せ（Searching for a Pattern）, 60, 91, 173
パリティ（parity）, 32, 270, 292
パンケーキのソート（Pancake Sorting）, 62, 92, 181, 182
パンケーキの作り方（Making Pancakes）, 41, 88, 110
ヒキガエルとカエル（Toads and Frogs）, 63, 92, 187, 189
非再帰アルゴリズム（nonrecursive algorithm）, 26
——の分析, 26
羊と山羊（Sheep and Goats）, 189
一筆書き（Figure Tracing）, 45, 88, 119
ヒューリスティック（heuristics）, 242
表象変換（representation change）, 10, 298
広がる小石（Pebble Spreading）, 84, 96, 277
ビーズリー、ジョン D.（Beasley, John D.）, 228, 251
ビット列の推測（Code Guessing）, 56, 90, 160
ピーターソン、アイバー（Peterson, Ivar）, 130
封筒に入った現金（Cash Envelopes）, 11
フェイゲン、W. H. J.（Feijen, W. H. J.）, 235
フォミーン、D. B.（Fomin, D. B.）, 179
不完全なチェス盤のドミノ敷き詰め（Domino Tiling of Deficient Chessboards）, 31, 221
伏せてあるコップ（Upside-Down Glasses）, 63, 92, 186
不戦勝の数え上げ（Bye Counting）, 74, 93, 126, 225
不変条件（invariant）, 31, 292
フレイム・スチュワートのアルゴリズム（Frame-Stewart algorithm）, 246
フロベニウスの硬貨交換問題（Frobenius Coin

Problem），143
ブラント、ヨルゲン（Brandt, Jørgen），282
ブルガリアン・ソリティア（Bulgarian Solitaire），85, 96, 280
分割問題（Partition Problem），159
分析テクニック（analysis techniques），24, 291
プリンスの巡回（The Prince's Tour），61, 91, 176
プロジェクト・オイラー（Project Euler），113
プロップ、ジェームズ（Propp, James），233
兵士の輸送（Ferrying Soldiers），7, 37, 87, 100
ヘス、ディック（Hess, Dick），139
辺（edges），12
ベックウィズ、D.（Beckwith, D.），222
ベル、J.（Bell, J.），262
ベントリー、ジョン（Bentley, Jon），10
ページの番号付け（Page Numbering），42, 88, 112
ペグソリティアの軍隊（The Solitaire Army），78, 95, 249
ペトコビチ、M.（Petković, M.），244
星の上の硬貨（Coins on a Star），15, 18, 47, 89, 127
ホドレフ、A.（Khodulev, A.），279
ホフスタッター、ダグラス（Hofstadter, Douglas），211
棒の切断（Cutting a Stick），46, 88, 90, 124, 148
ボードマン、J. M.（Boardman J. M.），251
ボーナー、ハーマン（Boerner, Hermann），152
ポーランド国旗の問題（Polish National Flag Problem），43, 88, 94, 116
ポールズ、E.（Pauls E.），262

■ま行
魔方陣（Magic Square），2
魔方陣と疑似魔方陣（Magic and Pseudo-Magic），47, 88, 126
魔方陣再び（Magic Square Revisited），46, 88, 122, 126
真夜中の橋渡り（Bridge Crossing at Night），17, 38, 87, 102
ミカルウチ、M.（Michalewicz, M.），163
ミカルウチ、Z.（Michalewicz, Z.），163
見込みのないノード（nonpromising nodes），4
ミリガン、W・ロイド（Milligan, W. Lloyd），259
ムーア、C.（Moore, C.），228

向こう側への跳躍（Jumping to the Other Side），69, 93, 208
無向グラフ（undirected graph），12
もう1つの狼と山羊とキャベツのパズル（The Other Wolf-Goat-Cabbage Puzzle），50, 89, 138
モーザー、レオ（Moser, Leo），103
問題の帰着（problem reduction），10, 299
モンモール、ピエール・レイモンド（Montmort, Pierre Rémond），242

■や行
山下りの最大和（Maximum Sum Descent），22, 42, 88, 113
山の分割（Pile Splitting），69, 93, 209
有向グラフ（directed graph），12
有名人の問題（Celebrity Problem），7
有名人の問題再び（Celebrity Problem Revisited），61, 91, 177
床関数（floor），8
床のペンキ塗り（Room Painting），68, 93, 205
指数え（Predicting a Finger Count），38, 87, 101
用地選定（Site Selection），20, 59, 91, 169
ヨークのアルクィン（Alcuin of York），12, 97, 144
ヨセフス、フラウィウス（Josephus, Flavius），264
ヨセフス問題（The Josephus Problem），81, 95, 263
より軽いか？より重いか？（Lighter or Heavier?），51, 89, 139

■ら行
ライツアウト（Lights Out），138
ライフゲーム（The Game of Life），79, 95, 252
ラテン方陣（Latin square），117
リソースカウント（resource counts），251
リュカ、エドゥアール（Lucas, Édouard），30, 189, 246
ルーカス、スティーブン（Lucas, Stephen），256
ルービック・キューブ（Rubik's Cube），14
レイノ、K. R. M.（Leino, K. R. M），257
レーマーのモーテル問題（Lehmer's Motel Problem），191
レオナルド・ダ・ピサ（Leonardo of Pisa），xxii
レブモア、S. X.（Levmore, S. X.），103

レモネード売り場の設置場所（Lemonade Stand
　　　Placement），18, 59
レヴィティン、A.（Levitin, A.），235
ロイド、サム（Loyd, Sam），34, 223, 230, 269, 271
ローゼン、ケニス（Rosen, Kenneth），210
ローゼンバウム、J.（Rosenbaum, J.），212
ロート、ギュンター（Rote, Günter），103
ロス、テッド（Roth, Ted），246
ロッカーのドア（Locker Doors），61, 91, 176
ロバートソン、ジャック（Robertson, Jack），241

■わ行
ワルンスドルフ、H. C.（Warnsdorff, H. C.），242

● 著者紹介

Anany Levitin（アナニー・レヴィティン）
ヴィラノーヴァ大学計算機科学科の教授。アルゴリズムの設計と分析についての評価の高い教科書の著者でもあり、その本は中国語、ギリシャ語、韓国語、ロシア語に翻訳されている。数理最適化理論、ソフトウェア工学、データ管理、アルゴリズム設計、計算機科学教育についての論文も書いている。

Maria Levitin（マリア・レヴィティン）
独立コンサルタント。一流ソフトウェア会社で何年か過ごし、大企業向けのビジネスアプリケーションの開発に携わる。現在は、ウェブアプリケーションと無線コンピューティングを専門とする。

● 訳者紹介

黒川 洋（くろかわ ひろし）
東京大学工学部卒業。同大学院修士課程修了。
日本アイ・ビー・エム（株）ソフトウェア開発研究所を経て、現在はグノシー（株）に勤務。共訳書に『Google PageRank の数理』（共立出版）、『Head First Statistics』『アルゴリズムクイックレファレンス』『Think Stats―プログラマのための統計入門』（オライリー・ジャパン）など。

松崎 公紀（まつざき きみのり）
東京大学工学部卒、同大学院博士課程中退、東京大学助手、助教を経て、高知工科大学情報学群准教授。博士（情報理工学）。専門は数理的手法によるプログラミング技法で、特に並列プログラミングに対する応用について研究している。著書に、『目指せ！プログラミング世界一――大学対抗プログラミングコンテスト ICPC への挑戦』（近代科学社、共著）。訳書に『エレガントな問題解決―柔軟な発想を引き出すセンスと技』（オライリー・ジャパン、共訳）がある。

● カバーの説明

表紙の画像はクッキーカッター（抜き型）です。

アルゴリズムパズル
——プログラマのための数学パズル入門

2014 年 4 月 26 日　初版第 1 刷発行
2017 年 1 月 16 日　初版第 5 刷発行

著　　　者　Anany Levitin（アナニー・レヴィティン）、Maria Levitin（マリア・レヴィティン）
訳　　　者　黒川 洋（くろかわ ひろし）、松崎 公紀（まつざき きみのり）
発　行　人　ティム・オライリー
印刷・製本　日経印刷株式会社
発　行　所　株式会社オライリー・ジャパン
　　　　　　〒 160-0002　東京都新宿区四谷坂町 12 番 22 号
　　　　　　Tel　（03）3356-5227
　　　　　　Fax　（03）3356-5263
　　　　　　電子メール　japan@oreilly.co.jp
発　売　元　株式会社オーム社
　　　　　　〒 101-8460　東京都千代田区神田錦町 3-1
　　　　　　Tel　（03）3233-0641（代表）
　　　　　　Fax　（03）3233-3440

Printed in Japan（ISBN978-4-87311-669-3）
乱丁、落丁の際はお取り替えいたします。

本書は著作権上の保護を受けています。本書の一部あるいは全部について、株式会社オライリー・ジャパンから文書による許諾を得ずに、いかなる方法においても無断で複写、複製することは禁じられています。